普通高等教育"十一五"国家级规划教材

普通高等院校计算机基础教育规划教材·精品系列

Java 语言程序设计

Java YUYAN CHENGXU SHEJI

| 第四版 |

李尊朝　苏　军　李昕怡◎编著

中国铁道出版社有限公司
CHINA RAILWAY PUBLISHING HOUSE CO., LTD.

内 容 简 介

本书根据 Java 技术的发展和程序设计课程教学的需要编写而成。全书共分 17 章，内容包括 Java 语言概述、Java 语言基础、基本控制结构、方法、数组、类和对象、类的继承和多态机制、接口和包、异常处理、输入与输出、图形用户界面设计、Swing 组件、Applet 程序、多线程、数据库编程、网络编程和 JSP 编程。

本书是作者多年教学经验的结晶，在全面介绍 Java 编程原理和基础知识的基础上，注重培养读者运用面向对象方法分析和解决实际问题的能力。书中包含大量精心设计并调试通过的编程实例，便于初学者使用。

本书适合作为普通高等院校各专业程序设计课程的教材，也可供从事软件开发以及相关领域的工程技术人员自学使用。

图书在版编目（CIP）数据

Java 语言程序设计/李尊朝，苏军，李昕怡编著.—4 版.—北京：中国铁道出版社有限公司，2020.1（2021.6 重印）
普通高等院校计算机基础教育规划教材. 精品系列
ISBN 978-7-113-26417-8

Ⅰ.①J… Ⅱ.①李… ②苏… ③李… Ⅲ.①JAVA 语言-程序设计-高等学校-教材　Ⅳ.①TP312.8

中国版本图书馆 CIP 数据核字(2019)第 251666 号

书　　名：	Java 语言程序设计
作　　者：	李尊朝　苏　军　李昕怡
策　　划：	刘丽丽　　　　　编辑部电话：（010）51873202
责任编辑：	刘丽丽　徐盼欣
封面设计：	MXC DESIGN STUDIO
责任校对：	张玉华
责任印制：	樊启鹏

出版发行：中国铁道出版社有限公司（100054，北京市西城区右安门西街 8 号）
网　　址：http://www.tdpress.com/51eds/
印　　刷：国铁印务有限公司
版　　次：2004 年 2 月第 1 版　2020 年 1 月第 4 版　2021 年 6 月第 4 次印刷
开　　本：787 mm×1 092 mm　1/16　印张：18.75　字数：414 千
书　　号：ISBN 978-7-113-26417-8
定　　价：49.80 元

版权所有　侵权必究

凡购买铁道版图书，如有印制质量问题，请与本社教材图书营销部联系调换。电话：(010) 63550836
打击盗版举报电话：(010) 63549461

前 言

《Java 语言程序设计》第一版、第二版和第三版分别于 2004 年、2007 年和 2013 年出版，至今已经重印 30 余次，销量逾 20 万册，获"西安交通大学优秀教材奖"，并被教育部评为普通高等教育"十一五"国家级规划教材，被数百所高校及部分省市自学考试选作教材，并被很多学术论文、学位论文、程序设计类教材和精品课程网站列为参考文献。

本版教材特别注重教材的实用性和易读性。考虑到 Internet 中浏览器/服务器（B/S）模式的重要性及企业对 Java 工程师的招聘要求，本次改版增加了用于 B/S 程序设计的 JSP 动态网页技术；紧跟 Java 开发技术的最新进展，增加了目前流行的免费和开源并可用于 Windows、Linux、Mac OS 等所有主流操作系统、功能强大的 Java IDE Eclipse 的使用方法；为了便于读者理解编程知识、提高编程能力，增改了部分应用实例。

本书共分 17 章。第 1 章介绍 Java 语言的特点、Java 程序的开发环境及开发流程。第 2 章介绍 Java 语言的数据类型、数据运算及表达式。第 3 章介绍程序的基本结构——顺序结构、选择结构和循环结构。第 4 章介绍方法的声明和调用。第 5 章介绍数组和字符串的基本知识及大量应用实例。第 6~8 章介绍面向对象程序设计技术，包括类和对象的基本知识、类的继承和多态机制、实现多重继承的接口、用于组织类和接口的包技术。第 9 章介绍 Java 的异常处理机制、异常的捕获及抛出方法。第 10 章介绍 Java 的流式输入/输出功能，包括流类、标准输入/输出及文件操作技术。第 11 章和第 12 章介绍 Java 的图形界面技术，包括 AWT 组件、布局管理、事件处理技术及最新的 Swing 组件。第 13 章介绍 Applet 技术，包括 Applet 的运行机制和应用实例。第 14 章介绍 Java 特有的多线程技术，包括多线程机制、多线程的实现方法和调度技术。第 15 章介绍数据库编程技术，包括数据库的基本知识、结构化查询语言 SQL、Java 数据库连接技术 JDBC 以及数据库编程的基本技术。第 16 章介绍 Java 强大的网络编程技术，包括 TCP/IP 通信协议等网络基础知识、基于 TCP 和 UDP 网络层协议及 HTTP 和 FTP 等应用层协议的网络程序开发技术，增加了精心设计的应用实例，使读者易于理解和掌握网络程序的开发技术。第 17 章介绍用于开发安全且跨平台动态网站的 JSP 编程技术，包括 Web 程序基础知识、JSP 动态网页的标记和元素、JavaBean 和数据库程序开发技术，是本版中新增加的一章。

编者根据多年的教学和软件开发经验，结合众多使用本教材授课教师和广大读者的反馈信息，对教材的内容取舍、组织编排和典型实例再次进行了精心设计和筛选。本书遵循由浅入深、循序渐进的原则，内容组织突出实用性和编程能力培养，写作风格注重语言通俗易懂，避免抽象晦涩。所有应用实例都配有语句功能和编程思想的详细讲解，阅读教材就像听教师讲课一样清晰明了。

本书的配套教材《Java 语言程序设计例题解析与实验指导》（第四版）由中国铁道出版社有限公司同期出版。配套教材内容包括典型例题解析和课后习题解答、上机实验及各实验程序代码、综合实例。

为方便教师授课，减轻教师备课负担，提高教学质量，本书为教师免费提供电子教案，包括教师授课使用的幻灯片和本书的全部实例程序源代码。

本书由李尊朝、苏军、李昕怡编著。第 1～14 章由李尊朝编写，第 15 章由苏军编写，第 16 章和 17 章由李昕怡编写。本书在编写过程中，参阅了大量书籍和网站等参考资料，得到了西安交通大学同仁和中国铁道出版社有限公司编辑的大力支持和帮助，在此一并表示感谢。

尽管书稿几经修改，仍难免存在疏漏和不妥之处，恳请业界同仁及读者朋友提出宝贵意见，以便修订再版时进一步完善。

编　者

2019 年 10 月

目　录

第1章　Java语言概述 1

1.1　程序设计语言 1
1.2　面向对象的程序设计语言——Java 2
  1.2.1　Java语言的发展历史 3
  1.2.2　Java语言的特点 3
  1.2.3　Java语言与C/C++语言的比较 5
1.3　Java语言的开发和运行环境 6
  1.3.1　JDK的安装 6
  1.3.2　JDK的设置 6
1.4　开发和运行Java程序的步骤 7
  1.4.1　选择编辑工具 7
  1.4.2　编译和运行Java程序 8
1.5　Eclipse 9
  1.5.1　安装和启动Eclipse 9
  1.5.2　Eclipse环境下的程序开发 11
习题 14

第2章　Java语言基础 15

2.1　标识符和关键字 15
2.2　数据类型与常量、变量 16
  2.2.1　数据类型 16
  2.2.2　基本数据类型 16
  2.2.3　常量 18
  2.2.4　变量 19
2.3　运算符和表达式 21
  2.3.1　运算符 22
  2.3.2　表达式 26
习题 29

第 3 章 基本控制结构 31

3.1 语句及程序结构 31
3.2 顺序结构 32
3.3 选择结构 33
3.3.1 if 语句 34
3.3.2 switch 语句 36
3.4 循环结构 39
3.4.1 while 语句 39
3.4.2 do...while 语句 40
3.4.3 for 语句 41
3.4.4 多重循环 43
3.5 跳转语句 45
习题 46

第 4 章 方法 47

4.1 方法声明 47
4.2 方法调用 48
4.3 参数传递 50
4.4 递归 51
习题 53

第 5 章 数组 55

5.1 一维数组 55
5.1.1 一维数组的声明 55
5.1.2 一维数组的初始化 56
5.2 二维数组 57
5.2.1 二维数组的声明 57
5.2.2 二维数组的初始化 58
5.3 数组的基本操作 60
5.3.1 数组的引用 60
5.3.2 数组的复制 60
5.3.3 数组的输出 61
5.4 数组应用举例 63

5.5 数组参数 66
5.6 字符串 69
    5.6.1 字符数组与字符串 69
    5.6.2 字符串的相关概念 70
    5.6.3 字符串操作 71
    5.6.4 字符串数组 73
习题 74

第 6 章 类和对象 75

6.1 类和对象概述 75
    6.1.1 面向对象的基本概念 75
    6.1.2 类的声明 75
    6.1.3 对象的创建和使用 76
    6.1.4 构造方法和对象的初始化 78
    6.1.5 对象销毁 81
6.2 类的封装 82
    6.2.1 访问权限 82
    6.2.2 类成员 84
习题 89

第 7 章 类的继承和多态机制 90

7.1 类的继承 90
    7.1.1 继承的基本概念 90
    7.1.2 继承的实现 91
    7.1.3 super 和 this 引用 93
7.2 类的多态性 96
    7.2.1 方法重载 97
    7.2.2 方法覆盖 98
7.3 final 类和 final 成员 99
习题 101

第 8 章 接口和包 102

8.1 抽象类和方法 102
8.2 接口 105

| 8.2.1   声明接口 105
| 8.2.2   实现接口 106
| 8.3   包 111
| 8.3.1   包的概念 112
| 8.3.2   包的声明和导入 112
| 习题 117

第9章 异常处理 118

  9.1   Java 异常处理机制 118
  9.2   异常处理方式 119
      9.2.1   try…catch…finally 结构 119
      9.2.2   抛出异常 122
      9.2.3   自定义异常类 124
  习题 126

第10章 输入与输出 127

  10.1   输入/输出类库 127
      10.1.1   流 127
      10.1.2   输入/输出流类 128
  10.2   标准输入/输出及标准错误 132
      10.2.1   标准输入 132
      10.2.2   标准输出 135
      10.2.3   标准错误 135
  10.3   文件操作 135
      10.3.1   文件管理 136
      10.3.2   基于字节流的文件操作 137
      10.3.3   基于字符流的文件操作 142
  习题 146

第11章 图形用户界面设计 147

  11.1   AWT 组件概述 147
  11.2   布局管理 153
      11.2.1   BorderLayout 类 153
      11.2.2   FlowLayout 类 154

11.2.3 GridLayout 类 156
11.3 事件处理 157
11.3.1 委托事件模型 157
11.3.2 事件类和监听器接口 159
11.3.3 处理 ActionEvent 事件 162
11.3.4 处理 ItemEvent 事件 163
11.3.5 处理 TextEvent 事件 165
11.3.6 处理 KeyEvent 事件 166
11.3.7 处理 MouseEvent 事件 169
11.3.8 处理 WindowEvent 事件 174
11.4 绘图 175
习题 177

第 12 章 Swing 组件 178

12.1 Swing 组件概述 178
12.2 窗口 179
12.3 标签 180
12.4 按钮 180
12.5 单选按钮和复选框 181
12.6 文本编辑组件 185
12.7 列表框和组合框 186
12.8 菜单 189
习题 192

第 13 章 Applet 程序 193

13.1 Applet 简介 193
13.1.1 Applet 类 193
13.1.2 Applet 程序的运行过程 193
13.1.3 Applet 程序的建立和运行 194
13.2 Applet 程序举例 195
习题 199

第 14 章 多线程 200

14.1 Java 的多线程机制 200

14.1.1 线程的生命周期 200
14.1.2 多线程的实现方法 201
14.2 通过 Thread 类实现多线程 201
14.3 通过 Runnable 接口实现多线程 202
14.4 线程等待 203
14.5 线程同步 206
习题 208

第 15 章 数据库编程 209

15.1 数据库简介 209
15.1.1 关系型数据库 209
15.1.2 SQL 简介 210
15.2 使用 JDBC 连接数据库 212
15.2.1 JDBC 简介 212
15.2.2 JDBC 驱动程序 212
15.3 建立数据库和数据源 213
15.3.1 建立数据库 213
15.3.2 建立数据源 215
15.4 Java 数据库编程 216
15.4.1 数据库编程的一般过程 216
15.4.2 数据库编程实例 218
习题 223

第 16 章 网络编程 225

16.1 网络基础 225
16.1.1 通信协议 225
16.1.2 TCP 和 UDP 226
16.1.3 URL 227
16.1.4 Java 的网络功能 228
16.2 基于 URL 的网络程序 228
16.2.1 URL 类 228
16.2.2 URLConnection 类 231
16.3 InetAddress 类 233
16.3.1 创建 InetAddress 类对象 233

16.3.2　获取域名和 IP 地址 234
16.4　基于 Socket 的程序 236
　　16.4.1　TCP 流式 Socket 236
　　16.4.2　UDP 数据报 Socket 242
习题 251

第 17 章　JSP 编程 252

17.1　Web 程序概述 252
17.2　HTML 基础 253
　　17.2.1　HTML 文件结构 253
　　17.2.2　HTML 标记 254
17.3　JSP 开发和运行环境 256
17.4　JSP 语法 265
　　17.4.1　JSP 元素语法 265
　　17.4.2　JSP 脚本元素 265
　　17.4.3　JSP 指令元素 269
　　17.4.4　JSP 动作元素 271
　　17.4.5　JSP 注释 273
　　17.4.6　转义字符 274
17.5　JSP 内建对象 275
17.6　JavaBean 278
17.7　应用数据库 280
习题 285

参考文献 287

第 1 章　Java 语言概述

Java 语言是由 Sun 公司（已被 Oracle 公司收购）于 1995 年 5 月 23 日正式推出的纯面向对象的程序设计语言，其集安全性、简单性、易用性和平台无关性于一身，特别适合于网络环境下编程使用。

JDK 提供了 Java 程序的命令行编译和运行方式，可以使用的集成开发环境有 JBuilder、Eclipse、JCreator 等。

1.1　程序设计语言

电子计算机是一种机器，要借助计算机完成人类的某种思维活动，必须将其用计算机能理解和执行的形式语言来描述，这种语言就称为程序设计语言。程序设计语言和人类使用的自然语言之间存在较大差距，自从 1946 年第一台电子计算机问世以来，程序设计语言的发展变迁就是为了缩小这一差距。

1. 机器语言

计算机由电子器件组成，电子器件最容易表达的是电位的高和低或电流的通和断两种稳定状态，可以用 0 和 1 两种符号表示这两种状态，这便是最早的程序设计语言——机器语言的基本单位。用机器语言编写的程序由 0 和 1 组成，计算机能理解并直接执行。然而，由 0 和 1 组成的 0、1 串没有丝毫的形象意义，人们难以记忆和理解，所以用机器语言编写程序效率很低，并且容易出错。

2. 汇编语言

为了克服机器语言抽象、难以理解和记忆的缺点，人们用便于理解和记忆的符号来代替 0、1 串，这便是汇编语言。汇编语言使用助记词编写程序，较机器语言更接近自然语言。汇编语言涉及大量的机器细节，是与具体机器硬件有关的语言，是一种面向机器的语言。只要更换或升级机器硬件，就得重新编写程序。

3. 高级语言

虽然汇编语言较机器语言便于理解和记忆，但却像机器语言一样，与具体的机器指令系统有关，离不开计算机的硬件特性。用它们编写程序复杂度高，效率低下，可维护性和可移植性差。为了从根本上摆脱语言对机器的依赖，经过多年的潜心研究，与具体机器指令系统无关、表达方式接近自然语言的新一代语言问世。新一代语言采用具有一定含义的数据命名和人们易于理解的执行语句，且屏蔽了机器细节，将这种语言称为高级语言，而将与具体机器细节有关的机器语言和汇编语言称为低级语言。高级语言一经推出立刻受到广泛欢迎。受市场需求驱动，各种高级语言相继问世，极大地推动了计算机应用及计算机技术的发展。

此后，随着结构化数据、结构化语句、数据抽象和过程抽象等概念的提出，高级语言逐步向结构化程序设计方向发展，进一步缩小了计算机语言和自然语言的距离。20世纪70年代到80年代，结构化程序设计语言非常流行，成为当时软件开发的主流技术。以结构化程序设计技术为代表的高级语言是一种面向过程的语言。面向过程的语言可以用计算机能理解的逻辑表达问题的具体解决过程，然而它将数据和过程分离为独立的实体，使程序中的数据和操作不能有效地组织在一起，很难把具有多种相互联系的复杂事物表述清楚。当数据结构发生轻微变化时，处理这些数据的算法也要做相应的修改。因而用这种程序设计方法编写的软件重用性差。为了较好地解决软件的重用性问题，使数据与程序始终保持相容，人们提出了面向对象程序设计（Object Oriented Programming，OOP）方法。

面向对象程序设计语言能更好地描述客观事物及其相互联系，追求对现实世界的直接模拟，具体体现在：

① 客观世界由具体的事物构成，每个事物都具有自己的一组静态特征（属性）和一组动态特征（行为）。在面向对象程序设计语言中，将客观事物抽象为对象（Object），用一组数据描述对象的静态特征（属性），用一组方法刻画对象的动态特征。

② 客观世界中的事物既具有特殊性，又具有共同性。人类认识客观世界的基本方法之一就是根据事物的共同性将事物进行分类。面向对象程序设计语言用类来表示一组具有相同属性和方法的对象。

③ 在同一类事物中，除了具有共性外，每个事物又具有自己的特殊性。面向对象程序设计语言用父类与子类的概念来描述。父类中描述事物的共性，子类中描述个性。

④ 客观世界中的事物是一个独立的整体，外部常常不关心其内部的具体细节。面向对象程序设计语言通过封装机制把对象的属性和方法结合为一个整体，并且屏蔽了对象的内部细节。

⑤ 客观世界中的一个事物可能与其他事物之间存在某种行为上的联系。面向对象程序设计语言通过消息连接来表示对象之间的这种动态联系。

综上所述，面向对象程序设计语言使程序能够比较直接地反映客观世界的本来面目，使软件开发人员能够运用人类认识事物所采用的一般思维方法来进行软件开发。

和其他计算机语言比较，面向对象程序设计语言和人类使用的自然语言之间的差距是最小的，是当今软件开发和应用的主流技术。

1.2 面向对象的程序设计语言——Java

目前，应用广泛的 Internet 将世界上成千上万的计算机子网连接成一个超网，而这些子网由世界各地各种不同型号、不同规模、使用不同操作系统、具有不同应用平台的计算机组成。为了发挥 Internet 的巨大作用，需要一种能运行在各种计算机上、具有平台无关性和高移植性的语言。Java 语言以其面向对象、平台无关、多线程、安全可靠等特性成为 Internet 时代程序设计语言中的佼佼者。

1.2.1 Java 语言的发展历史

Java 语言的发展历史可以追溯到 1990 年。当时 Sun 公司为了发展消费类电子产品而进行了一个名为 Green 的项目计划。这个计划的负责人是 James Gosling，起初他用具有面向对象特征的 C++语言编写嵌入式软件，可以放在面包机或个人数字助理（Personal Digital Assistant，PDA）等小型电子消费设备里，以使设备变得更为"聪明"，更具备人工智能。但后来发现 C++并不适合这类任务，因为 C++常会使系统失效。尤其在内存管理方面，C++采用直接地址访问方式，需要程序员记录并管理内存资源。这造成程序员编程的极大负担，并可能产生多个 bug。面包机上的程序错误可能使面包机烧坏甚至爆炸。

为了解决此类问题，Gosling 决定开发一种新的语言，并取名为 Oak。它采用了大部分与 C++类似的语法，对可能具备危险性的功能加以改进。例如，将内存管理改为由语言自己进行管理，以减少程序员的负担及可能发生的错误。Oak 是一种可移植的语言，也是一种平台独立的语言，能够在各种芯片上执行，可以降低设备的研发成本。

1994 年，Oak 的技术已日趋成熟，这时 Internet 也开始蓬勃发展。Oak 研发小组发现 Oak 很适合作为一种 Internet 上的程序设计语言，因此开发了一个能与 Oak 配合使用的浏览器——Hotjava。实践证明，Oak 的确能用于 Internet 上的程序开发。鉴于 Oak 已经被其他产品注册使用，研发小组就以常饮用的咖啡 Java 重新命名该产品。此后，Java 就随着 Internet 的发展而快速发展起来。

1.2.2 Java 语言的特点

Java 语言是一种简单、面向对象、安全、平台独立、多线程、具有网络功能、执行效率较高的语言。

1．简单性

Java 语言简单高效，基本 Java 系统（编译器和解释器）所占空间不足 250 KB。由于 Java 最初是为了对家用电器进行集成控制而设计的，因而具备简单明了的特征。

2．面向对象

面向对象技术是现代软件工业的一次革新，提高了软件的模块化程度和重复使用率，缩短了软件开发时间，降低了开发成本。在 Java 之前，虽然已经有面向对象的程序设计语言问世，但有些（如 C++）并不是完全的面向对象，而是面向过程和面向对象的混合体。Java 则是完全面向对象的程序设计语言。

3．安全性

Java 语言是可以用在网络及分布环境下的网络程序设计语言。在网络环境下，语言的安全性变得更为重要。Java 语言提供了许多安全机制来保证其使用上的安全性。

4．平台独立

平台独立指程序不受操作平台的限制，可以应用在各种平台上。Java 源程序经过编译后生成字节码 Byte（Code）文件，而字节码与具体的计算机无关。只要计算机安装了能解释执行字节码的Java虚拟机(Java Virtual Machine,JVM),就可以执行字节码文件,从而实现Java的平台独立性。

为了理解Java语言的平台独立性,在此对Java虚拟机做一下简单介绍。大部分高级语言的源程序必须经过编译或解释程序翻译成机器语言才能在计算机上执行。例如,C、C++等属于编译型语言,而BASIC和Lisp属于解释型语言。

然而,Java程序却比较特殊,它必须先经过编译,再经过解释才能执行。通过编译器,Java语言源程序转换成与平台无关的中间编码,Java称之为字节码。字节码再经过解释器的解释,转换为机器码,便可在计算机上运行。

图1-1说明了Java程序的执行流程。

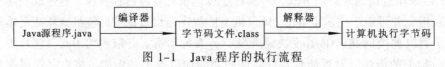

图1-1 Java程序的执行流程

任何可以运行Java字节码的程序都可以看作Java的虚拟机,如浏览器和Java的开发工具等都可以看作JVM的一部分。

字节码的最大好处是可跨平台运行,也就是说,字节码使"编写一次,到处运行(Write Once, Run Anywhere)"的梦想成真。当将Java的源程序用任何一种Java编译器编译成字节码后,便可运行在任何含有JVM的平台上,无论是Windows、Mac OS还是UNIX,这种跨平台特性(见图1-2),是Java语言快速普及的主要原因之一。

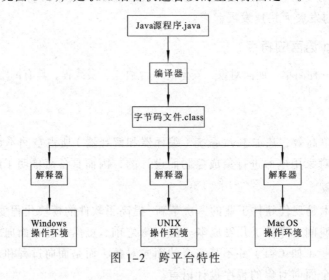

图1-2 跨平台特性

5. 多线程

Java语言具备内置的多线程功能,可以将一个程序的不同程序段设置为不同的线程,使各线程并发、独立执行,提高系统的运行效率。

6. 网络功能

Java语言能从全球的网络资源取得所需信息,如数据文件、影像文件、声音文件等,并对所得信息进行处理。所以说Java语言是一种网络语言。

7. 执行效率

Java 的字节码需要经过 Java 虚拟机解释成机器码才能执行，所以速度较慢。但是随着 JVM 技术的进步，其执行速度直逼 C 与 C++。

1.2.3 Java 语言与 C/C++ 语言的比较

为了便于程序员特别是熟悉 C/C++语言的程序员易于学习和使用 Java 语言，Java 语言设计得和 C/C++语言极为相似，但它和 C/C++语言仍然有许多不同之处。

首先，Java 语言是一种"直译"式语言，即用 Java 编写的程序首先被编译成字节码，再通过 JVM 解释成机器码，而不像 C/C++程序只要一经编译即成为机器码。这是 Java 程序在运行速度上慢于 C/C++程序的主要因素。

字节码是 Java 语言专有的一种中间码，必须通过 JVM 来解释才能运行。在不同的平台上，Java 语言有不同的 JVM，使 Java 字节码可以跨越平台的限制，在不同的平台上运行。但 C/C++程序不具备平台独立性。

Java 与 C/C++的另一个不同点是 Java 语言没有指针类型。C/C++的指针为用户带来许多便利，但也为系统带来许多危害。用户可以通过指针对内存进行读取和更改等操作，这样一来，用户能很清楚地知道数据存放在哪一个内存地址，也可以很迅速地通过内存地址的调用来获得系统信息。这样的做法却很容易因程序员的逻辑错误而造成内存的覆盖，进而导致程序遭到破坏，也可能会让黑客利用 C/C++编写破坏系统文件的计算机病毒，影响系统安全。

C/C++的指针造成程序在稳定性和安全性上的漏洞，因此 Java 废除了指针，改用对象参考方式存取对象数据，要获得对象的数据必须通过 JVM，由 JVM 来保护系统的安全性。

Java 与 C++在继承方面也有所不同。C++允许多重继承，而 Java 仅允许单一继承，以严格限制类继承关系，而使用接口技术来实现多重继承的功能。

Java 和 C/C++的差异如表 1-1 所示。

表 1-1 Java 和 C/C++的差异

比较内容	Java	C	C++
是否直译式	是	否，编译式	否，编译式
编译后是否产生机器码	否，产生一种接近于机器码的字节码	是	是
是否跨平台	是	否，必须根据计算机平台改变程序	否，必须根据计算机平台改变程序
运行速度	比 C/C++稍慢	快	快
是否有指针类型	否，使用对象参考来代替指针	是	是
是否具备继承功能	允许单一继承	否	允许多重继承

如上所述，Java 从 C++演变而来，保留了 C++的许多优点，去除了 C++中易产生错误的功能，简化了内存管理，减轻了程序员进行内存管理的负担。

1.3 Java 语言的开发和运行环境

JDK 是 Sun 公司推出的 Java 开发工具包，包括 Java 类库、Java 编译器、Java 解释器、Java 运行时环境和 Java 命令行工具。JDK 提供了 Java 程序的命令行编译和运行方式，但没有提供程序的编辑环境，更没有提供可视化的集成开发环境（Integrated Development Environment，IDE）。有很多其他公司提供的集成开发环境可供选择，如 Borland 公司的 JBuilder、Xinox 公司的 JCreator，以及开放源代码的 Eclipse 等，它们都是建立在 JDK 基础之上的。

JDK 是 Java 程序编译和运行的基本平台，本节首先介绍 JDK 的安装、设置以及 Java 程序的命令行编译和运行方式。

1.3.1 JDK 的安装

目前 JDK 主要分为 3 种版本：Java SE、Java EE 和 Java ME。

Java SE 称为 Java 标准版或标准平台，提供了标准的 JDK 开发平台，利用该平台可以开发 Java 桌面应用程序和低端服务器应用程序，也可以开发 Java Applet 程序。

Java EE 称为 Java 企业版或企业平台，使用 Java EE 可以构建企业级的服务应用，Java EE 平台包含 Java SE 平台，并增加了附加类库，以便支持目录管理、交易管理等功能。

Java ME 称为 Java 微型版或小型平台，是一种很小的 Java 运行环境，用于嵌入式的消费产品中，如移动电话、掌上电脑或其他无线设备等。

由于 Sun 公司已经被 Oracle 公司收购，现在需要在 Oracle 公司的网站下载 JDK。登录 Oracle 公司网站 http://www.oracle.com，能够看到有关 Java SE、Java EE 和 Java ME 的信息。无论哪种 Java 运行平台，都包含相应的 Java 虚拟机，虚拟机负责将字节码文件加载到内存，然后采用解释方式执行字节码文件。

学习 Java 通常从 Java SE 开始，因此本节基于 Java SE 来安装 Java 平台。用户可登录 Oracle 公司网站（http://www.oracle.com）免费下载。下载软件是自解压的压缩文件，运行该压缩文件，按照屏幕提示操作，即可完成安装。

1.3.2 JDK 的设置

为了方便编译和运行 Java 程序，需要对 JDK 进行设置。设置方法非常简单，只需要对 Path 和 Classpath 这两个环境变量进行正确设置。本书以 jdk-7u9-windows-i586.exe 为例说明 JDK 的设置。文件 jdk-7u9-windows-i586.exe 将 JDK 的默认安装文件夹设置为 C:\Program Files\Java\jdk1.7.0_09,需要给 Path 增加"C:\Program Files\Java\jdk1.7.0_09\bin"路径，给 Classpath 增加 ".;C:\Program Files\Java\jdk1.7.0_09\lib\tools.jar; C:\Program Files\java\jdk1.7.0_09\lib\dt.jar"路径，其中"."表示当前文件夹。

如果使用的操作系统是 Windows 7，对 Path 的设置步骤如下：

① 右击"计算机"图标，在弹出的快捷菜单中选择"属性"命令，弹出"系统"对话框；单击"高级系统"设置选项，弹出"系统属性"对话框，选择"高级"选项卡，如图 1-3 所示。单击"环境变量"按钮，弹出"环境变量"对话框，如图 1-4 所示。在

"系统变量"列表框中选择 Path 变量,并单击"编辑"按钮,弹出"编辑系统变量"对话框,如图 1-5 所示。

图 1-3　"高级"选项卡

图 1-4　"环境变量"对话框

② 在"变量值"文本框中增加"C:\Program Files\java\jdk1.7.0_09\bin",单击"确定"按钮,完成对 Path 的设置。

对 Classpath 的设置步骤如下:

① 在图 1-4 所示的"环境变量"对话框中,如果"系统变量"列表框中没有 Classpath 变量,则单击"新建"按钮,弹出"新建系统变量"对话框,如图 1-6 所示。

图 1-5　"编辑系统变量"对话框

图 1-6　"新建系统变量"对话框

② 在"变量名"文本框中输入 Classpath,在"变量值"文本框中输入".;C:\Program Files\Java\jdk1.7.0_09\lib\tools.jar; C:\Program Files\java\jdk1.7.0_09\lib\dt.jar",单击"确定"按钮,完成对 Classpath 的设置。

设置 JDK 后,就可以编译和运行 Java 程序。

1.4　开发和运行 Java 程序的步骤

开发 Java 程序时,首先使用某种具有编辑功能的软件将源程序(源程序文件的扩展名为.java)输入并以文件形式保存在计算机外存中,再对源程序进行编译,生成扩展名为.class 的类文件,类文件是一种字节码文件。最后运行字节码文件,得到程序的运行结果。

1.4.1　选择编辑工具

如果使用 JBuilder、Eclipse 或 JCreator 等集成开发工具,它们本身集编辑、编译、运行和调试功能于一体,使用非常方便。但如果仅有 JDK 平台,则必须再选择一个文本编辑器作为编辑、修改 Java 源程序的工具,如 Windows 下的写字板或记事本等。

【例】Java 程序举例。

在写字板中输入以下程序内容：
```
public class Example
{   public static void main(String args[])
    {   System.out.println("Hello Java!");
    }
}
```
这是一个基本的 Java 程序，只有一个类和一个方法。将该程序以文件名 Example.java 保存在磁盘的某一目录，如 C:\java。

【程序解析】

① "public class Example"表明要建立一个类，类名为 Example。定义类必须使用关键字 class。Java 应用程序必须以类的形式出现，一个程序中可以定义若干类。public 表明该类是公共类，可以被所有类访问。虽然一个程序文件中可以定义多个类，但只能有一个 public 类。如果一个文件中包含一个 public 类，文件的名称必须和该类名相同。

类的内容，即类中的属性和方法在后面的一对花括号中列出。类的属性用变量描述，称为成员变量。相应的，类中的方法称为成员方法。

② "public static void main(String args[ ])"表明建立一个名为 main 的方法。一个应用程序中可以有多个方法，但只能有一个 main( )方法。main( )方法是程序的入口，若无此方法，则程序无法运行。

public 表明该方法是一个公共方法，所有的类都可以调用该方法。static 表明该方法可以通过类名 Example 访问。void 表明该方法没有返回值。String args[ ]表明该方法有一个字符串数组类型的参数。

③ main( )方法中只包含一条语句"System.out.println("Hello Java!");"，其功能是输出括号中字符串的内容，即输出"Hello Java!"。

其中，System 是 Java 类库中的一个类，利用此类可以获得 Java 运行环境的有关信息和输入/输出信息；out 是 System 类中的一个对象；println 是 out 对象的一个方法，其功能是向标准输出设备即显示器输出括号中的字符串。

初次接触 Java 程序，可能觉得程序结构比较复杂，但读者很快就会发现，对于一般的 Java 程序，其基本框架和这里给出的结构是相同的，所不同的只是类中的属性（变量）和方法。

1.4.2　编译和运行 Java 程序

在 Windows 环境下，使用 JDK 编译和运行 Java 程序是在 DOS 命令提示符状态下通过命令行来实现的。

进入命令行的方法是单击"开始"菜单，选择"所有程序"→"附件"→"命令提示符"命令。

1. 编译 Java 源程序

编译 Java 源程序使用的编译程序是 javac.exe，命令行命令如下：

`javac Java 源程序文件名.java`

> **说明**
>
> Java 源程序文件的扩展名为 .java，编译时必须列出。经过编译得到的字节码文件基本名保持不变，扩展名为 .class，称为类文件。

例如，要对前面例题中的程序 Example.java 进行编译，在命令行输入以下命令：

`javac Example.java`

如果编译成功，则生成类文件 Example.class。

如果程序中存在错误，则不会通过编译，在屏幕上会显示错误信息。修改错误后，继续进行编译。对于较大的程序，这个过程可能要反复多次，直到编译通过，生成类文件。

2．运行类文件

运行 Java 类文件使用的解释程序是 java.exe，命令行命令如下：

`java  Java 类文件名`

> **说明**
>
> Java 类文件的扩展名为 .class，在运行时不必列出。

例如，要运行前面生成的类文件 Example.class，在命令行输入以下命令：

`java Example`

如果成功运行，将得到程序的运行结果。

1.5 Eclipse

Eclipse 是目前流行的 Java IDE，免费且开源，可以运行在 Windows、Linux、Mac OS 和 Solaris 等主流操作系统。Eclipse 最初是由 IBM 为替代商业软件 Visual Age for Java 而开发的 IDE 开发环境，2001 年 11 月供给开源社区，现在由非营利软件供应商联盟 Eclipse 基金会管理。Eclipse 的设计思想是一切皆插件，所以 Eclipse 核心很小，其他所有功能都以插件的形式附加于 Eclipse 核心之上。Eclipse 最初主要用于 Java 程序开发，但是目前可通过插件使其作为 C++、Python、PHP 等其他语言的开发工具。如果想开发 Java 程序，需要使用 Eclipse 随附的 JDT（Java Development Toolkit）外挂程序，如果想开发其他语言的程序，就需要其对应外挂程序，如使用 CDT(C Development Toolkit)就可以开发 C/C++ 程序。

1.5.1 安装和启动 Eclipse

1．安装 Eclipse

Eclipse IDE 可从网站 http://www.eclipse.org 下载。登录网站 http://www.eclipse.org，单击红色的 Download 链接，再单击 Download Packages 链接，在 More Downloads 列表框中选择要下载的 Eclipse 版本。本书配合 JDK 1.7，选择安装 Eclipse Luna 4.4 版本。单击选择 Eclipse Luna 4.4，再单击 Downloads 链接，在 Eclipse Luna SR2 Packages 下的列表框中选择要下载的 Eclipse IDE 类型，包括 Eclipse IDE for Java Developers、Eclipse IDE for Java EE Developers 等。如果仅用 Eclipse IDE 进行 Java 程序设计（包括 C/S 结构程序），

不涉及 Web 系统开发,则可选择 Eclipse IDE for Java Developers,下载 Eclipse IDE for Java Developers;如果还要开发 Web 系统,则可选择 Eclipse IDE for Java EE Developers。单击 Eclipse IDE for Java EE Developer 链接,在 Downloads Links 下的列表中选择所使用的操作系统类型,如选择 Windows 32 bit。单击 Select Another Mirror 链接,从给出的列表中选择下载的镜像服务器,如选择 China-University of Science and Technology of China,再单击 Download 链接,便下载所选择的 Eclipse IDE。所下载的 Eclipse IDE 是.zip 压缩文件,将其解压到指定的文件夹如 C:\Eclipse,即完成 Eclipse IDE 的安装,而不需要运行安装程序。

2. 启动 Eclipse

要启动 Eclipse IDE,只需在解压的目标文件夹如 D:\Eclipse 中双击 Eclipses.exe,弹出图 1-7 所示的 Workspace Launcher 对话框,让用户选择工作区(Workspace)的文件夹,即存放所开发程序的最上层文件夹。用户在 Eclipse IDE 所进行的所有工作都会存放在该文件夹下,要对程序开发结果进行备份时,只需要备份该文件夹即可。要升级至新版 Eclipse 时,只需将该文件夹复制过去即可,所进行的平台配置都一同复制。Workspace 负责管理用户的资源,将资源组织成一个或多个 Project。每个 Project 在 Workspace 文件夹下有一个以其名称命名的子文件夹,存放组成该 Project 的子文件夹和文件资源。

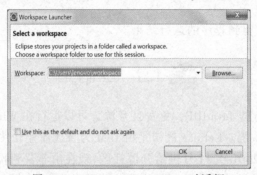

图 1-7 Workspace Launcher 对话框

输入或单击 Browse 按钮选择一个 Workspace 文件夹,如 D:\eclipse\Java,单击 OK 按钮,即启动 Eclipse IDE,打开图 1-8 所示的主窗口,也称为 Eclipse 的 Workbench。在图 1-8 所示的主窗口中可进行 Java 程序开发及平台配置。

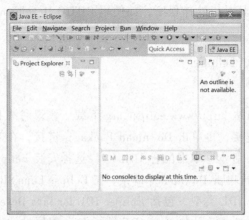

图 1-8 Eclipse IDE 主窗口

如果不希望每次启动 Eclipse IDE 时出现 Workspace Launcher 对话框，可选择 Use this as the default and do not ask again 复选框。

1.5.2　Eclipse 环境下的程序开发

1．建立项目

在 Eclipse IDE 中，用户开发的 Java 源程序及使用的资源以项目（Project）为单位组织。建立 Project 的步骤如下：

选择 File 菜单中的 New 子菜单，并选择其菜单项 Project，弹出图 1-9 所示的 New Project 对话框，让用户选择要建立的 Project 类别。选择 Java Project 并单击 Next 按钮，弹出图 1-10 所示的 New Java Project 对话框，让用户输入 Project 的名称、选择 JRE（Java Runtime Environment）。在 Project name 文本框中输入 Project 名称（例如 MyProject），在 JRE 的列表项中选择所安装的 JRE（例如 JavaSE-1.7），单击 Finish 按钮，完成 Project 的创建，回到 Eclipse IDE 主窗口，所建立的 Project（例如 MyProject）显示在 Project Explorer 窗格中，如图 1-11 所示。

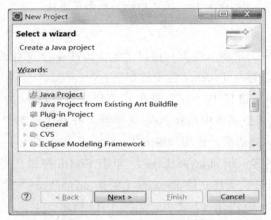

图 1-9　New Project 对话框

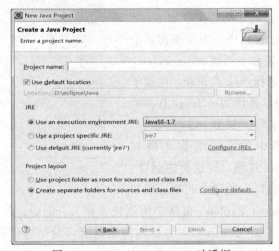

图 1-10　New Java Project 对话框

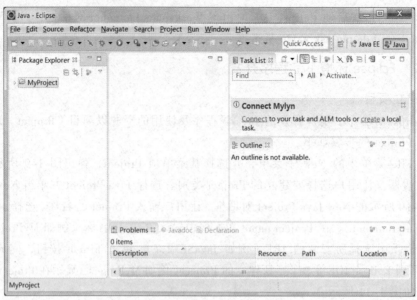

图 1-11 建立 Project 后的主窗口

2．建立包

在 Java 程序开发中，常将一组类和接口用包（Package）来组织，详见 8.3 节。

在 Eclipse IDE 中，建立 Package 的步骤如下：

在 Project Explorer 窗格中，右击要在其中建立 Package 的 Project 名称（例如 MyProject），在弹出的快捷菜单中选择 New 菜单项，在其子菜单中选择 Package 命令，弹出 New Java Package 对话框，让用户输入 Package 名称，如图 1-12 所示。在 Name 文本框中输入 Package 名称（例如 mypackage），单击 Finish 按钮，完成 Package 的创建，回到 Eclipse IDE 主窗口，所建立的 Package（例如 mypackage）显示在 Project Explorer 窗格中所选 Project（如 MyProject）之下，如图 1-13 所示。

3．建立类

在 Eclipse IDE 中，建立类的步骤如下：

在 Project Explorer 窗格中，右击要在其中建立类（Class）的包名称（例如 mypackage），在弹出的快捷菜单中选择 New 菜单项，在其子菜单中选择 class 命令，弹出 New Java Class 对话框，让用户输入类名称，如图 1-14 所示。

在 Name 文本框中输入类名称（例如 Example1），单击 Finish 按钮，完成类的创建，回到 Eclipse IDE 主窗口，所建立的类（例如 Example1）显示在 Project Explorer 窗格中所属包（如 mypackage）之下，如图 1-15 所示。同时，在以类名（如 Example1）为标题的编辑窗口显示所建类的框架，让用户在框架中增加类的内容（成员变量和成员方法）。

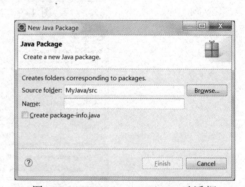

图 1-12 New Java Package 对话框

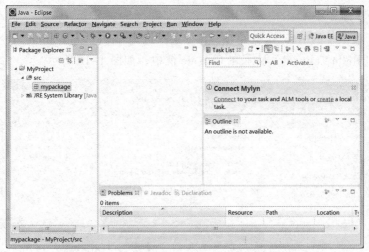

图 1-13　建立 Package 后的主窗口

图 1-14　New Java Class 对话框

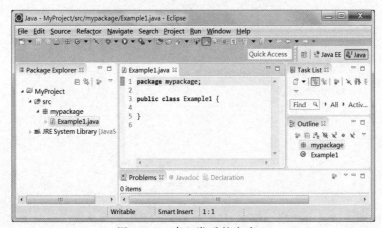

图 1-15　建立类后的主窗口

4. 运行程序

选择 Run 菜单中的 Run As 菜单项，在子菜单选择 Java Application 命令，运行程序，运行结果（如 Hello Eclipse!）显示在 Console 框中，如图 1-16 所示。

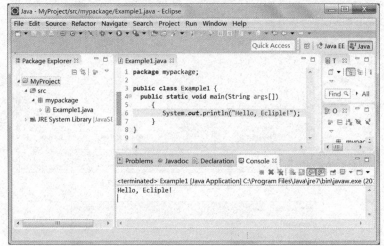

图 1-16　程序运行结果窗口

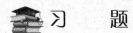

1. Java 语言有哪些特点？
2. Java 平台是什么？其运行原理与一般的操作平台有何不同？
3. 何为字节码？采用字节码的最大好处是什么？
4. 如何建立和运行 Java 程序？
5. 编写并运行一个 Java 程序，使其输出：I like Java very much!。

第 2 章 » Java 语言基础

标识符、常量、变量、数据类型、运算符和表达式是 Java 语言的基本组成部分。Java 语言的初学者应该首先掌握这些内容，为开发 Java 程序奠定良好基础。

2.1 标识符和关键字

Java 语言使用 Unicode 标准字符集。Unicode 字符集采用 16 位编码，最多可以表示 65 535 个字符。Unicode 字符集的前 256 个字符与 ASCII 字符集完全一致。除了数字 0~9、英文字母 A~Z、a~z 及+、-、*、/等 ASCII 字符外，Unicode 字符集还提供了其他语言文字，如汉语中的汉字、日文的片假名和平假名、朝鲜文和俄文中的文字等。

1. 标识符

标识符是用来标识变量、常量、方法、类、对象等元素的有效字符序列。简单地说，标识符就是一个名称。

Java 语言规定标识符由字母、下画线、美元符号和数字等组成，并且第一个字符不能是数字。下列都是合法的标识符：

name，s_no，$2，boy_number

以下是不合法的标识符：

2y，a*b，w/

标识符长度不限，但在实际命名时不宜过长；标识符区分大小写，如 money 和 Money 是不同的标识符。

在 Java 程序设计中，对标识符通常还有以下约定：

① 变量名、对象名、方法名、包名等标识符全部采用小写字母；如果标识符由多个单词构成，则首字母小写，其后单词的首字母大写，其余字母小写，如 getAge。

② 类名首字母大写。

③ 常量名全部字母大写。

2. 关键字

关键字是由 Java 语言定义的、具有特殊含义的字符序列。每一个关键字都有一种特定的含义，不能将关键字作为普通标识符来使用。Java 语言的关键字如表 2-1 所示。

表 2-1 Java 的关键字

abstract	default	if	package	this
boolean	do	implements	private	throw
break	double	import	protected	throws
byte	else	instanceof	public	transient
case	extends	int	return	true
catch	final	long	static	void
char	finally	native	super	volatile
class	float	new	switch	while
continue	for	null	synchronized	

2.2 数据类型与常量、变量

2.2.1 数据类型

数据是描述客观事物的数字、字母及能输入计算机并能被计算机处理的符号。数据是计算机程序处理的对象。

程序中任一数据都属于某一特定类型,类型决定了数据的表示方式、取值范围以及可进行的操作。同一类型的数据具有相同的表示方式、取值范围和可进行的操作。例如,Java 中的整数类型 int 数据的取值集合为 $\{-2^{31},\cdots,-2,-1,0,1,2,3,\cdots,2^{31}-1\}$,int 数据可以进行加(+)、减(-)、乘(*)、整除(/)运算和赋值等操作。

数据也受到类型的保护,不能对数据进行该类型不允许的非法操作。

Java 的数据类型分为两大类:基本数据类型和引用数据类型。

基本数据类型是由一种简单数据组成的数据类型,其数据是不可分解的,可以直接参与该类型所允许的运算。例如,整数类型 int 的数据有 34、17 等,可以进行整除运算 34/17。

基本数据类型已由 Java 语言预定义,类型名是关键字,如 int、float、char 和 boolean 等。

基本数据类型的变量中保存数据值,而引用数据类型的变量中保存地址。Java 的引用数据类型包括数组(array)、类(class)和接口(interface),如图 2-1 所示。

图 2-1 Java 数据类型

2.2.2 基本数据类型

1. 整数类型

整数类型数据值有负整数、零和正整数,其含义与数学中的相同。在 Java 中,整数类型又细分为 4 种类型,如表 2-2 所示。不同整数类型的差别在于占用的内存空间和数据取值范围不同。

表 2-2　Java 整数类型

数 据 类 型	所占字节（B）	取 值 范 围
long（长整型）	8	−9 223 372 036 854 775 808～9 223 372 036 854 775 807
int（整型）	4	−2 147 483 648～2 147 483 647
short（短整型）	2	−32 768～32 767
byte（字节型）	1	−128～127

一个整数的默认类型为 int。要表示一个整数为 long 型，在其后加后缀 L 或 l，如 345L。Java 提供了 3 种进制的整数表示形式：

① 十进制数。用 0～9 之间的数字表示的数，其首位不能为 0，如 10、-39 等。

② 八进制数。用 0～7 之间的数字表示的数，以 0 为前缀，如 013、026 等。

③ 十六进制数。用 0～9 之间的数字和 a～f、A～F 之间的字母表示的数，以 0x 或 0X 为前缀，如 0xA3、0X1b 等。其中，a～f 或 A～F 分别表示十进制的 10～15。

2．浮点数类型

浮点数类型表示数学中的实数，即带小数点的数。浮点数类型有两种表示形式：

① 标准记数法：由整数部分、小数点和小数部分组成，如 12.37、-0.594 6 等。

② 科学记数法：由尾数、E 或 e 及阶码组成，也称指数形式，如 2.5E4 表示数学中 2.5×10^4，其中 2.5 称为尾数，4 称为阶码。尾数可以是浮点数，但阶码必须是整数。再如，2.1E-4 表示数学中的 2.1×10^{-4}。

Java 中有两种浮点数类型：float（单精度浮点数）和 double（双精度浮点数），取值范围及所占用的内存大小如表 2-3 所示。

表 2-3　Java 浮点数类型

浮点数类型	所占字节（B）	取 值 范 围
float（单精度浮点数）	4	−3.4E38～3.4E38
double（双精度浮点数）	8	−1.7E308～1.7E308

在 Java 中，一个浮点数默认类型为 double。要表示一个浮点数为 float 型，在其后加后缀 F 或 f，如 34.5f。

3．字符类型

字符类型（char）表示 Unicode 字符，一个字符占 16 位。字符类型数据有 3 种表示方法：

① 用单引号括起来的单个字符，如'A'、'a'等。

② 用 Unicode 码表示，前缀是\u，如\u0043 表示'C'。

③ Unicode 字符集中的控制字符（如回车符）不能通过键盘输入，需要通过转义字符表示。转义字符和对应的 Unicode 码如表 2-4 所示。

由多个字符组成的字符序列称为字符串，字符串用双引号括起来，如"green"就是一个字符串。

表 2-4 转 义 字 符

转 义 字 符	功 能	Unicode 码
\b	退格	\u0008
\t	水平制表	\u0009
\n	换行	\u000a
\f	换页	\u000c
\r	回车	\u000d

4．布尔类型

布尔类型（boolean）表示逻辑量，也称逻辑类型。布尔类型只有 true（真）和 false（假）两个值。布尔类型值占 1 B。

2.2.3 常量

常量是指在程序运行过程中其值始终保持不变的量。Java 中的常量有整型、浮点数型、字符型、布尔型和字符串型。如 26、47.3、'a'、true、"student"分别是整数型、浮点数型、字符型、布尔型和字符串型常量，这种表示方式的常量称为直接常量。

在 Java 中，常量除了使用直接常量方式表示外，还可以用标识符表示常量，称为符号常量。符号常量有 4 个基本要素：名称、类型、值和使用范围。常量名称是用户定义的标识符，每个符号常量都属于一种基本数据类型，每个符号常量都有其可被使用的范围。

符号常量必须先声明，后使用。符号常量的声明方式如下：

final [修饰符] 类型标识符 常量名=(直接)常量；

> **说明**
>
> ① 修饰符是表示该常量使用范围的权限修饰符，如 public、private、protected 或省略。符号[ ]表示其中的内容可以省略，本书中其他地方的用法与此相同，不再赘述。
> ② 类型标识符可以是任意的基本数据类型，如 int、long、float、double 等。
> ③ 常量名必须符合标识符的规定，并习惯采用大写字母。取名时最好符合"见名知意"的原则。
> ④ "="右侧的常量类型必须和类型标识符的类型相匹配。

以下是合法的常量声明：
```
final float PI=3.14159;
final char SEX='M';
final int MAX=100;
```
声明符号常量的优点如下：

① 增加了程序的可读性，从常量名可知常量的含义。

② 增强了程序的可维护性，只要在常量的声明处修改常量的值，就自动修改了程序中所有地方所使用的常量值。

从程序功能上来讲，无论是符号常量还是直接常量都表示保持不变的量，为了叙述方便，以后就不再区分符号常量和直接常量了。

2.2.4 变量

变量是指在程序运行过程中其值可以改变的量。

变量也有4个基本要素：名称、类型、值和使用范围。变量名称是用户定义的标识符。每个变量都属于一种数据类型，可以是基本数据类型，也可以是引用数据类型。在程序运行过程中，变量的值可以改变，但其数据类型不能改变。每个变量都有其可被使用的范围。

变量必须先声明，后使用。变量的声明方式如下：

[修饰符] 类型标识符 变量名[=常量];

> **说明**
>
> ① 修饰符是表示该变量使用范围的权限修饰符，如 public、private、protected 等。
> ② 类型标识符可以是任意的基本数据类型或引用数据类型，如 int、long、float、double 等。
> ③ 变量名必须符合标识符的规定，并习惯采用小写字母。如果变量名由多个单词构成，则首字母小写，其后单词的首字母大写，其余字母小写。取名时最好符合"见名知意"的原则。例如：
>
> int age;
>
> ④ 声明一个变量，系统必须为变量分配内存单元。分配的内存单元大小由类型标识符决定。
> ⑤ 如果声明中包含"=常量"部分，常量的数据类型必须与类型标识符的类型相匹配，系统将此常量的值赋予变量，作为变量的初始值；否则变量没有初始值。
> ⑥ 可以同时声明同一数据类型的多个变量，各变量之间用逗号分隔。

以下是合法的变量声明：

```
float x=25.4,y;
char c;
boolean flag1=true,flag2;
int l,m;
```

其中，变量 x 和 flag1 被赋予初始值，称为被初始化了，其他变量没有初始化，即没有初始值。

声明变量时必须指定其数据类型，数据类型不仅决定系统为该变量分配的内存单元大小，也决定了该变量可以参与的合法运算和操作。在编译程序时，编译系统将对变量参与的运算和操作进行匹配性检查。例如，整数型变量和浮点数型变量可以进行算术运算，布尔型变量可以进行逻辑运算，而浮点数型变量不能与布尔型变量进行任何运算。

【例 2-1】使用整数型变量。

```
public class Integers
{ public static void main(String args[])
    { int a=015;                    //八进制数
      int b=20;                     //十进制数
      int c=0x25;                   //十六进制数
      short x=30;
```

```
        long y=123456L;
        System.out.println("a="+a);          //输出 a 的值
        System.out.println("b="+b);
        System.out.println("c="+c);
        System.out.println("x="+x);
        System.out.println("y="+y);
    }
}
```

程序运行结果如下：

```
a=13
b=20
c=37
x=30
y=123456
```

【程序解析】main()方法中声明了 int 类型变量 a、b 和 c，并分别赋予初始值八进制数 15、十进制数 20 和十六进制数 25，对应的十进数分别是 13、20 和 37。接着声明了 short 类型变量 x 和 long 类型变量 y，并分别赋予初始值 30 和 123456L。最后调用 System.out.println()方法，分别在屏幕上显示 5 个变量的值。

Java 是纯面向对象的语言，每个程序中至少有一个类，本例中的类为 Integers。程序从 main()方法开始运行，main()方法运行完毕，程序也就运行结束。println()方法是在屏幕上显示括号中的内容，其中的"+"号表示在显示完其前面内容之后再显示其后面的内容。println()方法中字符串原封不动地显示，通常在 println()方法中使用字符串给输出内容添加提示信息，以便于用户理解。println()在屏幕上显示完其内容之后换行，使其后面的 println()方法从下一行输出。

【例2-2】使用单精度和双精度类型变量。

```
public class Floats
{   public static void main(String args[])
    {   float a=35.45f;
        double b=3.56e18;
        System.out.println("a="+a);
        System.out.println("b="+b);
    }
}
```

程序运行结果如下：

```
a=35.45
b=3.56E18
```

【程序解析】main()方法中声明了 float 类型变量 a 和 double 类型变量 b，并分别赋予初始值 35.45 和 3.56e18，调用 println()方法分别在屏幕上显示两个变量的值。

【例2-3】使用字符类型变量。

```
public class Characters
{   public static void main(String args[])
    {   char ch1='a';
        char ch2='B';
        System.out.println("ch1="+ch1);
```

```
        System.out.println("ch2="+ch2);
    }
}
```
程序运行结果如下：
```
ch1=a
ch2=B
```
【程序解析】程序中声明了 char 类型变量 ch1 和 ch2，并分别赋予初始值'a'和'B'，调用 println( )方法分别在屏幕上显示两个变量的值。

【例 2-4】使用字符串类型数据。
```
public class Samp2_5
{   public static void main(String args[])
    {   String  str1="abc";
        String  str2="\n";
        String  str3="123";
        System.out.println("str1="+str1+str2+"str3="+str3);
    }
}
```
程序运行结果如下：
```
str1=abc
str3=123
```
【程序解析】程序中声明了 String（字符串类型）变量 str1、str2 和 str3，并分别赋予初始值"abc"、"\n"和"123"，调用 println( )方法分别在屏幕上显示 3 个变量的值。由于 str2 的值"\n"是换行符，所以将"str3="+str3 在下一行输出。

【例 2-5】使用逻辑类型变量。
```
public class Logic
{   public static void main(String args[])
    {   boolean  instance1=true;
        boolean  instance2=false;
        System.out.println("逻辑状态 1="+instance1+"    "+"逻辑状态 2="+instance2);
    }
}
```
程序运行结果如下：
```
逻辑状态 1=true    逻辑状态 2=false
```
【程序解析】程序中声明了 boolean 类型变量 instance1 和 instance2，并分别赋予初始值 true 和 false，调用 println( )方法分别在屏幕上显示两个变量的值。

2.3 运算符和表达式

对数据进行加工和处理称为运算，表示各种运算的符号称为运算符，参与运算的数据称为操作数。运算符与操作数的数据类型必须匹配才能进行相应运算，否则将产生语法错误。

根据操作数的个数可以将运算符分为单目、双目和多目运算符。单目运算符只对一个操作数运算，出现在操作数的左边或右边。单目运算符也称一元运算符。双目运算符对两个操作数运算，出现在两个操作数的中间。双目运算符也称二元运算符。

根据操作数和运算结果，运算符分为算术运算符、关系运算符、逻辑运算符、位运算符、赋值运算符、条件运算符和括号运算符等。

2.3.1 运算符

1. 算术运算符

算术运算符完成数学上的加、减、乘、除四则运算。算术运算符包括双目运算符和单目运算符。

双目算术运算符包括+（加）、-（减）、*（乘）、/（除）和%（取余），其中，前4个运算符既可用于整数类型数据，也可用于浮点数类型数据，而"%"仅用于整数类型数据，求两个操作数相除的余数。同时请注意，当"/"用于两个浮点数类型操作数时，得到的是其商；当"/"用于两个整数类型操作数时，得到的是其商的整数部分，称为整除。表2-5给出了5个双目算术运算符的用例及功能。

表2-5 双目算术运算符

运算符	用例	功能
+	a+b	求a与b之和
-	a-b	求a与b之差
*	a*b	求a与b之积
/	a/b	求a与b之商
%	a%b	求a与b相除的余数

例如：

```
23+5          //结果是28
6*5           //结果是30
27/3          //结果是9
45/4          //结果是11
9%3           //结果是0
9%4           //结果是1
```

对于整数a和b，以下等式成立：

a=(a/b)*b+a%b

单目算术运算符包括++（自增）、--（自减）、-（负号）。++和--只能用于整数类型的变量，而不能用于常量或表达式。++和--既可以出现在变量的左边，也可以出现在变量的右边。单目算术运算符的用例及功能如表2-6所示。

表2-6 单目算术运算符

运算符	用例	功能
++	a++ 或 ++a	a的值加1
--	a-- 或 --a	a的值减1
-	-a	a的绝对值不变，符号取反

例如：
```
int j=5;
j++;                //j 等于 6
++j;                //j 等于 7
--j;                //j 等于 6
j--;                //j 等于 5
```

2．关系运算符

关系运算是两个操作数之间的比较运算。关系运算符有 6 种：>（大于）、<（小于）、>=（大于或等于）、<=（小于或等于）、==（等于）和!=（不等于）。

6 种关系运算符都可用于整数、浮点数及字符类型操作数，==和!=还可用于布尔类型及字符串类型操作数。

字符类型操作数的比较依据是其 Unicode 值，字符串从左向右依次对每个字符比较。'a'~'z' 的 26 个小写字母中，后面一个字母比其前一个字母的 Unicode 值大 1；'A'~'Z' 的 26 个大写字母中，后面一个字母比其前一个字母的 Unicode 值大 1；'0'~'9'的 10 个数字中，后面一个数字比其前一个数字的 Unicode 值大 1。所有小写字母的 Unicode 值大于所有大写字母的 Unicode 值，所有大写字母的 Unicode 值大于所有数字字符的 Unicode 值。

关系运算的运算结果是布尔类型值。如果关系成立，结果的值为 true；否则，结果的值为 false。关系运算符的用例及功能如表 2-7 所示。

表 2-7 关系运算符

运 算 符	用 例	功 能
>	a > b	如果 a > b 成立，结果为 true；否则，结果为 false
>=	a>= b	如果 a≥b 成立，结果为 true；否则，结果为 false
<	a < b	如果 a<b 成立，结果为 true；否则，结果为 false
<=	a <= b	如果 a≤b 成立，结果为 true；否则，结果为 false
==	a == b	如果 a = b 成立，结果为 true；否则，结果为 false
!=	a!= b	如果 a≠b 成立，结果为 true；否则，结果为 false

例如：
```
23.5>10.4           //结果是 true
45!=45              //结果是 false
'7'<'6'             //结果是 false
true!=false         //结果是 true
'T'<'a'             //结果是 true
'u'<'9'             //结果是 false
```

3．逻辑运算符

逻辑运算是对布尔类型操作数进行的与、或、非等运算，运算结果仍然是布尔类型值。逻辑运算也称布尔运算。逻辑运算符有 3 个：&&（与）、||（或）、!（非）。其中，只有"!"是单目运算符，其他两个都是双目运算符。逻辑运算真值表如表 2-8 所示。

表 2-8 逻辑运算真值表

a	b	!a	a&&b	a||b
false	false	true	false	false
false	true	true	false	true
true	false	false	false	true
true	true	false	true	true

例如：

```
!true              //结果是 false
true&&false        //结果是 false
true||false        //结果是 true
```

逻辑运算用于判断组合条件是否满足，例如：

```
(age>20)&&(age<30)      //判断 age 的值是否在 20~30 之间
(ch=='b')||(ch=='B')    //判断 ch 的值是否为字母 b 或 B
```

在判断组合条件时，&&和||具有短路计算功能。所谓短路计算功能是指在组合条件中，从左向右依次判断条件是否满足，一旦能够确定结果，就立即终止计算，不再进行右边剩余的操作。例如：

```
false&&(a>b)           //结果是 false
(34>21)||(a==b)        //结果是 true
```

由于 false 参与&&运算，结果必然是 false，就不必计算(a>b)的值；同理，(34>21)的值是 true，它参与||运算，结果必然是 true，就不必计算(a==b)的值，立即结束运算。

4．位运算符

位运算是对整数类型的操作数按二进制的位进行运算，运算结果仍然是整数类型值。位运算符有 7 个：~（位反）、&（位与）、|（位或）、^（位异或）、<<（左移位）、>>（右移位）、>>>（无符号右移位）。位运算真值表如表 2-9 所示。

表 2-9 位运算真值表

a	b	~a	a&b	a|b	a^b
0	0	1	0	0	0
0	1	1	0	1	1
1	0	0	0	1	1
1	1	0	1	1	0

位运算符的用例及功能如表 2-10 所示。

表 2-10 位运算符

运算符	用例	功能
~	~a	将 a 逐位取反
&	a&b	a、b 逐位进行与操作
|	a|b	a、b 逐位进行或操作

续表

运算符	用例	功能
^	a^b	a、b 逐位进行异或操作
<<	a<<b	a 向左移动 b 位
>>	a>>b	a 向右移动 b 位
>>>	a>>>b	a 向右移动 b 位，移动后的空位用 0 填充

例如：x=132，y=204，计算~x 和 x^y 的值。

① 将整数转换为二进制数：x=10000100，y=11001100。

② 对 x 按位进行取反操作。

③ 对 x、y 按位进行异或操作：

```
      10000100              10000100
    ~                    ^  11001100
      01111011              01001000
```

④ 所得结果：~x=123，x^y=72。

5．赋值运算符

赋值运算用于给变量赋值，赋值运算的形式如下：

变量名=表达式；

其中，"="是赋值运算符。

赋值运算的次序是从右向左的，即先计算表达式的值，再将表达式的值赋予变量。

例如：

```
int i=3,j;          //i 的初始值是 3
j=i+2;              //j 的值是 5
i=2*j;              //i 的值是 10
j=j+4;              //j 的值是 9
```

赋值运算的本质是首先计算右面表达式的值，再将表达式的值赋给左边的变量。不要将赋值运算符与数学中的等号混在一起，例如：

```
j=j+5;
```

是正确的赋值运算，但在数学上是不成立的。

赋值运算符还可以与算术运算符、逻辑运算符和位运算符组合成复合赋值运算符，构成赋值运算的简捷使用方式。复合赋值运算符的使用方法如表 2-11 所示。

表 2-11 复合赋值运算符

运算符	用例	等价于	运算符	用例	等价于
+=	x += y	x=x+y	*=	x *= y	x=x*y
-=	x -= y	x=x-y	/=	x /= y	x=x/y
%=	x %= y	x=x%y	^=	x ^= y	x=x^y
>>>=	x >>>= y	x=x>>>y	<<=	x <<= y	x=x<<y
&=	x &= y	x=x&y	>>=	x >>= y	x=x>>y
|=	x |= y	x=x|y			

例如：
```
i*=10;
```
等价于
```
i=i*10;
```

6．条件运算符

条件运算格式如下：

表达式 1?表达式 2：表达式 3

其中，"?:"称为条件运算符，它是三目运算符，3 个操作数参与运算。

条件运算符根据"表达式 1"的值来决定最终表达式的值是"表达式 2"的值还是"表达式 3"的值。"表达式 1"的值是布尔类型值，如果其值是 true，"表达式 2"的值是最终表达式的值；如果其值是 false，"表达式 3"的值是最终表达式的值。例如：

```
int min,x=4,y=20;
min=(x<y)?x:y;            //结果使 min 取 x 和 y 中的较小值，即 min 的值是 4
```

7．括号运算符

括号运算符"()"用于改变表达式中运算符的运算次序。先进行括号内的运算，再进行括号外的运算；在有多层括号的情况下，优先进行最内层括号内的运算，再依次从内向外逐层运算。

2.3.2 表达式

1．表达式

表达式是用运算符将操作数连接起来的符合语法规则的运算式。操作数可以是常量、变量及方法调用。

表达式表示一种求值规则，是程序设计语言中的基本成分，描述了对哪些操作数、以什么次序、进行什么操作。在表达式中，操作数的数据类型必须与运算符相匹配，变量必须已被赋值。例如：

```
int i=5,j=10,k;
k=(24+3*i)*j;
```

2．运算符的优先级

当表达式中有多个运算符参与运算时，必须为每种运算符规定一个优先级，以决定运算符在表达式中的运算次序。优先级高的先运算，优先级低的后运算，优先级相同的由结合性确定其计算次序。运算符的优先级及结合性如表 2-12 所示。其中，优先级数越小，优先级越高。

表 2-12 运算符的优先级及结合性

运算符	描述	优先级	结合性
. [ ] ( )	域，数组，括号	1	从左至右
++ -- ! ~	单目操作符	2	从右至左
* / %	乘，除，取余	3	从左至右
+ -	加，减	4	从左至右

续表

运 算 符	描 述	优 先 级	结 合 性
<< >> >>>	位运算	5	从左至右
< <= > >=	关系运算	6	从左至右
== !=	关系运算	7	从左至右
&	按位与	8	从左至右
^	按位异或	9	从左至右
|	按位或	10	从左至右
&&	逻辑与	11	从左至右
||	逻辑或	12	从左至右
?:	条件运算符	13	从右至左
= *= /= %= += -= <<= >>= >>>= &= ^= |=	赋值运算	14	从右至左

表达式的运算结果取决于其中的操作数、运算符及运算次序。运算规则是：按照运算符优先级从高到低的顺序进行运算，同级运算符按运算符的结合性进行；当遇到圆括号时，先进行括号内的运算，再将括号内的运算结果值与括号外运算符和操作数进行运算。

3．表达式的数据类型

表达式的数据类型由运算结果的数据类型决定。根据表达式的数据类型，表达式分为 3 类：算术表达式、布尔表达式和字符串表达式。例如：

```
int i=3,j=21,k;
boolean f;
k=(i+3)*4;              //(i+3)*4 是算术表达式
f=(i*2)>j;              //(i*2)>j 是布尔表达式
```

【例 2-6】单目操作符实例。

```
public class Operator
{ public static void main(String args[])
  { int i=15,j1,j2,j3,j4;
    j1=i++;                    //在操作数的右侧
    System.out.println("i++="+j1);
    j2=++i;                    //在操作数的左侧
    System.out.println("++i="+j2);
    j3=--i;
    System.out.println("--i="+j3);
    j4=i--;
    System.out.println("i--="+j4);
    System.out.println("i="+i);
  }
}
```

程序运行结果如下：

i++=15

```
++i=17
--i=16
i--=16
i=15
```

【程序解析】++运算符能将变量的值加 1，但给表达式"贡献"的值还与++的位置有关。如果++在变量左边，给表达式"贡献"的是增加后的新值；如果++在变量右边，给表达式"贡献"的是增加前的旧值。所以，"++i"是先将 i 值加 1，然后 i 再参与表达式运算，而"i++"是 i 先参与表达式运算，然后再将 i 值加 1。--运算符的功能与++运算符类似，"--i"是先将 i 值减 1，然后 i 再参与表达式运算；而"i--"是 i 先参与表达式运算，然后再将 i 值减 1。

程序中声明了 int 类型变量 i、j1、j2、j3 和 j4，并赋给 i 初始值 15。通过"j1=i++"，赋给 j1 的值是 i 的旧值 15，然后使 i 的值变为 16；通过"j2=++i"，首先使 i 的值变为 17，再将 i 的新值 17 赋给 j2；通过"j3=--i"，首先使 i 的值变为 16，再将 i 的新值 16 赋给 j3；通过"j4=i--"，赋给 j4 的值是 i 的旧值 16，然后使 i 的值变为 15。

4．数据类型转换

当将一种数据类型的值赋给另一种数据类型的变量时，就出现了数据类型的转换。

在整数类型和浮点数类型中，可以将数据类型按照精度从"高"到"低"排列如下级别：

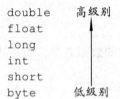

```
double      高级别
float
long
int
short
byte        低级别
```

赋值运算中，数据类型的转换规则如下：

① 当将低级别的值赋给高级别的变量时，系统自动完成数据类型的转换。例如：

```
float x=200;    //将 int 类型值 200 转换成 float 类型值 200.0
                //结果 x 获得的值是 200.0
```

又如：

```
int i=52;       //i 的值是 52
float x;
x=i;            //将 int 类型值 52 转换成 float 类型值 52.0,结果 x 获得的值是 52.0
```

② 当将高级别的值赋给低级别的变量时，必须进行强制类型转换。强制类型转换形式如下：

(类型标识符)待转换的值

例如：

```
int i;
i=(int)26L;     //将 long 类型值 26 转换成 int 类型值 26,结果 i 获得 int 类型值 26
```

进行强制类型转换时，可能会造成数据精度丢失。例如：

```
int i;
i=(int)24.67;   //结果 i 获得 int 类型值 24,造成精度丢失
```

表达式中不同类型数据进行运算时，类型转换规则与赋值运算相似。如果双目运算

符的两个操作数类型不同，系统首先将低级别的值转换成高级别的值，再进行运算。在有些情况下，需要进行强制类型转换。例如：

```
int i=13;
float x=10.2f,y,z;
y=i+x;          //将int类型变量i的值转换为float类型值13.0,再与float类型变量
                //x的值10.2求和,将求和结果23.2赋给float类型变量y
z=(float)i/2;   //将int类型变量i的值强制转换成float类型值13.0,再将int类型值
                //2自动转换成float类型值2.0,然后对13.0与2.0进行除法运算,
                //其结果为float类型值6.5,再将该值赋给float类型变量z
```

【例2-7】整数相除。

```
public class Divide
{   public static void main(String args[])
    {   int i=15,j=4,k;
        float f1,f2;
        k=i/j;
        f1=i/j;
        f2=(float)i/j;
        System.out.println("k="+k);
        System.out.println("f1="+f1);
        System.out.println("f2="+f2);
    }
}
```

程序运行结果如下：

```
k=3
f1=3.0
f2=3.75
```

【程序解析】程序中声明了3个int类型变量i、j和k,并给i和j分别赋初始值15和4,还声明了两个float类型变量f1和f2。在"k=i/j"中,int类型值15与4进行整除运算,其结果是int类型值3,并将该值赋给int类型变量k,所以k的值是3。通过"f1=i/j",int类型值15与4进行整除运算,其结果是int类型值3,在将该值赋给float类型变量f1时,系统自动进行数据类型转换,将int类型值3转换成float类型值3.0,并将转换后的值赋给f1,所以f1的值是3.0。在"f2=(float)i/j"中,int类型值15被强制转换成float类型值15.0,该值与int类型值4进行除法运算时,系统自动将int类型值4转换成float类型值4.0,然后对15.0与4.0进行除法运算,其结果是float类型值3.75,最后将该值赋给float类型变量f2,所以f2的值是3.75。

习　题

1. Java语言对于标识符有哪些规定？下面标识符中，哪些是合法的？哪些是不合法的？

（1）int char;　　　　　　　　（2）char 0ax_li;
（3）float fLu1;　　　　　　　（4）byte Cy%ty=12345;
（5）double Dou_St;　　　　　（6）String (key);
（7）long $123=123456L;　　 （8）boolean aa=123.45;

2. 为什么要为程序添加注释？在 Java 程序中，如何添加注释？

3. 下面哪些是常量？是什么类型的常量？

true、-66、042、N、'//'、0L、0xa1、"//"、s

4. 什么是变量？变量名与变量值有什么区别？

5. 已知 x=5，y=9，f=true，计算下列各式中变量 z 的值。

（1）z= y*x++　　　　　　　（2）z=x>y&&f

（3）z=((y++)+x)　　　　　　（4）z=y+x++

（5）z=~x　　　　　　　　　（6）z=x<y||!f

（7）z=x^y　　　　　　　　　（8）z=x^y

6. 下列哪些表达式的值恒为 true？

（1）a<5　　　　　　　　　（2）x==y

（3）4>2　　　　　　　　　（4）'a'=='a'

（5）x!='x'

7. 计算下列表达式的值。

（1）6+4<10+5　　　　　　（2）4%4+4*4+4/4

（3）(2+1)*2+12/4+5　　　　（4）7>0&&6<6&&12<13

（5）7+7<15　　　　　　　（6）12+5>3||12-5<7

8. 编写将摄氏温度转换为华氏温度的程序。其转换公式是：华氏温度=(9/5)×摄氏温度+32。

9. 已知圆球体积为 $4\pi r^3/3$，编程计算并输出圆球的体积（能输入圆球半径）。

第 3 章 >>> 基本控制结构

程序的基本结构包括顺序结构、分支结构和循环结构。顺序结构按照语句的书写次序顺序执行。选择结构根据条件的满足与否，选择执行对应的程序段；Java 语言提供了 if 和 switch 语句，用来开发选择结构程序。循环结构在给定条件下重复执行一些程序段；Java 语言提供了 while、do…while 和 for 语句，供开发循环结构程序使用。

3.1 语句及程序结构

1．语句

语句用来向计算机系统发出操作指令。程序由一系列语句组成。

Java 语言中的语句主要分为以下 5 类：

（1）表达式语句

Java 语言中最常见的语句是表达式语句，其形式如下：

 表达式；

即在表达式后加一个分号就构成表达式语句。表达式语句的功能是计算表达式的值。分号是语句的分隔符。例如：

```
total=math+phys+chem
```

是一个表达式，在其后加一个分号就形成了表达式语句：

```
total=math+phys+chem;
```

该语句的功能是首先计算赋值运算符"="右边算术表达式的值，再将该值赋给赋值运算符"="左边的变量，也称赋值语句。

（2）空语句

空语句只有分号，没有内容，不执行任何操作。设计空语句是为了语法需要。例如，循环语句的循环体中如果仅有一条空语句，表示执行空循环。

（3）复合语句

复合语句是用花括号"{}"将多条语句括起来，在语法上作为一条语句使用。例如：

```
{  z=x+y;
   t=z/10;
}
```

当程序中某个位置在语法上只允许一条语句，而实际上要执行多条语句才能完成某个操作时，需要将这些语句组合成一条复合语句。

（4）方法调用语句

方法调用语句由方法调用加一个分号组成。例如：

```
System.out.println("Java Language");
```

（5）控制语句

控制语句完成一定的控制功能，包括选择语句、循环语句和转移语句。

表达式语句、空语句、转移语句和方法调用语句称为简单语句；复合语句、选择语句和循环语句称为构造语句，是按照一定语法规则组织的、包含其他语句的语句。

2．程序控制结构

面向过程程序设计和面向对象程序设计是软件设计方法的两个重要阶段，这两种程序设计思想并不是对立的，而是延续和发展的。其中，作为面向过程程序设计精华的结构化程序设计思想仍然是面向对象程序设计方法的基石。

结构化程序设计的基本思想是采用"单入口单出口"的控制结构，基本控制结构分为3种：顺序结构、选择结构和循环结构。

3.2 顺序结构

顺序结构是最简单的一种程序结构，程序按照语句的书写次序顺序执行。

【例3-1】 计算太阳和地球之间的万有引力。

```java
public class Force
{   public static void main(String args[])
    {   double g,mSun,mEarth,f;
        g=6.66667E-8;
        mSun=1.987E33;
        mEarth=5.975E27;
        f=g*mSun*mEarth/(1.495E13*1.495E13);
        System.out.println("The force is "+f);
    }
}
```

程序运行结果如下：

```
The force is 3.5413E27
```

【程序解析】 main()方法中声明了g、mSun、mEarth和f共4个double类型变量，分别表示万有引力常数、太阳质量、地球质量和太阳与地球之间的万有引力，接着给前3个变量赋予相应值，通过 g*mSun*mEarth/(1.495E13*1.495E13)计算太阳与地球之间的万有引力，并将其结果赋给f，最后输出f的值。

main()方法中，各语句按照书写的先后次序顺序执行，属于顺序结构。

【例3-2】 将华氏温度转换为摄氏温度。

摄氏温度 c 和华氏温度 f 之间的关系为：$c=5(f-32)/9$。

```java
public class Conversion
{   public static void main(String args[])
    {   float f,c;
        f=70.0f;
        c=5*(f-32)/9;
```

```
        System.out.println("Fahrenheit="+f);
        System.out.println("Centigrade="+c);
    }
}
```
程序运行结果如下：
```
Fahrenheit=70.0
Centigrade=21.11111
```
【程序解析】main()方法中声明了 f 和 c 两个 float 类型的变量，分别表示华氏温度和对应的摄氏温度，接着给 f 赋值 70.0，通过 5*(f-32)/9 计算对应的摄氏温度，最后输出 f 和 c 的值。

main()方法中，各语句按照书写的先后次序顺序执行，属于顺序结构。

【例3-3】 求解方程 $ax+b=0$ 的根 x。
```
public class Root
{ public static void main(String args[])
  { float a,b,x;
    a=Float.parseFloat(args[0]);
    b=Float.parseFloat(args[1]);
    x=-b/a;
    System.out.println("a="+a);
    System.out.println("b="+b);
    System.out.println("x="+x);
  }
}
```
【程序解析】main()方法中声明了 a、b 和 x 共 3 个 float 类型的变量，分别表示方程系数 a、b 和方程的根 x。该程序在运行过程中需要通过命令行以参数形式输入系数 a 和 b 的值，借助 main()方法中的参数 args[0]和 args[1]分别接收输入的第一和第二个参数，通过 Float.parseFloat(args[0]) 和 Float.parseFloat(args[1])分别将第一和第二个参数转换成 float 类型值，再分别赋给 a 和 b，将"-b/a"赋给 x。最后输出 a、b 和 x 的值。

main()方法中，各语句按照书写的先后次序顺序执行，属于顺序结构。

如果在命令行输入：
```
java Root 2.0 6.0
```
运行程序，则 2.0 和 6.0 分别作为第一和第二个参数传递给 args[0]和 args[1]。屏幕输出结果如下：
```
a=2.0
b=6.0
x=-3.0
```
如果在 Eclipse 中运行此程序，选择 Run 菜单中的 Run Configurations 命令，在出现的 Run Configurations 对话框中选择 Arguments 选项卡，在 Program arguments 文本框中输入：
```
2.0 6.0
```
便将 2.0 和 6.0 分别作为第一和第二个参数传递给 args[0]和 args[1]。

3.3 选择结构

程序中有些程序段的执行是有条件的，当条件成立时，执行一些程序段；当条件不成立时，执行另一些程序段，或不执行，称为选择结构程序。

选择结构程序通过 Java 提供的选择语句对给定条件进行判断，根据条件的满足与否，执行对应的语句。选择语句有两种：if 语句和 switch 语句。

3.3.1 if 语句

if 语句是最常用的选择语句，其中的条件用布尔表达式表示。如果布尔表达式的值为 true，表示条件满足，执行某一语句；如果布尔表达式的值为 false，表示条件不满足，执行另一语句。if 语句是二分支的选择语句。

1．if 语句

if 语句的格式如下：

if(布尔表达式)　语句 1
　[else　语句 2]

> 说明
>
> ① 如果布尔表达式的值为 true，执行语句 1；否则，执行语句 2。其中 else 子句是可选项，如果没有 else 子句，在布尔表达式的值为 false 时，什么也不执行，形成单分支选择。
>
> ② 语句 1 和语句 2 既可以是一条简单语句，也可以是复合语句或其他构造语句。

if 语句的执行流程如图 3-1 所示。

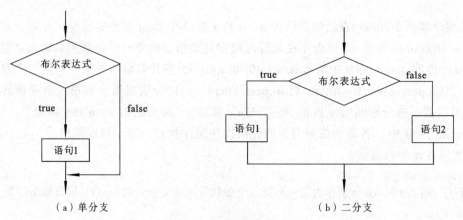

（a）单分支　　　　　　　　　　　　（b）二分支

图 3-1　if 语句的执行流程

【例 3-4】通过命令行输入两个整数，输出较小者。

```
public class MinNum
{ public static void main(String args[])
  { int x,y,min;
    x=Integer.parseInt(args[0]);
    x=Integer.parseInt(args[1]);
    if(x<y)   min=x;
    else   min=y;
    System.out.println("x="+x);
    System.out.println("y="+y);
```

```
        System.out.println("min="+min);
    }
}
```
如果在命令行输入：

`java MinNum 2 10`

运行程序，其中 2 和 10 分别作为第一和第二个参数传递给 args[0]和 args[1]。屏幕输出结果如下：

x=2
y=10
min=2

【**程序解析**】main()方法中声明了 x、y 和 min 共 3 个 int 类型变量，分别表示通过命令行输入的两个整数和其中的较小者。借助 main()方法中的参数 args[0]和 args[1]分别接收输入的第一和第二个参数，通过 Integer.parseInt(args[0])和 Integer.parseInt(args[1])分别将第一和第二个参数转换成 int 类型值，再分别赋给 x 和 y。在 if 语句中，如果 x<y，将 x 的值赋给 min；否则，将 y 的值赋给 min。if 语句执行结束后，min 的值就是 x 和 y 值中的较小者。最后输出 x、y 和 min 的值。

【**例 3-5**】求解方程 $ax+b=0$（$a \neq 0$）的根。

```
public class Root
{   public static void main(String args[])
    {   float a,b,x;
        a=Float.parseFloat(args[0]);
        b=Float.parseFloat(args[1]);
        if(Math.abs(a)>0.000001f)
        {   x=-b/a;
            System.out.println("x="+x);
        }
    }
}
```

【**程序解析**】本例与例 3-3 的功能基本相同，都是求解一次方程 $ax+b=0$ 的根。在例 3-3 中存在着隐患，当 a=0 时，b/a 的值无穷大，内存单元容纳不下，出现溢出。本例中为解决此隐患，首先判断 a 的绝对值是否大于 0.000 001，如果大于 0.000 001，计算其根-b/a 并输出；如果 a 的绝对值小于 0.000 001，可以认为接近 0，就不求解根了。其中，Math.abs()是系统提供的用来计算绝对值的一个方法。

由于浮点数类型数据在计算机中是近似存储的，所以在比较两个浮点数类型数据是否相等时，一般不采用"=="运算符来判断它们是否严格相等，而是判断它们的差是否是一个很小的值。

2．if 语句嵌套

if 语句中可以包含 if 语句，形成 if 语句的嵌套。if 语句嵌套的一般形式如下：

```
if(布尔表达式 1)    语句 1
else  if(布尔表达式 2)    语句 2
     ...
         else  if(布尔表达式 n)     语句 n
```

【例3-6】 y 和 x 的函数关系如表 3-1 所示，编写由 x 计算 y 的程序。

表 3-1 y 和 x 的函数关系

x	y	x	y
$x<0$	0	$10<x\leq20$	10
$0<x\leq10$	x	$20<x$	$-0.5x+20$

```
public class Function
{  public static void main(String args[])
   {  float x,y;
      x=Float.parseFloat (args[0]);
      if(x<0)    y=0;
      else if(x>0&&x<=10)   y=x;
         else if(x>10&&x<=20)  y=10;
            else if(x>20) y=-0.5f*x+20;
      System.out.println("x="+x);
      System.out.println("y="+y);
   }
}
```

【程序解析】 main()方法中声明了 float 类型变量 x、y，分别表示自变量 x 和因变量 y。借助 main()方法中的参数 args[0] 接收命令行输入的参数，通过 Float.parseFloat(args[0]) 将参数转换成 float 类型值，并赋给 x。在嵌套的 if 语句中，根据 x 值所在范围，采用相应的表达式计算 y 的值。最后输出 x 和 y 的值。

如果在命令行输入：

```
java Function 5.0
```

运行程序，将 5.0 传递给 args[0]，屏幕输出结果如下：

x=5.0
y=5.0

3.3.2 switch 语句

当要从多个分支中选择一个分支去执行时，虽然可以使用嵌套的 if 语句，但是当嵌套层太多时会造成程序的可读性差。为此，Java 提供了多分支选择语句——switch 语句。switch 语句能够根据给定表达式的值，从多个分支中选择一个分支来执行。

switch 语句的格式如下：

```
switch(表达式)
{  case  常量1: 语句序列1;
      [ break;]
   case  常量2: 语句序列2;
      [ break;]
   …
   case  常量n: 语句序列n;
      [ break;]
 [ default:
      语句序列n+1;]
}
```

> **说明**
>
> ① 表达式的数据类型可以是 byte、char、short 和 int 类型,不允许是浮点数类型和 long 类型。break 语句和 default 子句是可选项。
>
> ② switch 语句首先计算表达式的值,如果表达式的值和某个 case 后面的常量值相等,就执行该 case 子句中的语句序列,直到遇到 break 语句为止。如果某个 case 子句中没有 break 语句,一旦表达式的值与该 case 后面的常量值相等,在执行完该 case 子句中语句序列后,继续执行后继的 case 子句中的语句序列,直到遇到 break 语句为止。如果没有一个常量值与表达式的值相等,则执行 default 子句中的语句序列;如果没有 default 子句,则 switch 语句不执行任何操作。

【例3-7】通过命令行输入 1~12 之间的一个整数,输出相应月份的英文单词。

```
public class Month1
{ public static void main(String args[])
  { short month;
    month=Short.parseShort(args[0]);
    switch(month)
    { case 1:System.out.println("January");break;
      case 2:System.out.println("February");break;
      case 3:System.out.println("March");break;
      case 4:System.out.println("April");break;
      case 5:System.out.println("May");break;
      case 6:System.out.println("June");break;
      case 7:System.out.println("July");break;
      case 8:System.out.println("August");break;
      case 9:System.out.println("September");break;
      case 10:System.out.println("October");break;
      case 11:System.out.println("November");break;
      case 12:System.out.println("December");
    }
  }
}
```

【程序解析】main()方法中声明了 short 类型变量 month,表示通过命令行输入的整数。借助 main()方法中的参数 args[0] 接收命令行输入的参数,通过 Short.parseShort(args[0]) 将参数转换成 short 类型值,再赋给 month。判断 month 的值与哪个 case 后面的常量相等,就执行该 case 子句中的输出语句,显示对应月份的英文单词,再执行 break 语句,结束 switch 语句。

如果在命令行输入:

```
java Month1 3
```

运行程序,将 3 传递给 args[0],屏幕输出结果如下:

```
March
```

【例3-8】将百分制成绩转化为优秀、良好、中等、及格和不及格的 5 级制成绩。标准如下:

优秀:90~100 分;

良好：80～89 分；

中等：70～79 分；

及格：60～69 分；

不及格：60 分以下。

```java
public class Level
{   public static void main(String args[])
    {   short newGrade,grade;
        grade=Short.parseShort(args[0]);
        switch(grade/10)
        {   case 10:
            case 9:newGrade=1;break;
            case 8:newGrade=2;break;
            case 7:newGrade=3;break;
            case 6:newGrade=4;break;
            default:newGrade=5;
        }
        System.out.print(grade);
        switch(newGrade)
        {   case 1:System.out.println(",优秀");break;
            case 2:System.out.println(",良好");break;
            case 3:System.out.println(",中等");break;
            case 4:System.out.println(",及格");break;
            case 5:System.out.println(",不及格");
        }
    }
}
```

【程序解析】对于多分支的选择结构，使用嵌套的 if 语句可读性较差，可以考虑使用 switch 语句。利用 switch 语句的关键是需要构造一个表达式，将各分支条件转换成对应的 char、byte、short 或 int 类型的不同值。本例中，构造整数型表达式 grade/10 将各分数段转换成单个整数值，例如，对于分数段 60～69 中的各分数值，grade/10 的值都是 6。在 switch 语句的各 case 子句中灵活运用 break 语句，即可编制出转换程序，将百分制的分数值（0～100）转换为 5 级制成绩：1（代表优秀），2（代表良好），…，5（代表不及格）。再利用另外一个 switch 语句，将用 1～5 整数表示的分数级别转换成相应汉字描述的分数级别。

程序中，用 short 类型变量 grade 和 newGrade 分别表示百分制成绩和用 1～5 表示的对应成绩。通过 Short.parseShort(args[0])将命令行输入的参数转换成 short 类型值，再赋给 grade。

如果在运行程序时，输入的百分制成绩是 76，屏幕输出结果如下：

76,中等

> **说明**
>
> 在书写或编辑程序时，最好采用类似样例程序中的"锯齿"形缩进风格，使同一级别的语句成分具有相同的缩进量，增加程序可读性。

3.4 循环结构

有些程序段在某些条件下重复执行多次,称为循环结构程序。

Java 提供了 3 种循环语句实现循环结构,包括 while 语句、do...while 语句和 for 语句。它们的共同点是根据给定条件来判断是否继续执行指定的程序段(循环体)。如果满足执行条件,就继续执行循环体,否则就不再执行循环体,结束循环语句。另外,每种语句都有自己的特点。在实际应用中,应该根据具体问题,选择合适的循环语句。

3.4.1 while 语句

while 语句的语法如下:
```
while(布尔表达式)
    循环体
```

说明

① 布尔表达式表示循环执行的条件。

② 循环体既可以是一条简单语句,也可以是复合语句。

③ while 语句的执行过程是:计算布尔表达式的值,如果其值是 true,执行循环体;再计算布尔表达式的值,如果其值是 true,再执行循环体,形成循环,直到布尔表达式的值变为 false,结束循环,执行 while 语句后的一条语句。

while 语句的执行流程如图 3-2 所示。

可见 while 语句的特点是:先判断,后执行。

【例3-9】计算 10!。
```
public class Factorial
{   public static void main(String args[])
    {   int i;
        double s;
        i=1;
        s=1;
        while(i<=10)
        {   s=s*i;
            i=i+1;
        }
        System.out.println("10!="+s);
    }
}
```

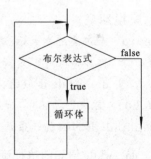

图 3-2 while 语句的执行流程

【程序解析】程序中声明了 int 类型变量 i 和 double 类型变量 s,分别用来控制循环次数和存放阶乘值。循环开始前,给 i 和 s 赋初值 1。

在 while 语句中,首先计算 i<=10 的值,其值为 true,执行循环体,s 的值保持 1 不变,使 i 的值变为 2;再计算 i<=10 的值,其值为 true,执行循环体,使 s 的值变为 2!,使 i 的值变为 3;再计算 i<=10 的值,执行循环体,直到 s 的值变为 10!,i 的值变为 11;再计算 i<=10 的值,其值变为 false,结束 while 语句,输出 10!。

程序运行结果如下：
10!=3628800.0

本例中，while 语句能否循环执行取决于变量 i 的取值，i 称为循环控制变量。在循环体中要对循环控制变量的值进行合理更改，以控制循环的执行次数。用 while 语句实现循环，要注意循环控制变量的初始值、变化及循环条件之间的配合，使布尔表达式的初值为 true，经过若干次循环后，使布尔表达式的最终值变为 false，结束循环。

while 语句的特点是先判断，后执行。如果一开始布尔表达式的值就是 false，则循环体一次也不执行，所以 while 语句的最少循环次数是 0。

在 while 语句中，如果循环条件保持 true 不变，循环就永不停止，称为死循环。在程序设计中，要尽量避免死循环的发生。

在本例中，如果去除循环体中语句"i=i+1;"，那么将出现死循环。

在本例中，将布尔表达式"i<=10"中 10 的值更改为不同的整数，该程序就可以计算不同数的阶乘。将 10 用整型变量 n 代替，并通过命令行参数给 n 输入值，该程序就能够计算任意整数的阶乘，具有通用性。将循环体中的语句"s=s*i;"更改为"s=s+i;"，就可以实现计算 ∑i 的功能。读者不妨自己试试。

3.4.2 do...while 语句

do...while 语句的语法如下：
```
do
{ 循环体
}while(布尔表达式);
```

> 说明
> ① 布尔表达式表示循环执行的条件。
> ② 循环体既可以是一条语句，也可以是语句序列。
> ③ do...while 语句的执行过程是：执行循环体，计算布尔表达式的值，如果其值是 true，再执行循环体，形成循环，直到布尔表达式的值变为 false，结束循环，执行 do...while 语句后的一条语句。

do...while 语句的执行流程如图 3-3 所示。

可见 do...while 语句的特点是先执行，后判断。所以 do...while 语句的循环体至少执行一次。

【例 3-10】计算 1+3+5+…+99。
```
public class Sum1
{   public static void main(String args[])
    {   int i=1,s=0;
        do
        {   s=s+i;
            i=i+2;
        } while(i<100);
        System.out.println("sum="+s);
    }
}
```

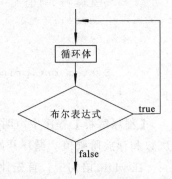

图 3-3 do...while 语句的执行流程

【程序解析】程序中声明了 int 类型变量 i 和 s，分别用来控制循环次数及存放和值，并给 i 和 s 分别赋初值 1 和 0。

在 do...while 语句中，首先执行循环体，使 s 的值变为 1，使 i 的值变为 3，计算 i<100 的值，其值为 true，执行循环体，使 s 的值变为 1+3，使 i 的值变为 5，形成循环，直到 s 的值变为 1+3+5+…+99，i 的值变为 101，再计算 i<100 的值，其值变为 false，结束 do...while 语句，输出 1+3+5+…+99 的值。

程序运行结果如下：
```
sum=2500
```

【例 3-11】计算 1~50 之间的奇数和与偶数和。
```
public class Sum2
{   public static void main(String args[])
    {   int i,oddSum,evenSum;
        i=1;
        oddSum=0;
        evenSum=0;
        do
        {   if(i%2==0) evenSum+=i;          //如果 i 是偶数，求偶数和
            else       oddSum+=i;           //如果 i 是奇数，求奇数和
            i++;
        }while(i<=50);                      //判断 i 的值是否在 1~50 之间
        System.out.println("Odd sum="+oddSum);
        System.out.println("Even sum="+evenSum);
    }
}
```

【程序解析】本例与例 3-10 功能类似，声明了 int 类型变量 i、oddSum 和 evenSum，分别用来控制循环次数、存放奇数和值及偶数和值，并给 i 赋初值 1，给 oddSum 和 evenSum 赋初值 0。

当 i 的值小于等于 50 时，循环执行循环体。在循环体中，如果"i%2==0"的值是 true，表明 i 是偶数，将 i 值加入 evenSum 中；如果"i%2==0"的值是 false，表明 i 是奇数，将 i 值加入 oddSum 中。最后输出 oddSum 和 evenSum 的值。

程序运行结果如下：
```
Odd sum=625
Even sum=650
```

3.4.3　for 语句

for 语句是使用比较频繁的一种循环语句，其语法如下：
```
for(表达式 1;表达式 2;表达式 3)
    循环体
```

说明

① 表达式 1 的作用是给循环控制变量（及其他变量）赋初值；表达式 2 为布尔类型，给出循环条件；表达式 3 给出循环控制变量的变化规律，通常是递增或递减的。

② 循环体既可以是一条简单语句，也可以是复合语句。

③ for 语句的执行过程是：执行表达式 1 给循环控制变量（及其他变量）赋初值；

计算表达式 2 的值，如果其值是 true，执行循环体；执行表达式 3，改变循环控制变量的值；再计算表达式 2 的值，如果其值是 true，再执行循环体，形成循环，直到表达式 2 的值变为 false，结束循环，执行 for 语句后的一条语句。

for 语句的执行流程如图 3-4 所示。

【例3-12】计算 1～100 之间的整数和。

```
public class Sum3
{ public static void main(String args[])
  { int i,s=0;
    for(i=1;i<=100;i++)    s+=i;
    System.out.println("sum="+s);
  }
}
```

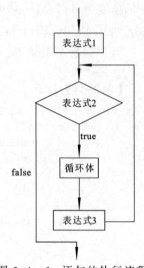

图 3-4 for 语句的执行流程

【程序解析】程序中声明了 int 类型变量 i 和 s，分别用来控制循环次数及存放和值，并给 s 赋初值 0。

在 for 语句中，首先执行 i=1，给 i 赋初值 1；计算 i<=100 的值，其值为 true，执行循环体 s+=i，使 s 的值变为 1；执行 i++，使 i 的值变为 2；计算 i<=100 的值，其值为 true，执行 s+=i，使 s 的值变为 1+2；执行 i++，使 i 的值变为 3；计算 i<=100 的值，执行 s+=i，使 s 的值变为 1+2+3，直到 s 的值变为 1+2+3+…+100；执行 i++，使 i 的值变为 101；计算 i<=100 的值，其值为 false，结束 for 语句，输出 1+2+3+…+100 的值。

程序执行结果如下：

sum=5050

【例3-13】求 Fibonacci 数列中的前 20 项。

Fibonacci 数列中前两项都是 1，以后每项的值是其前两项值之和，即如下所示的数列：
1 1 2 3 5 8 13 21 34 55…
其递推定义如下：

$$\begin{cases} \text{fib}(n)=1 & (n=1,2) \\ \text{fib}(n)=\text{fib}(n-2)+\text{fib}(n-1) & (n \geq 3) \end{cases}$$

程序代码如下：

```
public class Fibonacci
{ public static void main(String args[])
  { long f1=1,f2=1;
    for(int i=1;i<=10;i++)
    { System.out.print(f1+" "+f2+" ");
      f1=f1+f2;
      f2=f1+f2;
    }
  }
}
```

【程序解析】程序中声明了 long 类型变量 f1 和 f2，分别用来表示数列中的相邻两项，其初值分别表示数列中前两项。

在 for 语句中，循环控制变量 i 的初值是 1，每循环 1 次，其值增加 1，根据循环条件 i<=10，很容易判断出共循环 10 次。循环体中，首先输出数列中已经计算出的两项，接着再计算后面的两项。

程序运行结果如下：
1 1 2 3 5 8 13 21 34 55 89 144 233 377 610 987 1597 2584 4181 6765

【例3-14】 判断素数。

素数是指除 1 及自身外，不能被其他数整除的自然数。对于一个自然数 k，需要使用 $2\sim k-1$ 之间的每个整数进行测试，如果不能找到一个整数 i，使 k 能被 i 整除，则 k 是素数；如果能找到某个整数 i，使 k 能被 i 整除，则 k 不是素数。

```
public class Prime
{ public static void main(String args[])
  { short  i,k;
    k=Short.parseShort(args[0]);
    for(i=2;i<=k-1;i++)
      if(k%i==0) break;
    if(i==k)   System.out.println(k+"is a prime.");
    else    System.out.println(k+"is not a prime.");
  }
}
```

【程序解析】 程序中声明了 short 类型变量 k 和 i，其中 k 表示待检验的自然数，其值通过命令行输入。

在 for 循环中，i 作为循环控制变量，目的是在 $2\sim k-1$ 之间查找能整除 k 的整数。如果在 $2\sim k-1$ 之间存在某个整数 i，能整除 k，使 "k%i==0" 的值为 true，执行 break 语句，结束 for 语句，接着执行 for 语句后面的 if 语句（有 else 子句的 if 语句，非 for 语句中的 if 语句），由于此时 i 的值小于 k（最大等于 k-1），执行 else 子句的输出语句，显示 k 不是素数的信息；如果在 $2\sim k-1$ 之间不存在整数 i，能整除 k，使 "k%i==0" 的值为 true，当 for 结束时，i 的值等于 k，接着执行 for 语句后面的 if 语句，执行 else 子句前的输出语句，显示 k 是素数的信息。

运行程序时，如果给 k 传递的是 19，屏幕显示如下：
19 is a prime.

3.4.4 多重循环

如果循环语句的循环体中又包含循环语句，就形成多重循环结构，称为循环嵌套。常用的循环嵌套有二重嵌套及三重嵌套。循环嵌套既可以是一种循环语句的自身嵌套，也可以是不同种循环语句的相互嵌套。循环嵌套时，要求内循环完全包含在外循环之内，不允许出现相互交叉。例如：

```
for( ; ; )            //外循环开始
{ …
   for( ; ; )         //内循环开始
   { …}              //内循环结束
}                     //外循环结束
```

```
for( ; ; )                    //外循环开始
{ …
  do                          //内循环开始
  {…
  } while()                   //内循环结束
}                             //外循环结束
```

【例3-15】计算输出 1!，2!，…，5!以及它们的和。

```java
public class Factorials
{ public static void main(String args[])
    { int i,j;
      long s=0,k;
      for(i=1;i<=5;i++)                        //外循环开始
      { k=1;
        for(j=1;j<=i;j++)                      //内循环开始
          k=k*j;                               //内循环体，内循环结束
        System.out.println(i+"!="+k);
        s=s+k;
      }                                        //外循环结束
      System.out.println("Total sum="+s);
    }
}
```

【程序解析】由于计算阶乘需要循环结构，计算多个数的和也需要循环结构，所以计算多个数的阶乘之和需要二重循环。

程序中声明了 int 类型变量 i 和 j，分别用做外循环和内循环的控制变量；还声明了 long 类型变量 k 和 s，分别用来存放 1~5 之间各数的阶乘及各数阶乘的和。

内循环的控制变量 j 从 1 变到 i，所以内循环的循环次数是 i，其功能是计算 i!，内循环结束时，将计算得到的 i!值存放在变量 k 中。

外循环的控制变量 i 从 1 变到 5，所以外循环的循环次数是 5。外循环体中，首先给 k 赋初值 1，通过内循环计算 i!，并将 i!值存放在 k 中，接着输出 i!值，最后将 i!值加入变量 s 中。

外循环结束后，输出 s 的值，即 1~5 之间各数阶乘的和。

程序运行结果如下：

```
1!=1
2!=2
3!=6
4!=24
5!=120
Total sum=153
```

本例中，内循环的功能是计算阶乘，其中间结果及最后总结果存放在变量 k 中，所以 k 称为内循环变量，在内循环之外（之前）给内循环变量赋初值 1。外循环的功能是计算各数阶乘的和，其中间结果及最后总结果存放在变量 s 中，所以 s 称为外循环变量，在外循环之外（之前）给外循环变量赋初值 0。这种做法具有通用性，即在多重循环中，应该在外循环之前给外循环变量赋初值，在内循环之前给内循环变量赋初值。

【例3-16】求2～50之间的所有素数。

```java
public class Primes
{   public static void main(String args[])
    {   final int MAX=50;
        int i,k;
        boolean yes;
        for(k=2;k<MAX;k++)
        {   yes=true;
            i=2;
            while(i<=k-1&&yes)
            {   if(k%i==0)   yes=false;
                i++;
            }
            if(yes)    System.out.print(k+" ");
        }
    }
}
```

程序运行结果如下：

2 3 5 7 11 13 17 19 23 29 31 37 41 43 47

【程序解析】由于判断一个数是否是素数需要循环结构，所以要求2～50之间的素数需要二重循环。

程序中声明了int类型变量k和i，分别用做外循环和内循环的控制变量。

内循环的功能是判断k是否是素数。在内循环之前，给布尔变量yes赋初值true。在内循环while语句中，如果在2～k-1之间查找到了能整除k的整数i，"k%i==0"的值为true，将yes的值更改为false，内循环也就结束了；如果在2～k-1之间不存在能整除k的整数i，内循环结束时，yes的值仍然是true。所以内循环结束时，如果yes的值是true，那么k是素数。

外循环的功能是对2～50之间的每个整数，判断其是否是素数。外循环语句共执行48次循环，每次对一个整数进行判断。在执行对k进行判断的外循环体时，内循环结束后，如果yes的值是true，表明k是素数，输出k。

本例和例3-14程序都包含判断某个数是否是素数的程序段，但两个程序段并不全相同，这表明为完成同一功能，不同人员编制出的程序可能相差很大。根据易读性、结构性和时间性等不同指标来评价，有的程序性能较优，而有的程序则较差。例如，从程序结构角度评价，本例比例3-14要好一些，因为例3-14使用了break语句。从结构化程序设计的角度考虑，不鼓励使用break跳转语句。

3.5 跳 转 语 句

在Java语言中，提供了break和continue语句，可用于控制流程转移。

1. break语句

break语句可用于switch语句或while、do...while、for循环语句，如果程序执行到break语句，则立即从switch语句或循环语句退出。

2. continue 语句

continue 语句可用于 for、do...while 和 while 语句的循环体中,如果程序执行到 continue 语句,则结束本次循环,回到循环条件处,判断是否执行下一次循环。

可见 break 语句和 continue 语句能够控制循环体的执行流程,但从结构化程序设计的角度考虑,不鼓励使用这两种跳转语句。

习 题

1. 下面是一个 switch 语句,利用嵌套 if 语句完成相同的功能。
```
switch(grade)
{   case 7:
    case 6:a=11;
        b=22;
        break;
     case 5:a=33;
        b=44;
        break;
        default: aa=55;
        break;
}
```
2. while 和 do...while 语句有何异同?
3. 利用 switch 语句,将百分制成绩转换成 5 级制成绩。其对应关系如下所示:
00~59: E
60~69: D
70~79: C
80~89: B
90~100: A
4. 输入一个 16 位的长整型数,利用 switch 语句统计其中 0~9 每个数字出现的次数。
5. 利用 for 语句,编程输出如下图形。
```
    *
    **
    ***
    ****
    *****
```
6. 利用 while 语句,计算 2+4+6+…+100。

7. 利用 for 语句,计算 1+3+5+…+99。

8. 利用 do...while 语句,计算 1!+2!+…+100!。

9. 假设有一条绳子长 3 000 m,每天减去一半,请问需要几天时间,绳子的长度会短于 5 m?

10. 水仙花数是指其个位、十位和百位 3 个数的平方和等于这个三位数本身。求所有的水仙花数。

11. 地球的半径为 6 400 km,一长跑健将 9.8 s 跑了 100 m,那么他以该速度绕赤道跑一圈,需要几天的时间?

第 4 章

》方 法

方法是完成特定功能的、相对独立的程序段，与过去常说的子程序、函数等概念相当。方法一旦定义，就可以在不同的程序段中多次调用，故方法可以增强程序结构的清晰度，提高编程效率。本章学习方法的声明和调用。

4.1 方法声明

在 Java 中，方法声明格式如下：

```
[修饰符] 类型标识符 方法名([参数表])
{    声明部分
     语句部分
}
```

说明

① 方法声明包括方法头和方法体两部分。其中，方法头确定方法的名称、形式参数的名称和类型、返回值的类型和访问限制；方法体由括在花括号内的声明部分和语句部分组成，描述方法的功能。

② 修饰符可以是公共访问控制符 public、私有访问控制符 private、保护访问控制符 protected 等。

③ 类型标识符反映方法完成其功能后返回的运算结果的数据类型。如果方法没有返回值，则用 void 关键字指明。

④ 方法名要符合标识符的命名规则，不要与 Java 中的关键字重名。

⑤ 参数表指定在调用该方法时，应该传递的参数的个数和数据类型。参数表中可以包含多个参数，相邻的两个参数项之间用逗号隔开。每个参数项的形式如下：

　　类型标识符 参数名

这里的参数名是一个合法的变量名，如果是数组参数，在其名的后面应该加一对方括号。

类型标识符指定参数的数据类型。这里的参数在定义时并没有分配存储单元，只有在运行该方法时才分配，所以也称形式参数。

方法也可以没有参数，称为无参方法。无参方法名后面的一对圆括号不能省略。

⑥ 对于有返回值的方法，其方法体中至少有一条 return 语句，形式如下：

　　return(表达式)

当调用该方法时，方法的返回值即此表达式的值。

⑦ 方法不能嵌套，即不能在方法中再声明其他方法。

【例4-1】 定义计算平方值的方法。

```
static int square(int x)
{ int s;
  s=x*x;
  return(s);
}
```

【程序解析】 方法 square() 的返回值类型是 int，只有一个 int 类型参数 x。方法体的声明部分只声明了一个 int 类型变量 s，语句部分包含计算平方的语句和返回结果的语句。

4.2 方法调用

调用方法，即执行该方法。调用方法的形式如下：

1. 方法表达式

对于有返回值的方法作为表达式或表达式的一部分来调用，其在表达式中出现的形式如下：

方法名([实际参数表])

说明

① 实际参数表是传递给该方法的诸参数，实际参数简称为实参。实参可以是常量、变量或表达式。相邻的两个实参之间用逗号隔开。实参的个数、顺序、类型和形参要一一对应。

② 调用的执行过程：首先将实参传递给形参，然后执行方法体。当方法运行结束后，从调用该方法的语句的后一句处继续执行。

【例4-2】 以方法表达式方式调用方法。

```
public class SquareC
{ static int square(int x)
  { int s;
    s=x*x;
    return(s);
  }
  public static void main(String args[])
  { int n=5;
    int result=square(n);
    System.out.println(result);
  }
}
```

【程序解析】 在 main() 方法中声明了变量 n，并给其赋整型值 5。通过 square(n) 调用方法 square()，实际参数为 n。执行方法 square() 时，首先将实参 n 的值传递给形参 x，所以形参 n 的值为 5，然后执行 square() 的方法体。当执行到 return 语句时，方法 square() 结束，返回的值为 25，并回到调用该方法的赋值语句，通过赋值语句将返回值 25 赋给变量 result。最后执行输出语句，输出变量 result 的值。

程序运行结果如下:
25

2.方法语句

对无返回值的方法以独立语句的方式调用,其形式如下:

方法名([实际参数表]);

参数表的使用形式同方法表达式调用方法。

【例4-3】以方法语句方式调用方法。

```
class AreaC
{  static void area(int a,int b)
   {  int s;
      s=a*b;
      System.out.println(s);
   }
   public static void main(String args[])
   {  int x=5;
      int y=3;
      area(x,y);
   }
}
```

【程序解析】在 main()方法中,首先为变量 x 和 y 分别赋值 5 和 3,接着以 x 和 y 为实参,调用方法 area()。

调用过程是:首先将实参 x 传递给形参 a,将实参 y 传递给形参 b,然后执行方法 area()的方法体,即该方法中的诸语句。当执行完 println()时,方法运行结束,返回到调用该方法的 main()方法中。

程序运行结果如下:
15

【例4-4】无参方法。

下面是使用无参方法 sum()的程序:

```
class SumC
{  static void sum()
   {  int i,j,s;
      i=3;
      j=6;
      s=i+j;
      System.out.println(s);
   }
   public static void main(String args[])
   {  sum();
   }
}
```

【程序解析】可以看到,无参方法调用时不需要实参,但是声明及调用时,方法名后面的一对括号不能省略。

程序运行结果如下:
9

4.3 参数传递

在调用一个带有形式参数的方法时，必须为方法提供实际参数，完成实际参数与形式参数的结合，称为参数传递，然后用实际参数执行所调用的方法体。

在 Java 中，参数传递是以传值的方式进行的，即将实际参数的值传递给形式参数，而不是将实际参数的地址传递给形式参数。在这种方式下，系统将要传送的变量复制到一个临时单元中，然后把临时单元的地址传送给被调用的方法，即系统为形式参数重新分配存储单元。由于被调用方法没有访问实际参数，因而在改变形式参数值时，并没有改变实际参数的值。

【例4-5】参数传递实例。

为了交换两个变量的值，编写如下程序：

```
public class Swaping
{   static void swap(int x,int y)
    {   int temp;
        System.out.println("Before  Swapping");
        System.out.println("x="+x+"y="+y);
        temp=x;
        x=y;
        y=temp;
        System.out.println("After  Swapping");
        System.out.println("x="+x+"y="+y);
    }
    public static void main(String args[])
    {   int u=23,v=100;
        System.out.println("Before Calling");
        System.out.println("u="+u+"v="+v);
        swap(u,v);
        System.out.println("After Calling");
        System.out.println("u="+u+"v="+v);
    }
}
```

【程序解析】在 main()方法中，由于给 u 赋的值是 23，给 v 赋的值是 100，所以在输出"Before Calling"之后，输出"u=23 v=100"。

接着，调用 swap()方法，两个实际参数分别为 u 和 v。由于是传值，所以为形式参数 x 和 y 重新分配存储单元，并将实际参数 u 的值 23 传递给形式参数 x，将 v 的值 100 传递给 y。接着执行 swap()的方法体，在输出"Before Swapping"之后，输出"x=23 y=100"。通过 temp=x、x=y 和 y=temp，将形式参数 x 和 y 的值交换，所以 x 的值变为 100，y 的值变为 23。但是实际参数 u 和 v 的值没有发生任何变化。在输出"After Swapping"后，输出"x=100 y=23"，结束该方法的运行，系统收回为形式参数 x 和 y 分配的存储单元，返回到调用语句的下一句处，即 System.out.println("After Calling")语句，继续 main()方法的运行，输出 u 和 v 的值，所以输出"u=23 v=100"。

程序运行结果如下：

```
Before Calling
u=23 v=100
Before  Swapping
x=23 y=100
After  Swapping
x=100 y=23
After Calling
u=23 v=100
```
实际参数和形式参数值的变化过程如图 4-1 所示。

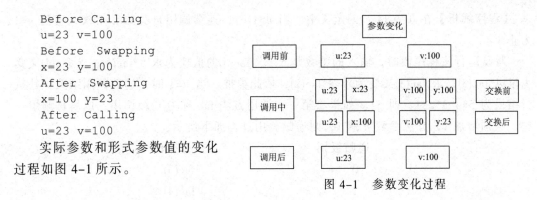

图 4-1　参数变化过程

4.4　递　　归

所谓递归就是用自身的结构来描述自身,最典型的例子是阶乘运算的定义。阶乘运算的定义如下:

$$\begin{cases} n! = n \times (n-1)! \\ 1! = 1 \end{cases}$$

显然,用阶乘本身来定义阶乘,这样的定义就称为递归定义。

在 Java 中,不仅允许一个方法在其定义的内部调用其他方法,如在 main()方法中调用其他方法,而且允许一个方法在自身定义的内部调用自己,这样的方法称为递归方法。许多问题具有递归的特性,用递归调用来描述它们就非常方便。

在编写递归方法时,只要知道递归定义的公式和递归终止的条件,就能容易地写出相应的递归方法。

【例4-6】采用递归算法求 $n!$。

根据阶乘的概念,可以写出其递归定义:

$$\begin{cases} fac(n) = 1 & n = 1 \\ fac(n) = n \times fac(n-1) & n > 1 \end{cases}$$

采用递归算法的程序如下:

```
class Factorial
{   static long fac(int n)
    {   if(n==1)    return 1;
        else   return  n*fac(n-1);
    }
    public static void main(String args[])
    {   int k;
        long f;
        k=Integer.parseInt(args[0]);
        f=fac(k);
        System.out.println(f);
    }
}
```

【程序解析】 在方法 fac()的定义中,当 $n>1$ 时,连续调用自身共 $n-1$ 次,直到 $n=1$ 为止。

假设运行该程序段时,输入的整数是 5,求 fac(5)的值变为求 5*fac(4);求 fac(4)又变为求 4*fac(3);求 fac(3)又变为求 3*fac(2),依此类推,当 $n=1$ 时,递归调用结束,其执行结果为 5*4*3*2*1,即 5!。如果将第一次调用方法 fac 称为 0 级调用,以后每调用一次,级别增加 1,方法参数 n 减 1,则递归调用过程如下所示:

递归级别		执行操作
0		fac(5)
1		fac(4)
2		fac(3)
3		fac(2)
4		fac(1)
4	返回 1	fac(1)
3	返回 2	fac(2)
2	返回 6	fac(3)
1	返回 24	fac(4)
0	返回 120	fac(5)

可以看到,将递归调用分解为两个阶段。第一个阶段是"递推",即将求 n!分解为求 $(n-1)$!的过程,而 $(n-1)$!仍然不知道,还要递推到 $(n-2)$!,依此类推,直到求 1!。由于 1!已经知道,其值为 1,不需要再递推了。然后开始第二个阶段,采用"回推"方式,从 1!(其值为 1)推算出 2!,从 2!(值为 2)推算出 3!(值为 6),依此类推,直到推算出 5!(其值为 120)为止。

可见,递归调用可以分解为递推和回推两个阶段,需要经过许多步才能求出最后的结果。

需要注意的是,要使递归方法在适当的时候结束,必须提供递归结束的条件。在该例子中,结束递归的条件是 fac(1)=1。

【例 4-7】 汉诺塔(Hanoi)问题。

据古印度神话,在贝拿勒斯的圣庙里安放着一块铜板,板上有 3 根宝石针。梵天(印度教的主神)在创造世界的时候,在其中的一根针上摆放了由小到大共 64 片中间有孔的金片。无论白天和黑夜,都有一位僧侣负责移动这些金片。移动金片的规则是:一次只能将一个金片移动到另一根针上,并且在任何时候以及任意一根针上,小片只能在大片的上面。当 64 个金片全部由最初的那根针上移动到另一根针上时,这个世界就会在一声霹雳中消失。

现在编写模拟该方法的程序。假定用 A、B 和 C 分别表示 3 根针,如图 4-2 所示。可以看到,要将 n 个金片由 A 针移动到 C 针,可以分解为以下几个步骤:

① 将 A 上的 $n-1$ 个金片借助 C 针移动到 B 针上。
② 将 A 针上剩下的一个金片由 A 针移动到 C 针上。
③ 将最后剩下的 $n-1$ 个金片借助 A 针由 B 针移动到 C 针上。

步骤①和③与整个任务类似,但涉及的金片只有 $n-1$ 个,是一个典型的递归算法。

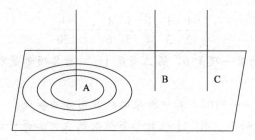

图 4-2 汉诺塔

实现其功能的程序如下：
```
class HanoiTower
{  static void  moves(char a,char c)
   {   System.out.println("From "+a+"To"+c);
   }
   static void  hanoi(int n,char a,char b,char c)
   { if(n==1)   moves(a,c);
     else
     { hanoi(n-1,a,c,b);
       moves(a,c);
       hanoi(n-1,b,a,c);
     }
   }
   public static void main(String args[])
   {  int n;
      n=Integer.parseInt(args[0]);
      hanoi(n,'A','B','C');
   }
}
```

运行程序时，为变量 *n* 输入值 3，运行结果如图 4-3 所示。

从程序的运行结果可以看到，当金片数为 3 时，只需要 7 步就可以将 3 个金片由 A 针移动到 C 针上。但是随着金片数量的增加，所需要的步数急剧增加。要将 64 个金片全部由 A 针移动到 C 针，共需 $2^{64}-1$ 步。这个步数是一个相当庞大的数字，将耗费相当漫长的时间来完成。假定寺庙里的僧侣以每秒一次的速度移动金片，日夜不停，则需要 58 万亿年方能完成。采用每秒运算 100 万次的计算机来模拟该方法，也需要 5 800 万年。

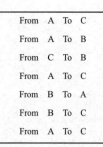

图 4-3 运行结果

习　题

1. 编写一个判断素数的方法。以整数作为参数，当该参数为素数时，输出 true，否则输出 false。

2. 编写两个方法，分别求两个数的最大公约数和最小公倍数。

3. 编写一个方法，用来计算并输出：

$$1-\frac{1}{2}+\frac{1}{3}-\frac{1}{4}+\frac{1}{5}-\frac{1}{6}+\cdots-\frac{1}{50}$$

4. Fibonacci 数列的第一项是 0，第二项是 1，以后各项都是前两项的和，编写方法求第 n 项的值。

5. 计算 1!+2!+3!+⋯+10!，其中阶乘的计算用方法实现。

6. 如果一个三位数的个位数、十位数和百位数的立方和等于该数自身，则称该数为水仙花数。编写方法判断一个三位数是否是水仙花数。

7. 编写方法，求解一元二次方程 $ax^2+bx+c=0$ 的根。

第 5 章 数　　组

我们在前面学习的整数类型、字符类型等都是基本数据类型，通过一个变量表示一个数据，这种变量称为简单变量。在实际应用中，经常需要处理具有相同性质的一批数据。例如，要处理 100 个学生的考试成绩，如果要使用简单变量，将需要 100 个变量，极不方便。为此，在 Java 中，除简单变量外，还引入了数组，即用一个变量表示一组相同性质的数据。数组必须先经过声明和初始化后才能使用。

5.1　一维数组

数组是用一个变量名表示一组数据，每个数据称为数组元素，各元素通过下标来区分。如果用一个下标就能确定数组中的不同元素，则这种数组称为一维数组，否则称为多维数组。

5.1.1　一维数组的声明

声明一个数组就是要确定数组名、数组的维数和数组元素的数据类型。
一维数组声明的格式如下：
类型标识符　数组名[]
或
类型标识符[]　数组名
类型标识符指定每个元素的数据类型，如 int 表明数组中的每个元素都是整型数。

> 说明
> ① 数组名的命名方法同简单变量，可以是任意合法的标识符。取名时最好符合"见名知意"的原则。
> ② 类型标识符既可以是任意的基本类型，如 int、long、float、double，也可以是类或接口。

例如，要表示学生的成绩（整数），可以声明元素的数据类型为 int 的数组 score，其声明如下：
    int score[]
该声明表示数组的名称为 score，每个元素为整数。
要表示学生的体重（浮点数），可以声明元素的数据类型为 float 的数组 weight，其声明如下：
    float[] weight

5.1.2 一维数组的初始化

声明一个数组时仅为数组指定了数组名和元素的数据类型，并未指定数组元素的个数，系统无法为数组分配存储空间。要让系统为数组分配存储空间，必须指出数组元素的个数，该工作在数组初始化时进行。数组经过初始化后，其元素的个数、所占用的存储空间就确定了。数组的初始化工作可以通过 new 运算符完成，也可以通过给元素赋初始值进行。

1. 用 new 初始化数组

用 new 运算符初始化数组，只指定数组元素的个数，为数组分配存储空间，并不给数组元素赋初始值。通过 new 运算符初始化数组有两种方式：先声明数组再初始化和在声明的同时进行初始化。

（1）先声明数组再初始化

先声明数组再初始化是通过两条语句来实现的，第一条语句声明数组，第二条语句用 new 运算符初始化数组。

用 new 运算符初始化数组的格式如下：

数组名=new 类型标识符[元素个数]

元素个数通过整型常量来表示。

例如，要表示 10 个学生的成绩（整数），可以先声明元素的数据类型为 int 的数组 score，再用 new 运算符初始化该数组。

```
int score[];
score=new int[10];
```

要表示 50 个学生的体重（浮点数），可以先声明元素的数据类型为 float 的数组 weight，再用 new 运算符初始化该数组。

```
float[] weigh;
weight=new float[50];
```

数组中各元素通过下标来区分，下标的最小值为 0，最大值比元素个数少 1。score 的 10 个元素分别为 score[0]、score[1]、score[2]、score[3]……score[9]。系统为该数组的 10 个元素分配存储空间，形式如表 5-1 所示。

表 5-1 一 维 数 组

score[0]	score[1]	score[2]	score[3]	score[4]	score[5]	score[6]	score[7]	score[8]	score[9]

各元素的存储空间是连续的。

初始化了数组后，如果想知道其元素个数，可以通过属性 length 获得。其格式如下：

数组名.length

例如，score.length 和 weight.length 的值分别为 10 和 50。

数组元素下标可以使用变量，所以数组和循环语句结合使用，使得程序书写简洁，操作方便。例如，要计算 100 个学生的平均成绩，可以使用以下的程序段：

```
float sum;
int i;
int score[];
```

```
score=new int[100];
/* 输入数组各元素的值 */
sum=0;
for(i=0;i<100;i++)
    sum=sum+score[i];
sum=sum/100;
```

（2）声明的同时进行初始化

可以用一条语句声明并初始化数组，即将上面的两条语句合并为一条语句。其格式如下：

　　类型标识符　数组名[]=new 类型标识符[元素个数]

或

　　类型标识符[] 数组名=new 类型标识符[元素个数]

例如，要表示10个学生的学号，可以按以下方式声明并初始化数组no：

```
int no[]=new int[10];
```

2．赋初值初始化数组

可以在声明数组的同时给数组元素赋初值，所赋初值的个数决定数组元素的数目。其格式如下：

　　类型标识符　数组名[]={初值表}

初值表是用逗号隔开的初始值。例如：

```
int score[]={65,34,78,81,56,92,56,87,90,77};
```

该语句声明了一个数组score，其元素类型为int，因为初始值的个数为10，所以数组有10个元素，并且10个元素score[0]、score[1]、score[2]……score[9]的初始值分别为65、34、78……77，如图5-1所示。

score[0]	score[1]	score[2]	score[3]	score[4]	score[5]	score[6]	score[7]	score[8]	score[9]
65	34	78	81	56	92	56	87	90	77

图5-1　数组初始值

5.2　二维数组

日常工作中涉及的许多数据由若干行和若干列所组成，例如行列式、矩阵、二维表格等，为了描述和处理其中的某个数据，需要两个下标，即行标和列标。有些情况下，可能需要3个或更多个下标，如描述三维空间中各点的温度就需要3个下标。为了解决这一类问题，在Java中可以使用多维数组，即每个元素需两个或更多个下标来描述的数组。正像一维数组，多维数组在使用前也必须进行声明和初始化，且声明和初始化的方法与一维数组类似。下面以二维数组为例，说明多维数组的使用方法，三维或三维以上的数组的用法类似。

5.2.1　二维数组的声明

二维数组的声明方式与一维数组类似，只是要给出两对方括号。二维数组声明形式如下：

　　　　类型标识符　数组名[][]

或

　　　　类型标识符[][]　数组名

其中，类型标识符表示每个元素的数据类型。

> **说明**
> 　　① 数组名的命名方法同简单变量，可以是任意合法的标识符。取名时最好符合"见名知意"的原则。
> 　　② 类型标识符可以是任意的基本类型，如 int、long、float、double，也可以是类或接口。
> 　　③ 对于多维数组，只需要在数组名或类型标识符的后面放置多对方括号。事实上，很少用到三维或更高维数的数组。

例如，要表示每个数据为整型数的行列式，可以声明如下二维数组：

```
int a[][];
```

5.2.2　二维数组的初始化

声明一个二维数组仅为数组指定了数组名和元素的数据类型，并未指定数组的行数和列数，系统无法为数组分配存储空间。要让系统为数组分配存储空间，必须指出数组的行数和列数，该工作在数组初始化时进行。二维数组经过初始化后，其元素的个数、所占用的存储空间就确定了。数组的初始化工作可以通过 new 运算符完成，也可以通过给元素赋初始值进行。

1．用 new 初始化二维数组

用 new 运算符初始化二维数组，只指定数组行数和列数，为数组分配存储空间，并不给数组元素赋初始值。通过 new 运算符初始化数组有两种方式：先声明数组再初始化和声明的同时进行初始化。

（1）先声明数组再初始化

先声明数组再初始化是通过两条语句来实现的，第一条语句声明数组，第二条语句用 new 运算符初始化数组。

用 new 运算符初始化数组的格式如下：

　　　　数组名=new 类型标识符[行数][列数]

行数和列数通过整型常量来表示。元素的个数等于行数与列数的乘积。

例如，要表示每个数据为整型数的 3 行、4 列的行列式，可以先声明元素的数据类型为整数的数组 a，再用 new 运算符初始化该数组。

```
int a[][];
a=new int[3][4];
```

数组中各元素通过两个下标来区分，每个下标的最小值为 0，最大值分别比行数或列数少 1。a 的 12 个元素分别为 a[0][0]、a[0][1]、a[0][2]、a[0][3]、a[1][0]、a[1][1]……a[2][3]。系统为该数组的 12 个元素分配存储空间，形式如表 5-2 所示。

各元素的存储空间是连续的。

表 5-2　二　维　数　组

a[0][0]	a[0][1]	a[0][2]	a[0][3]
a[1][0]	a[1][1]	a[1][2]	a[1][3]
a[2][0]	a[2][1]	a[2][2]	a[2][3]

初始化数组后，如果想知道行数或列数，可以通过属性 length 获得。获取数组行数的格式如下：

数组名.length

获取数组列数的格式如下：

数组名[行标].length

例如，a.length 的值为 3，而 a[0].length、a[1].length 和 a[2].length 的值均为 4。

二维数组元素的下标可以使用变量，所以二维数组和循环语句结合使用，使得程序书写简洁，操作方便。

在 Java 中，二维数组是作为一维数组来处理的，只是其每个元素本身又是一维数组。例如，a 可以看作一维数组，共有 3 个元素 a[0]、a[1]和 a[2]，只不过每个元素本身又是一维数组。a[0]的 4 个元素分别为 a[0][0]、a[0][1]、a[0][2]和 a[0][3]，a[1]的 4 个元素分别为 a[1][0]、a[1][1]、a[1][2]和 a[1][3]，a[2]的 4 个元素分别为 a[2][0]、a[2][1]、a[2][2]和 a[2][3]。

由于 Java 将二维数组当作一维数组来处理，所以在进行初始化时，可以各行单独进行，也允许各行的元素个数不同。

例如，要表示浮点数的 2 行、3 列行列式 b，可以按照以下方式进行声明和初始化：

```
float[][]b;
b=new int[2][];            /*b 为两行二维数组*/
b[0]=new int[3];           /*b[0]具有 3 个元素*/
b[1]=new int[3];           /*b[1]具有 3 个元素*/
```

例如，要使用具有 3 行元素的二维数组 c，其第一行具有一个元素、第二行具有 3 个元素、第三行具有 5 个元素，可以按照以下方式进行声明和初始化：

```
int c[][]
c=new int[3][];            /*c 为 3 行二维数组*/
c[0]=new int[1];           /*c[0]具有 1 个元素*/
c[1]=new int[3];           /*c[1]具有 3 个元素*/
c[2]=new int[5];           /*c[2]具有 5 个元素*/
```

对 c 的声明和初始化也可以按照以下方式进行：

```
int c[][]
c=new int[3][];            /*c 为 3 行二维数组*/
for(int i=0;i<3;i++)   c[i]=new int[2*i+1];
```

（2）声明的同时进行初始化

可以用一条语句声明并初始化二维数组，即将上面的两条语句合并为一条语句。其格式如下：

类型标识符　数组名[][]=new 类型标识符[行数][列数]

或

类型标识符[][] 数组名=new 类型标识符[行数][列数]

例如，要声明并初始化数组 a，可以按照以下方式进行：

```
int a[][]=new int[3][4];
```

2．赋初值初始化数组

可以在声明二维数组的同时给数组元素赋初值，通过初值的组数和每组的个数决定二维数组的行数和每行元素的数目。其格式如下：

类型标识符　数组名[][]={{初值表},{初值表},…,{初值表}}

每个初值表是用逗号隔开的初始值。数组名后的两对方括号也可以移到类型标识符的后面。

例如：

```
int grade[][]={{65,34,78},{81,56,92},{56,87,90},{92,69,75}};
```

该语句声明了一个二维数组 grade，其元素类型为 int。因为初始值分为 4 组，所以 grade 有 4 行元素。每组的初值个数均为 3，说明 grade 每行有 3 个元素。数组 grade 共有 12 个元素，元素 grade [0][0]、grade [0][1]、grade [0][2]、grade [1][0]……grade [3][2]的初始值分别为 65、34、78、81……75，如表 5-3 所示。

表 5-3　数组初始化

数 组 元 素	初　始　值	数 组 元 素	初　始　值	数 组 元 素	初　始　值
grade [0][0]	65	grade [0][1]	34	grade [0][2]	78
grade [1][0]	81	grade [1][1]	56	grade [1][2]	92
grade [2][0]	56	grade [2][1]	87	grade [2][2]	90
grade [3][0]	92	grade [3][1]	69	grade [3][2]	75

5.3　数组的基本操作

声明一个数组后，就可以对其进行各种操作。对数组的操作主要是对数组元素的操作。数组元素的下标可以使用变量，将其与循环语句结合起来使用，可以发挥巨大作用。

5.3.1　数组的引用

对数组的引用，通常是对其元素的引用。数组元素的引用方法是在数组名后面的括号中指定下标。数组元素几乎能出现在简单变量可以出现的任何情况下，如可以被赋值，可以被打印，可以参加表达式运算。例如：

```
int age[];
age=new int[3];
age[1]=23;
age[2]=2+age[1];
```

5.3.2　数组的复制

要将一个数组的诸元素的值复制到另外一个数组，可以通过循环语句，逐个元素进行赋值，也可以直接将一个数组赋给另一个数组。

【例5-1】数组复制。
```
int c[][],d[][],e[][],i,j;
c=new int[3][3];
d=new int[3][3];
e=new int[3][3];
for(i=0;i<3;i++)
for(j=0;j<3;j++)
{   d[i][j]=i+j;
    c[i][j]=d[i][j];
}
e=d;
```
【程序解析】本例中通过循环语句给数组 d 的各元素赋值，接着将 d 各元素的值赋给 c 的对应元素。最后一条赋值语句直接将数组 d 赋给数组 e，也实现了将数组 d 各元素的值赋给数组 e 的对应元素的功能。

本例中进行复制的两个数组具有相同的维数，且各维元素的个数相等。事实上，通过逐个元素赋值的方法可以在不同维数、不同大小的数组之间实现复制，直接数组赋值只能在维数相等的两个数组之间进行。

5.3.3 数组的输出

数组的输出通常是逐个元素结合循环语句实现的。例如，有以下程序段：
```
int a[],i;
a=new int[3];
for(i=0;i<a.length;i++)
{   a[i]=i;
    System.out.println(a[i]);
}
```
该程序的功能是首先给数组 a 的各元素分别赋 0、1 和 2，然后分别在 0～2 共 3 行中输出其各元素的值。

【例5-2】一维数组的复制。
```
class ArrayC
{   public static void main(String[] args)
    {   int a[],b[],i,j;
        a=new int[3];
        b=new int[5];
        System.out.println("a.length="+a.length);
        for(i=0;i<a.length;i++)
        {   a[i]=i;
            System.out.print(a[i]+"   ");
        }
        System.out.println();
        System.out.println("Before array assignment");
        System.out.println("b.length="+b.length);
        for(j=0;j<b.length; j++)
        {   b[j]=j*10;
            System.out.print(b[j]+"   ");
        }
```

```
            System.out.println();
            b=a;
            System.out.println("After array assignment");
            System.out.println("b.length="+b.length);
            for(j=0;j<b.length;j++)
            {  System.out.print(b[j]+"    ");
            }
            System.out.println();
         }
      }
```

【程序解析】第一个循环语句分别给数组 a 的 3 个元素赋值 0、1 和 2，并将各元素的值输出在同一行。

第二个循环语句分别给数组 b 的 5 个元素赋值 0、10、20、30、40，并将各元素的值输出在同一行。

通过语句 b=a，将数组 a 赋给 b，使得 b 的元素个数和 a 的元素个数相等，并将 a 的各元素值赋给 b 的对应元素。

程序运行结果如下：

```
a.length=3
0       1       2
Before array assignment
b.length=5
0      10      20      30      40
After array assignment
b.length=3
0       1       2
```

【例5-3】二维数组的复制。

```
class ArrayC2
{  public static void main(String[] args)
   {  int c[][],d[][],i,j;
      c=new int[2][2];
      d=new int[3][3];
      System.out.println(" Array d");
      for(i=0;i<d.length;i++)
      {  for(j=0;j<d[i].length;j++)
         {  d[i][j]=i+j;
            System.out.print(d[i][j]+"    ");
         }
         System.out.println();
      }
      c=d;
      System.out.println(" Array  c");
      for(i=0;i<c.length;i++)
      {  for(j=0;j<c[i].length;j++)
           System.out.print(c[i][j]+"    ");
         System.out.println();
      }
   }
}
```

【程序解析】 第一个循环语句分别给数组 d 的 9 个元素赋值,并将各元素的值分行输出。语句 c=d 将数组 d 赋给 c,使得 c 的元素个数和 d 的元素个数相等,并将 d 的各元素值赋给 c 的对应元素。

> ⓘ **注意**
>
> 虽然数组 c 被初始化为 2 行 2 列,但 d 被初始化为 3 行 3 列,执行语句 c=d 后,数组 c 变为 3 行 3 列。d.length 的值为数组 d 的行数,d[i].length 的值为 d 的第 i 行元素的个数。

程序运行结果如下:
```
Array  d
0   1   2
1   2   3
2   3   4
Array  c
0   1   2
1   2   3
2   3   4
```

5.4 数组应用举例

数组是 Java 中重要的数据结构,是程序设计课程的重要组成部分。本节通过几个典型例子说明数组的具体应用。

【例 5-4】 排序。

排序是将一组数按照递增或递减的顺序排列。排序的方法很多,其中最基本的是选择法。此处介绍选择法排序,其基本思想如下:

① 对于给定的 n 个数,从中选出最小(大)的数,与第一个数交换位置,便将最小(大)的数置于第一位置。

② 对于除第一个数外的剩下的 $n-1$ 个数,重复步骤①,将次小(大)的数置于第二位置。

③ 对于剩下的 $n-2$、$n-3$……$n-n+2$ 个数用同样的方法,分别将第三个最小(大)数置于第三位置,第四个最小(大)数置于第四位置……第 $n-1$ 个最小(大)数置于第 $n-1$ 位置。

假定有 7 个数 7、4、0、6、2、5、1,根据该思想,对其按照递增顺序排列,需要进行 6 轮选择和交换过程。

第一轮:7 个数中,最小数是 0,与第一个数 7 交换位置,结果为
`0 4 7 6 2 5 1`

第二轮:剩下的 6 个数中,最小数是 1,与第二个数 4 交换位置,结果为
`0 1 7 6 2 5 4`

第三轮:剩下的 5 个数中,最小数是 2,与第三个数 7 交换位置,结果为
`0 1 2 6 7 5 4`

第四轮:剩下的 4 个数中,最小数是 4,与第四个数 6 交换位置,结果为

0 1 2 4 7 5 6

第五轮：剩下的3个数中，最小数是5，与第五个数7交换位置，结果为

0 1 2 4 5 7 6

第六轮：剩下的2个数中，最小数是6，与第六个数7交换位置，结果为

0 1 2 4 5 6 7

可见，对于 n 个待排序的数，要进行 $n-1$ 轮的选择和交换过程。其中第 i 轮的选择和交换过程中，要进行 $n-i$ 次的比较，方能选择出该轮中最小（大）的数。

根据前面的分析，可以编写对 n 个整数进行升序排列的程序。

```java
import java.io.*;
class ArraySort
{ public static void main(String[] args) throws IOException
    { BufferedReader keyin=new BufferedReader(new InputStreamReader (System.in));
      int a[],i,j,k,temp;
      String c;
      System.out.println("Input the number of array elements!");
      c=keyin.readLine();
      temp=Integer.parseInt(c);
      a=new int[temp];
      System.out.println("Input  "+temp+"numbers. One per line!");
      for(i=0;i<a.length;i++)
      { c=keyin.readLine();
        a[i]=Integer.parseInt(c);
      }
      for(i=0;i<a.length-1;i++)
      { k=i;
        for(j=i+1;j<a.length;j++)
          if(a[j]<a[k])k=j;
            temp=a[i];
            a[i]=a[k];
            a[k]=temp;
      }
      System.out.println("After sorting!");
      for(i=0;i<a.length;i++)
        System.out.println(a[i]);
    }
}
```

【程序解析】 定义对象 keyin 的目的是在程序运行过程中通过键盘输入数据，其功能将在第10章介绍。后面的语句 c=keyin.readLine() 是将通过键盘输入的一行字符串保存到变量 c 中。语句 temp=Integer.parseInt(c) 的功能是将变量 c 中保存的字符串转换成整型数。

第一个循环语句给数组 a 的各元素输入值，第二个循环语句是个二重循环，对数组 a 进行排序，第三个循环语句输出排序后数组各元素的值。

在排序过程的第 i 轮循环中，用变量 k 记录该轮中最小数的下标。待该轮循环结束后，将第 i 个元素和第 k 个元素的值交换，从而实现将第 i 个最小数置于第 i 位置的目的。

运行该程序，根据提示，首先输入数组元素个数6，接着输入6个元素值（a[0]～a[5]）：4、90、56、3、48、23。程序运行结果如下：

```
Input the number of array elements!
6
Input   6  numbers. One per line!
4
90
56
3
48
23
After sorting!
3
4
23
48
56
90
```

【例5-5】矩阵运算。

数学中的矩阵在Java中用二维数组实现,本例中要进行矩阵的加法、乘法运算。

```
class ArrayC3
{  public static void main(String[] args)
   {  int c[][]={{1,2,3},{4,5,6},{7,8,9}};
      int d[][]={{2,2,2},{1,1,1},{3,3,3}};
      int i,j,k;
      int e[][]=new int[3][3];
      System.out.println("Array c");
      for(i=0;i<c.length;i++)
      {  for(j=0;j<c[i].length;j++)
            System.out.print(c[i][j]+"    ");
         System.out.println();
      }
      System.out.println("Array d");
      for(i=0;i<d.length;i++)
      {  for(j=0;j<d[i].length;j++)
            System.out.print(d[i][j]+"    ");
         System.out.println();
      }
      System.out.println("Array c+d");
      for(i=0;i<e.length;i++)
      {  for(j=0;j<e[i].length;j++)
         {  e[i][j]=c[i][j]+d[i][j];
            System.out.print(e[i][j]+"    ");
         }
         System.out.println();
      }
      System.out.println("Array c*d");
      for(i=0;i<3;i++)
      {  for(j=0;j<3;j++)
         {  e[i][j]=0;
            for(k=0;k<3;k++)
               e[i][j]=e[i][j]+c[i][k]*d[k][j];
```

```
                System.out.print(e[i][j]+"   ");
            }
            System.out.println();
        }
    }
}
```

程序运行结果如下：
```
Array c
1    2    3
4    5    6
7    8    9
Array d
2    2    2
1    1    1
3    3    3
Array c+d
3    4    5
5    6    7
10   11   12
Array c*d
12   12   12
21   21   21
30   30   30
```

5.5 数组参数

在 Java 中，允许方法的参数是数组。在使用数组参数时，应该注意以下事项：

① 在形式参数表中，数组名后的括号不能省略，括号个数和数组的维数相等。不需要给出数组元素的个数。

② 在实际参数表中，数组名后不需要括号。

③ 数组名做实际参数时，传递的是地址，而不是值，即形式参数和实际参数具有相同的存储单元。

例如，定义以下方法 f()：
```
void  f(int a[])
{  ...
}
```
方法 f()有一个一维数组参数 a，在形式参数表中，只需要列出数组参数 a 的名称以及后面的方括号。

如果已经定义了数组 b，可以通过以下的语句调用该方法：
```
f(b)
```
在调用该方法时，就将数组 b 传递给数组 a。由于是传址方式，所以将数组 b 的地址传递给数组 a，因而数组 a 和数组 b 共享同一存储单元。所以在方法 f()中，对数组 a 的某一元素值进行了更改，也是对数组 b 的元素进行了修改。当方法结束后，数组 b 将修改的结果带回到调用方法。

【例5-6】计算数组元素平均值。

```java
class ArrayC4
{ public static void main(String[] args)
   { int c[]={1,2,3,4,5,6,7,8,9};
     int j;
     System.out.println("Array c");
     for(j=0;j<c.length;j++)
        System.out.print(c[j]+"   ");
     System.out.println();
     System.out.println("Array average");
     System.out.println(arrayAverage(c));
   }
   static float arrayAverage(int d[])
   { float average=0 ;
     for(int i=0;i<d.length;i++)
        average=average+d[i];
     average=average/d.length;
     return average;
   }
}
```

【程序解析】arrayAverage()方法的形式参数是一维数组,其功能是计算该数组元素的平均值,并将所计算的平均值返回。在 main()方法中,通过语句 System.out.println (arrayAverage(c)),以数组 c 作为实际参数调用 arrayAverage()方法,计算并打印数组 c 中各元素的平均值。

程序运行结果如下:
```
Array c
1   2   3   4   5   6   7   8   9
Array average
5.0
```

【例5-7】展示数组参数传递地址的特性。

简单变量做方法的参数时传递的是值,即实际参数和形式参数拥有不同的存储空间;数组做参数时传递的是地址,即实际参数和形式参数拥有相同的存储空间。在方法中更改了形式参数的值,也就更改了实际参数的值。本例用来展示数组参数的传递地址特性。

```java
class ArrayC6
{ public static void main(String[] args)
   { int c[][]={{1,2,3,4,5},{6,7,8,9,10}};
     int i,j;
     System.out.println("Array c before calling arrayMultiply");
     for(i=0;i<c.length;i++)
     { for(j=0;j<c[i].length;j++)
         System.out.print(c[i][j]+"   ");
       System.out.println();
     }
     arrayMultiply(c);
     System.out.println("Array c after calling arrayMultiply");
     for(i=0;i<c.length;i++)
     { for(j=0;j<c[i].length;j++)
```

```
            System.out.print(c[i][j]+"   ");
         System.out.println();}
      }
   }
   static void arrayMultiply(int d[][])
   {  int k,l;
      for(k=0;k<d.length;k++)
         for(l=0;l<d[k].length;l++)
            d[k][l]=2*d[k][l];
      System.out.println("In arrayMultiply");
      for(k=0;k<d.length;k++)
      {  for(l=0;l<d[k].length;l++)
            System.out.print(d[k][l]+"   ");
         System.out.println();
      }
   }
}
```

【程序解析】arrayMultiply()方法带有一个二维数组参数d，其功能是将d的各元素值乘以2并分行输出。

在main()方法中，声明并初始化了二维数组c，并以分行方式输出数组c的各元素值。接着通过语句arrayMultiply(c)，以数组c作为实际参数调用arrayMultiply()方法。由于调用该方法的实际参数是数组，所以传递的是地址，即形式参数数组d和实际参数数组c具有相同的存储单元。所以，当该方法将数组d中各元素值扩大2倍的时候，也自然将c的各元素值扩大了2倍。

在main()方法中，最后分行显示数组c各元素的值，其值比调用方法arrayMultiply(c)之前扩大了2倍。

程序运行结果如下：
```
Array c before calling arrayMultiply
1    2    3    4    5
6    7    8    9    10
In arrayMultiply
2    4    6    8    10
12   14   16   18   20
Array c after calling arrayMultiply
2    4    6    8    10
12   14   16   18   20
```

【例5-8】展示数组元素参数传递值的特性。

虽然数组做方法的参数时传递的是地址，但数组元素做参数时传递的是值。事实上，数组元素做实际参数时，形式参数是简单变量，所以正像简单变量做参数时传递值一样，数组元素做参数时传递的也是值。本例用来说明数组元素参数传递值的特性。

```
class ArrayC7
{  public static void main(String[] args)
   {  int c[]={1,10,100,1000};
      int j;
      System.out.println("Array c before calling elementMultiply");
      for(j=0;j<c.length;j++)
```

```
            System.out.print(c[j]+"    ");
        System.out.println();
        elementMultiply(c[2]);
        System.out.println("Array c after calling elementMultiply");
        for(j=0;j<c.length;j++)
            System.out.print(c[j]+"    ");
        System.out.println();
    }
    static void elementMultiply(int d)
    {   d=2*d;
        System.out.println("d="+d);
    }
}
```

【程序解析】在 elementMultiply()方法中，唯一的形式参数是一个简单变量 d，其功能是将参数 d 的值扩大 2 倍并输出。

在 main()方法中声明了一维数组 c，并为其 4 个元素分别赋了初始值 1、10、100 和 1 000。接着输出数组各元素的值。再通过语句 elementMultiply(c[2])以 c[2]作为实际参数调用方法 elementMultiply()。由于 c[2]传递的是值 100，形式参数 d 和实际参数 c[2]拥有不同的存储空间。elementMultiply()方法仅将 d 的值扩大了 2 倍，变为 200，实际参数 c[2]的值仍然保持 100。在 main()方法的最后再输出数组 c 各元素的值，其结果与调用 elementMultiply()之前完全相同。

程序运行结果如下：
```
Array c before calling elementMultiply
1      10      100      1000
d=200
Array c after calling elementMultiply
1      10      100      1000
```

5.6 字 符 串

字符串是字符组成的序列，是编程中常用的数据类型。字符串可用来表示标题、名称、地址等。

5.6.1 字符数组与字符串

所谓字符数组是指数组的每个元素是字符类型的数据。对于标题、名称等由字符组成的序列可以使用字符数组来描述。例如，要表示字符串"China"，可以使用如下的字符数组：

```
char[] country={'C','h','i','n','a'};
```

字符串中所包含的字符个数称为字符串的长度，如"China"的长度为 5。

要表示长度为 50 的字符串，虽然可以使用如下的字符数组：

```
char[]  title=new char[50];
```

但由于字符个数太多，致使数组元素太多，使用起来极不方便。为此，Java 提供了 String 类，通过建立 String 类的对象使用字符串特别方便。

5.6.2 字符串的相关概念

就像整数类型等基本数据类型的数据有常量和变量之分一样，字符串也分为常量与变量。字符串常量指其值保持不变的量，是位于一对双引号之间的字符序列，如"Study hard"。事实上，在前面已经多次使用了字符串常量，如前一例子中的语句：

```
System.out.println("Array c after calling elementMultiply")
```
其中，"Array c after calling elementMultiply"就是字符串常量。

1. 字符串变量的声明

字符串变量是 String 类的对象（类和对象的概念见第 6 章）。要使用字符串变量，可以通过 String 类来实现。声明字符串变量的格式如下：

```
String 变量名；
```
初始化字符串变量的格式如下：
```
变量名=new String(字符串常量);
```
也可以将两条语句合并为一条语句，格式如下：
```
String 变量名=new String(字符串常量);
```
例如，声明并初始化字符串变量 s 的方式是：
```
String s;
s=new String("China");
```
或
```
String s=new String("China");
```
其功能是声明了字符串变量 s，并为其赋初值"China"。

2. 字符串赋值

声明字符串变量之后，便可以为其赋值。既可以为其赋一个字符串常量，也可以将一个字符串变量或表达式的值赋给字符串变量。

例如，以下的语句序列分别为字符串变量 s1、s2 和 s3 赋值。

```
s1="Chinese people";
s2=s1;
s3="a lot of"+s2;
```

结果 s2 的值为"Chinese people"，s3 的值为"a lot of Chinese people"。其中运算符"+"的作用是将前后两个字符串连接起来。

3. 字符串的输出

字符串可以通过 println( )或 print( )方法输出。

例如，以下的语句序列为字符串变量 s 赋值并输出其值：

```
s="All the world";
System.out.println(s);
```
输出结果：
```
All the world.
```

【例5-9】字符串应用。
```
public class StringUse
{   public static void main(String[] args)
    {   String s1,s2;
        s1=new String("Students should ");
```

```
        s2="study hard.";
        System.out.print(s1);
        System.out.println(s2);
        s2="learn English, too";
        System.out.print(s1);
        System.out.println(s2);
        s2=s1+s2;
        System.out.println(s2);
    }
}
```
程序运行结果如下：
Students should study hard.
Students should learn English,too
Students should learn English,too

5.6.3 字符串操作

String 类中有很多成员方法，通过这些成员方法可以对字符串进行操作。

1．访问字符串

下面介绍用于访问字符串的几个常用的成员方法。在以下的介绍中，将使用字符串变量 s，其值为"I am a student. "。

（1）int length()方法

length()方法的功能是返回字符串的长度，返回值的数据类型为 int。例如，s.length()的值是 15，包括其中的 3 个空格和最后的句号。

（2）char charAt(int index)方法

charAt(int index) 方法的功能是返回字符串中第 index 个字符，即根据下标取字符串中的特定字符，返回值的数据类型为 char。例如，s.charAt(0)和 s.charAt(7)的值分别为 I 和 s。可见最前面一个字符的序号为 0。

（3）int indexOf(int ch)方法

indexOf(char ch)方法的功能是返回字符串中字符 ch 第一次出现的位置，返回值的数据类型为 int。例如，s.indexOf('a')的值为 2，即 a 的第一次出现位置。

如果字符串中没有指定的字符 ch，则返回值为-1。例如 s.indexOf('A')的值为-1。可见字符串中字符的大小写是有区别的。

（4）int indexOf(String str,int index)方法

indexOf(String str,int index) 方法的返回值是在该字符串中，从第 index 个位置开始，子字符串 str 第一次出现的位置，返回值的数据类型为 int。如果从指定位置开始，没有对应的子字符串，返回值为-1。

例如，s.indexOf("stu", 0)的值为 7，但 s.indexOf("stu", 9)的值为-1。

（5）substring(int index1,int index2)方法

substring(int index1,int index2)方法的返回值是在该字符串中，从第 index1 个位置开始，到第 index2 个位置结束的子字符串，返回值的数据类型为 String。

例如，s2.substring(7,13)值为"studen"。

如果将 indcx2 省略，返回值将是从第 indcx1 个位置开始，直到结束位置的子字符串。

例如，s2.substring(7)值为 "student."。

2．字符串比较

字符在计算机中是按照 Unicode 编码存储的。存储字符串实际上是存储其中每个字符的 Unicode 编码。两个字符串的比较实际上是字符串中对应字符编码的比较。

两个字符串比较时，从首字符开始逐个向后比较对应字符。如果发现了一对不同的字符，那么比较过程结束。该对字符的大小关系便是两个字符串的大小关系。只有当两个字符串包含相同个数的字符，且对应位置的字符也相等（包括大小写）时，两个字符串才相等。

例如，"abxd"大于"abfd"，因为第一对不同的字符是 x 和 f，而 x 大于 f；"xYuv"小于" xy"，因为第一对不同的字符是 Y 和 y；而 Y 小于 y；"teacher"等于"teacher"，因为两者长度相等，并且对应字符相等。

下面介绍用于进行字符串比较的几个常用成员方法。在以下的介绍中，使用字符串变量 s，其值为"student"。

（1）equals(Object obj)方法

equals(Object obj)方法的功能是将该字符串与 obj 表示的字符串进行比较，如果两者相等，则函数的返回值为布尔类型值 true，否则为 false。

例如，s.equals("Student")的值为 false，因为大写字母 S 与小写字母 s 是不等的。而 s.equals("student")的值为 true。

（2）equalsIgnoreCase(String str)方法

equalsIgnoreCase(String str) 方法的功能是将该字符串与 str 表示的字符串进行比较，但比较时不考虑字符的大小写。如果在不考虑字符大小写的情况下两者相等，则函数的返回值为布尔类型值 true，否则为 false。

例如，s.equalsIgnoreCase("Student")的值为 true，因为该方法不考虑字符的大小写，即认为大写字符 S 和小写字符 s 是相等的。s.equalsIgnoreCase("Students")的值为 false。

（3）compareTo(String str)方法

compareTo(String str)方法的功能是将该字符串与 str 表示的字符串进行大小比较，返回值为 int 型。如果该字符串比 str 表示的字符串大，则返回正值；如果比 str 表示的字符串小，则返回负值；如果两者相等，则返回 0。实际上，返回值的绝对值等于两个字符串中第一对不相等字符的 Unicode 编码的差值。

例如，s.compareTo("five students")的值为正，而 s.compareTo("two students")为负，s.compareTo("student")的值为 0。

> **说明**
>
> 字符的 Unicode 编码不用刻意去记忆，只要掌握以下原则即可满足实际应用。
>
> ① 10 个数字字符 0～9 中，后面每个字符的编码比前面一个字符的编码大 1。
>
> ② 26 个小写字母 a～z 中，后面每个字符的编码比前面一个字符的编码大 1；26 个大写字母 A～Z 中，后面每个字符的编码比前面一个字符的编码大 1。
>
> ③ 数字字符的编码小于大写字母的编码，大写字母的编码小于小写字母的编码。

3. 与其他数据类型的转换

可以将 String 类型数据与 int、long、float、double、boolean 等类型数据进行相互转换。

将 int、long、float、double、boolean 等基本类型数据转换为 String 类型的方法是：
String.valueOf(基本类型数据)

例如，String.valueOf(123)的值是字符串"123"，String.valueOf(0.34)的值是字符串"0.34"，String.valueOf(true)的值是字符串"true"。

> **注意**
> 方法 String.valueOf(基本类型数据)的返回值是 String 型，即字符串类型。

将字符串型数据转换为其他基本类型的方法及实例如表 5-4 所示。

表 5-4 数据类型转换

方　　法	返回值类型	返　回　值
Boolean.parseBoolean("true")	boolean	true
Integer.parseInt("123")	int	123
Long.parseLong("375")	long	375
Float.parseFloat("345.23")	float	345.23
Double.parseDouble("67892.34")	double	67892.34

5.6.4 字符串数组

如果要表示一组字符串，可以通过字符串数组来实现。例如，要表示中国的 4 个直辖市的英文名称可以采用如下的字符串数组：

```
String[] str=new String[4];
str[0]="Beijing";
str[1]="Shanghai";
str[2]="Tianjin";
str[3]="Chongqing";
```

main()方法有一个形式参数 args[ ]，其类型是字符串数组。该参数的功能是接收运行程序时通过命令行输入的诸参数。下面的实例用来展示命令行参数的输入和接收方法。

【例5-10】字符串数组。

```
public class StringArray
{   public static void main(String[] args)
    {   int i;
        for(i=0;i<args.length;i++)
            System.out.println(args[i]);
    }
}
```

【程序解析】该程序的功能是通过循环语句逐个输出数组 args 各元素的值，即通过命令行输入的各参数。

如果运行该程序时，在命令行输入的命令为"java StringArray one two three"，程序运行结果如下：
```
one
two
three
```
可见在运行程序时，类名后面给出用空格隔开的诸参数。第一个参数将被 args[0]接收，第二个参数将被 args[1]接收，依此类推。本例中，args[0]的值为"one"，args[1]的值为"two"，args[2]的值为"three"。

习　　题

1. 编程对 10 个整数进行排序。
2. 打印以下杨辉三角形（打印 10 行）。
```
1
1  1
1  2  1
1  3  3  1
1  4  6  4  1
1  5  10 10 5  1
...
```
3. 从键盘输入 10 个整数，放入一个一维数组，然后将前 5 个元素与后 5 个元素对换，即将第一个元素与第十个元素互换，将第二个元素与第九个元素互换，依此类推。
4. 建立一个 m 行 n 列的矩阵，找出其中最小的元素所在的行和列，并输出该值及其行、列位置。
5. 实现矩阵转置，即将矩阵的行、列互换，一个 m 行 n 列的矩阵将转换为 n 行 m 列。
6. 求一个 10 行、10 列整型方阵对角线上元素之积。
7. 编写一个应用三维数组的程序。
8. 编写一个程序，计算一维数组中最大值、最小值及其差值。

第 6 章 类和对象

面向对象程序设计（Object Oriented Programming，OOP）是一种基于对象概念的软件开发方法，是目前软件开发的主流方法。类是数据及对数据操作的封装体，具有封装性。封装性是面向对象方法的基础。对象是类的实例，对象与类的关系就像变量和数据类型的关系一样。

6.1 类和对象概述

6.1.1 面向对象的基本概念

1. 类

在面向对象技术中，将客观世界中的一个事物作为一个对象看待。例如，有个人叫张三，就看作一个对象。每个事物都有自己的属性和行为。描述张三的属性有姓名、性别、身高、体重，其行为包括阅读、开车、游泳等。在面向对象的程序设计中，将属性及行为合起来定义为类。类成为定义一组具有共同属性和行为的对象的模板。

从程序设计的角度，事物的属性可以用变量描述，行为用方法描述。类中的变量称为成员变量，类中的方法称为成员方法。成员变量反映类的状态和特征，成员方法表示类的行为能力。不同的类具有不同的特征和行为。

类具有封装性、继承性和多态性。类的这些特性构成面向对象程序设计思想的基石，实现了软件的可重用性，增强了软件的可扩充能力，提高了软件的可维护性。

2. 对象

类只定义属性和行为的模板，仅有类还不够，还必须创建属于类的对象。对象是类的实例，对象与类的关系就像变量和数据类型的关系一样。例如，int 型变量 j 可以存放 int 型值 25，可以对 j 进行 int 型数据的加、减、乘、除等操作。对象是类的"取值"，能够保存类的一个实例。

6.1.2 类的声明

Java 是一种纯面向对象的程序设计语言，每个程序中至少包含一个类。所有数据和操作都封装在类中。类要先声明，后使用。

在 Java 语言中，类的声明形式如下：

```
[修饰符] class 类名 [extends 父类名] [implements 接口名列表]
{   成员变量声明部分
    成员方法声明部分
}
```

> **说明**
> ① 类声明包括类首和类主体两部分。
> ② 类首确定类的名称、访问权限和与其他类的继承关系。其中，class 是声明类的关键字，extends 表示该类继承自哪个父类，implements 表示该类实现了哪些接口，修饰符是修饰类的关键字，说明类的访问权限（public）、是否为抽象类（abstract）或最终类（final）。类名需要符合 Java 对标识符的规定，通常第一个字母大写，并最好能体现类的功能或作用。
> ③ 类主体包括成员变量声明和成员方法声明。成员变量的声明类似第 2 章中变量的声明，通常在其类型名前加访问权限修饰符（public、private、protected）。成员方法的声明类似第 4 章中方法的声明。
> ④ 修饰符的具体用法将在本章后面内容中介绍。

【例6-1】定义一个表示二维平面上点的类。

```
class Point                               //类首
{ private float x,y;                      //类的成员变量
  public void setPoint(int a,int b)       //类的成员方法
  { x=a;
    y=b;
  }
  public float getX() { return x; }       //类的成员方法
  public float getY() { return y; }       //类的成员方法
  public String toString()                //类的成员方法
  { return "["+x+","+y+"]"; }
}
```

【程序解析】在 Point 类中，声明了 x 和 y 共两个成员变量，声明了 setPoint()、getX()、getY()和 toString()共 4 个成员方法。

6.1.3 对象的创建和使用

1. 对象的创建

类就像 int、char 等数据类型一样，是对事物的抽象。在程序中必须创建类的实例，即对象。对象的创建包括声明和实例化两项工作，可以通过两条语句分别完成声明和实例化工作，也可以通过一条语句同时完成声明和实例化工作。

创建对象的形式如下：

```
类名  对象名;
对象名=new 类名(参数表);
```

或者

```
类名  对象名=new 类名(参数表);
```

> **说明**
> ① 使用 new 运算符实例化对象。
> ② 实例化对象时,向内存申请存储空间,并同时调用类的构造方法对对象进行初始化。

例如,语句 "Point p1=new Point();" 创建了 Point 类的对象 p1。
正像可以创建若干 int 或 char 型变量一样,声明一个类后,也可以创建它的多个对象。

2. 对象的使用

当创建一个对象后,这个对象就拥有所属类的成员变量和方法,就可以引用该对象的成员变量,调用其成员方法。引用成员变量的形式如下:

对象名.成员变量名
调用成员方法的形式如下:
对象名.方法名(参数表)
例如,创建了 Point 类的对象 p1 之后,就可以按照以下方式引用其成员变量:
p1.x=2.3;
p1.y=45.9;
可以按照以下方式调用其成员方法:
p1.toString();

【例6-2】定义一个表示圆形的类,能够计算圆面积和圆周长。

```
class Circle1
{ float r;
  final double PI=3.14159;
  public double area()              //计算面积
  { return PI*r*r;
  }
  public void  setR(float x)        //设置半径
  { r=x;
  }
  public double  perimeter()        //计算周长
  { return 2*PI*r;
  }
  public static void main(String args[])
  { double x,y;
    Circle1 cir=new Circle1();      //创建 Circle1 类的对象 cir
    cir.setR(12.35f);               //调用 cir 对象的 setR()方法
    x=cir.area();                   //调用 cir 对象的 area()方法
    y=cir.perimeter();              //调用 cir 对象的 perimeter()方法
    System.out.println("圆面积="+x+"\n 圆周长="+y);
  }
}
```

【程序解析】此程序中声明了 Circle1 类,它包含成员变量 r 和成员方法 area()、setR()、perimeter()。在 main()方法中使用 new 运算符创建了 Circle1 的对象 cir,调用 cir 的成员方法 setR()将其成员变量 r 的值设置为 12.35f,调用成员方法 area()和 perimeter()计算圆的面积和周长。

程序运行结果如下：
圆面积=479.163190376011
圆周长=77.59727539684296

6.1.4 构造方法和对象的初始化

类中有一种特殊的成员方法，其方法名与类名相同，称为构造方法。构造方法也称构造器。当使用 new 运算符实例化一个对象时，系统将自动调用构造方法初始化该对象。构造方法的特点是：

① 构造方法没有返回值，前面不能有返回值类型，也不能有 void。

② 程序中不能直接调用构造方法。当用 new 运算符实例化一个对象时，系统自动调用构造方法对成员变量进行初始化。如果没有声明构造方法，系统为该类生成一个无参数的默认构造方法，使用默认值初始化对象的成员变量（数值型变量的默认值为 0，布尔型变量的默认值为 false，字符型变量的默认值为'\0'，字符串型变量的默认值为 null）。

例如，例 6-2 的 Circle1 类中没有声明构造方法，当使用语句"Circle1 cir=new Circle1();"实例化对象 cir 时，实质上调用默认构造方法 Circle1()，用 0 初始化成员变量 r。

③ 一个类中可以声明多个构造方法，但各构造方法的参数表不能相同，即各构造方法的参数个数不同或参数类型不同。使用 new 运算符实例化对象时，系统根据给出的参数表（参数个数及类型）调用对应的构造方法。

由此可见，构造方法与其他成员方法的不同之处是：

① 作用不同：构造方法仅用于实例化对象，对成员变量进行初始化；成员方法用于对成员变量进行多种操作。

② 调用方式不同：构造方法通过 new 运算符调用；成员方法通过对象调用。

【例6-3】用构造方法初始化成员变量。

```
class Triangle
{ int x,y,z;
  public Triangle(int i,int j,int k)        //声明构造方法
  { x=i;y=j;z=k;
  }
  public static boolean judge(Triangle m)
  { if(Math.sqrt(m.x*m.x+ m.y*m.y)==m.z //引用 Math 类库的 sqrt()方法
      return true;
    else   return false;
  }
  public static void main(String args[])
  { Triangle t1;                  //声明 Triangle 类对象 t1
    t1=new Triangle(3,4,5);       //实例化对象 t1，调用构造方法对其进行初始化
    if(judge(t1))                 //调用 judge()方法，判断 t1 的成员变量是否能
                                  //构成直角三角形的 3 条边长
        System.out.println("这是一个直角三角形");
    else
        System.out.println("这不是一个直角三角形");
  }
}
```

【程序解析】程序首先声明了 Triangle 类，它包含 3 个成员变量 x、y 和 z，分别代表三角形的 3 条边长。在 main()方法中，创建 Triangle 类对象 t1，将其成员变量 x、y 和 z 分别初始化成 3、4 和 5，再调用成员方法 judge()，判断成员变量 x、y 和 z 的值是否能构成直角三角形的 3 条边长。

程序运行结果如下：

这是一个直角三角形

【例6-4】默认构造方法的使用。

> **说明**
> 如果不声明构造方法，系统将调用无参数的默认构造方法，使用默认值初始化对象的成员变量。为了给成员变量赋特定的值，需要使用成员方法。为了对比，本例中给出了两个程序：第一个程序的类中没有声明构造方法，利用成员方法给成员变量赋特定的值；第二个程序的类中利用构造方法给成员变量赋特定的值。

```
class Student
{   String name;                                              //成员变量
    String address;                                           //成员变量
    int score;                                                //成员变量
    public void setMessage(String x1,String x2,int x3)        //成员方法
    {   name=x1;
        address=x2;
        score=x3;
    }
    public static void main(String args[])
    {   Student s1=new Student();                 //创建 Student 类对象 s1
        System.out.println(s1.name+"   "+s1.address+"   "+s1.score);
                                                  //输出默认构造方法的初始化结果
        s1.setMessage("张三","西安市兴庆路1号",75);//调用成员方法给成员变量赋值
        System.out.println(s1.name+"   "+s1.address+"   "+s1.score);
    }
}
```

【程序解析】在 main()方法中，首先由系统调用默认构造方法对成员变量用默认值进行初始化（字符串型变量的默认值为 null，数值型变量的默认值为 0），输出其默认初始值，再调用成员方法 setMessage()将指定值赋给成员变量，然后输出其新值。

程序运行结果如下：

null   null   0
张三   西安市兴庆路1号   75

下面给出采用构造方法用指定值对成员变量初始化的程序：

```
class Student
{   String name;
    String address;
    int score;
    Student(String x1,String x2,int x3)                       //构造方法
    {   name=x1;
        address=x2;
        score=x3;
```

```
    }
    public static void main(String args[])
    { Student s1=new Student("张三","西安市兴庆路1号",75);
      //创建 Student 类对象 s1,用指定值初始化成员变量
      System.out.println(s1.name+"  "+s1.address+"  "+s1.score);
    }
}
```

【程序解析】在 main()方法中,首先使用构造方法用指定值对成员变量初始化,然后输出其值。

程序运行结果如下:
张三   西安市兴庆路1号   75

【例6-5】使用无参数的构造方法。

```
class Time
{ private int hour;                              //0~23
  private int minute;                            //0~59
  private int second;                            //0~59
  public Time()
  { setTime(0,0,0); }
  public void setTime(int hh,int mm,int ss)
  { hour=((hh>=0&&hh<24)?hh:0);
    minute=((mm>=0&&mm<60)?mm:0);
    second=((ss>=0&&ss<60)?ss:0);
  }
  public String toString()
  { return(hour+":"+(minute<10?"0":"")+minute+":"+
    (second<10?"0":"")+second);
  }
}
public class MyTime
{ public static void main(String args[])
  { Time time=new Time();
    time.setTime(11,22,33);
    System.out.println("set time="+time.toString());
  }
}
```

【程序解析】本例中声明了两个类:Time 和 MyTime,分别放在源程序文件 Time.java 和 MyTime.java 中。分别编译两个文件,产生 Time.class 和 MyTime.class 类文件。输入命令:

```
java MyTime
```

程序运行结果如下:

```
set time=11:22:33
```

在 main()方法中,创建了 Time 类的对象 time,实例化过程中调用无参构造方法 Time(),该方法又调用成员方法 setTime(0,0,0),将 time 的成员变量 hour、minute 和 second 都设置为 0;接着调用成员方法 setTime(11,22,33),将 time 的成员变量 hour、minute 和 second 分别设置为 11、22 和 33;最后调用 time 的成员方法 toString()输出各成员变量的值。

【例6-6】 使用多个构造方法。

```
class Time1
{  private int hour;              //0~23
   private int minute;            //0~59
   private int second;            //0~59
   public Time1()
   { setTime(0,0,0);}
   public Time1(int hh)
   { setTime(hh,0,0); }
   public Time1(int hh,int mm)
   { setTime(hh,mm,0);}
   public Time1(int hh,int mm,int ss)
   { setTime(hh,mm,ss);}
   public void setTime(int hh,int mm,int ss)
   { hour=((hh>=0&&hh<24)?hh:0);
     minute=((mm>=0&&mm<60)?mm:0);
     second=((ss>=0&&ss<60)?ss:0);
   }
   public String toString()
   {   return (hour+":"+(minute<10?"0":"")+minute+":"+(second<10?" 0":"")+second);
   }
}
public class MyTime1
{ private static Time1 t0,t1,t2,t3;
  public static void main(String args[])
  { t0=new Time1();
    t1=new Time1(11);
    t2=new Time1(22,22);
    t3=new Time1(33,33,33);
    System.out.println("t0="+t0.toString());
    System.out.println("t1="+t1.toString());
    System.out.println("t2="+t2.toString());
    System.out.println("t3="+t3.toString());
  }
}
```

【程序解析】 与例6-5类似，MyTime1类和Time1类分别在源文件MyTime1.java和Time1.java中声明。在main()方法中，实例化对象t0、t1、t2和t3时，根据所提供的实参个数分别调用构造方法Time1()、Time1(int hh)、Time1(int hh,int mm)和Time1(int hh,int mm, int ss)对其成员变量初始化。

程序运行结果如下：
```
t0=0:00:00
t1=11:00:00
t2=22:22:00
t3=0:33:33
```

6.1.5 对象销毁

通过new运算符实例化对象时，系统为对象分配所需的存储空间，存放其属性值。

但内存空间有限,不能存放无限多的对象。为此,Java 提供了资源回收机制,自动销毁无用对象,回收其所占用的存储空间。一般情况下,用户不需要专门设计释放对象的方法。如果需要主动释放对象,或在释放对象时需要执行特定操作,则在类中可以声明 finalize()方法。finalize()也称析构方法,当系统销毁对象时,将自动执行 finalize()方法。对象也可以调用 finalize()方法销毁自己。

finalize()方法没有参数,也没有返回值。一个类只能有一个 finalize()方法,其基本格式如下:

```
public void finalize()
{    方法体;
}
```

6.2 类的封装

封装性是面向对象的核心特征之一,它提供了一种信息隐藏技术。类的封装包含两层含义:将数据和对数据的操作组合起来构成类,类是一个不可分割的独立单位;类中既要提供与外部联系的接口,同时又要尽可能隐藏类的实现细节。封装性为软件提供了一种模块化的设计机制,设计者提供标准化的类模块,使用者根据实际需求选择所需的类模块,通过组装类模块实现大型软件系统。各模块之间通过接口衔接和协同工作。

类的设计和使用者考虑问题的角度不同,设计者需要考虑如何定义类中成员变量和方法,如何设置其访问权限等问题;类的使用者只需要知道有哪些类可以选择,每个类有哪些功能,每个类中有哪些可以访问的成员变量和成员方法等,而不需要了解其实现细节。

按照类的封装性设计思想,本节介绍类及其成员访问权限、方法重载等。

6.2.1 访问权限

按照类的封装性原则,类的设计者既要提供类与外部的联系方式,又要尽可能地隐藏类的实现细节。具体办法就是为类及其成员变量和成员方法分别设置合理的访问权限。

Java 为类设置了两种访问权限,为类中的成员变量和方法设置了 4 种访问权限。

1. 成员访问权限

在 Java 中,共有 4 种访问权限:public(公有)、protected(保护)、默认和 private(私有)。这 4 种访问权限均可用于类中成员变量和成员方法,其含义如下:

(1) public

被 public 修饰的成员变量和成员方法可以在所有类中访问。所谓在某类中访问某成员变量,是指在该类的方法中给该成员变量赋值、输出其值、在表达式中应用其值;所谓在某类中访问某成员方法,是指在该类的方法中调用该成员方法。所以在所有类的方法中,可以使用被 public 修饰的成员变量,调用被 public 修饰的成员方法。

(2) protected

被 protected 修饰的成员变量和成员方法可以在声明它们的类中访问,在该类的子类中访问，也可以在与该类位于同一包的类中访问，但不能在位于其他包的非子类中访问（有关包的知识见第 8 章）。

protected 设置了中间级的访问权限，被其修饰的成员变量和方法在子类和非子类中有不同的访问权限，可以被（其他包中）子类访问，但不能被（其他包中）非子类访问。

（3）默认

默认指不使用权限修饰符。不使用权限修饰符修饰的成员变量和方法可以在声明它们的类中访问，也可以在与该类位于同一包的类中访问，但不能在位于其他包的类中访问。

默认权限以包为界划分访问权限的范围，使成员可以被与声明它们的类位于同一包中的类访问，而不能在该包之外访问。

（4）private

被 private 修饰的成员变量和成员方法只能在声明它们的类中访问，而不能在其他类（包括其子类）中访问。

private 指定最小的访问权限范围，对所有其他类隐藏成员信息，以防其他类修改该私有成员变量。

对 4 种权限修饰符的访问权限的总结如表 6-1 所示。

表 6-1 访 问 权 限

权限修饰符	本 类	本类所在包	其他包中的子类	其他包中的非子类
public	√	√	√	√
protected	√	√	√	—
默认	√	√	—	—
private	√	—	—	—

注：本类指声明成员变量或成员方法的类。

> **注意**
>
> public 等访问权限修饰符不能用于修饰方法中声明的变量或形式参数，因为方法中声明的变量或形式参数的作用域仅限于该方法，在方法之外是不可见的，在其他类中更无法访问。

【例6-7】权限修饰符的作用。

以下 Time 类和 MyTime2 类存放于文件 MyTime2.java：

```
class Time
{ private int hour;           //0~23
  private int minute;         //0~59
  private int second;         //0~59
  public Time()
  { setTime(0,0,0); }
  public void setTime(int hh,int mm,int ss)
  {   hour=((hh>=0&&hh<24)?hh:0);
      minute=((mm>=0&&mm<60)?mm:0);
      second=((ss>=0&&ss<60)?ss:0);
```

```
    }
    public String toString()
    {    return (hour+":"+ (minute<10?"0":"")+minute+":"+(second<10?"0":"")+second);
    }
}
public class MyTime2
{ public static void main(String args[])
    { Time time=new Time();
      time.hour=11;                //欲将 11 赋给 hour 成员变量，但属于非法访问
      System.out.println("time"+time.toString());
    }
}
```

编译 MyTime2.java 文件时，系统将提示"time 对象中的 hour 成员变量由于是 private 权限，无法在 MyTime2 类中访问"。

要想在 MyTime2 类中将 11 赋给 hour，可以采用的方案有多种，如在 Time 类中，将 hour 声明为 public、protected 或默认权限，或者在 MyTime2 类中调用 Time 类中的具有 public 权限的方法 setTime(11, 0, 0)。在这几种方案中，后一种方案值得提倡。

在声明类时，通常将成员变量声明为 private 权限，仅允许本类的方法访问成员变量，而将方法声明为 public 权限，供其他类调用。其他类通过调用具有 public 权限的方法，以其作为接口使用具有 private 权限的成员变量，从而实现了信息封装。

声明一个类后，可以供很多其他类使用，而在实例化该类对象时要调用构造方法，所以构造方法都声明为 public 权限。

2．类访问权限

声明一个类可使用的权限修饰符只有 public 和默认两种，不能使用 protected 或 private。

虽然一个 Java 源程序文件中可以包含多个类，但只能有一个类使用 public 修饰符，该类的名字与源程序文件的名字相同。

当程序中创建多个类时，必须运行包含 main()方法的类，否则出错。

例如，在例 6-5 中，也可以将 Time 和 MyTime 放在 MyTime.java 中，输入命令：

`javac MyTime.java`

编译源程序，生成两个类文件：MyTime.class 和 Time.class。输入命令：

`java MyTime`

运行程序。

6.2.2 类成员

Java 的类中可以包含两种成员：实例成员和类成员。

实例成员是属于对象的，包括实例成员变量和实例成员方法。只有创建对象之后，才能通过对象访问实例成员变量、调用实例成员方法。前面所讨论的类中的成员变量都是实例成员变量。

类成员是属于类的，需要使用 static 修饰，类成员也称静态成员。类成员包括类成

员变量和类成员方法。通过类名可以直接访问类成员变量、调用类成员方法。即使没有创建对象,也可以引用类成员。类成员也可以通过对象名引用。

1. 类成员变量

类成员变量和实例成员变量的区别如下:

① 在类中声明成员变量时,没有使用 static 修饰的变量为实例成员变量,使用 static 修饰的变量为类成员变量。

```
class Student
{ String name;              //实例成员变量
  String sex;               //实例成员变量
  static int count=0;       //类成员变量
  public Student(String m,String s)
  { name=m;
    sex=s;
    count=count+1;
  }
}
```

其中,name 和 sex 是实例成员变量,而 count 是类成员变量。

② 当创建对象时,系统为每个对象的每个成员变量分配一个存储单元,所以每个对象拥有各自的实例成员变量,各对象的实例成员变量具有不同的值;而系统仅为类成员变量分配一个存储单元,所有对象共享一个类成员变量。当某个对象修改了类成员变量的值后,所有对象都将使用修改了的类成员变量值。例如,下列语句序列创建了两个对象 s1 和 s2:

```
Student s1=new Student("张华","女");
Student s2=new Student("王刚","男");
```

s1.name 和 s2.name 分别占据不同的存储单元,s1.sex 和 s2.sex 也分别占据不同的存储单元,拥有不同的值,但 count 只有一个,s1 和 s2 共享该存储单元。

③ 实例成员变量属于对象,只能通过对象引用;类成员变量属于类,既可以通过类名访问,也可以通过对象名访问。实例成员变量的访问方式如下:

对象名.实例成员变量名

类成员变量的访问方式如下:

对象名.类成员变量名

或

类名.类成员变量名

例如,Student.count、s1.count 和 s2.count 都引用的是同一个变量。

【例6-8】类成员变量和实例成员变量的对比。

```
class Student1
{ String name;              //实例成员变量
  String address;           //实例成员变量
  static int count=0;       //类成员变量
  public Student1(String m,String a)
  { name=m;
    address=a;
    count=count+1;
```

```
        }
        public static void main(String args[])
        { Student1 p1=new Student1("李明","西安市未央区");
          Student1 p2=new Student1("张敏","上海市闵行区");
          System.out.println(p1.name+" "+p1.address+" "+p1.count);
          Student1.count=Student1.count+1;
          System.out.println(p2.name+" "+p2.address+" "+p2.count);
          p1.count=p1.count-1;
          System.out.println(p2.name+" "+p2.address+" "+p2.count);
        }
    }
```

【程序解析】实例化对象 p1 时，调用构造方法将 p1 的成员变量 name 和 address 分别初始化为"李明"和"西安市未央区"，将 Student1 成员变量 count 更改为 1。实例化对象 p2 时，调用构造方法将 p2 的成员变量 name 和 address 分别初始化为"张敏"和"上海市闵行区"，将 Student1 成员变量 count 更改为 2。输出 p1.name、p1.address 和 p1.count 的值得到：李明 西安市未央区 2。执行：

```
    Student1.count=Student1.count+1;
```

将 Student1 成员变量 count 更改为 3，输出 p2.name、p2.address 和 p2.count 的值，得到：张敏 上海市闵行区 3。执行：

```
    P1.count=P1.count-1;
```

将 Student1 成员变量 count 更改为 2，输出 p2.name、p2.address 和 p2.count 的值，得到：张敏 上海市闵行区 2。

程序运行结果如下：

李明 西安市未央区 2
张敏 上海市闵行区 3
张敏 上海市闵行区 2

2．类成员方法

类成员方法和实例成员方法的区别如下：

① 在类中声明成员方法时，没有使用 static 修饰的方法为实例成员方法，使用 static 修饰的方法为类成员方法。例如：

```
public static double area(double r)
{   return 3.14*r*r;
}
```

声明了类成员方法 area()。

前面样例程序中的 main()方法也是类成员方法，其声明如下：

```
public static void main(String args[])
{   …
}
```

② 类成员方法中除使用本方法中声明的局部变量外，只可以访问类成员变量，不能访问实例成员变量；实例成员方法中除使用本方法中声明的局部变量外，还可以访问类成员变量及实例成员变量。

③ 类成员方法中只能调用类成员方法，不能调用实例成员方法；实例成员方法既可

以调用类成员方法,也可以调用实例成员方法。例如,在一个矩形类声明中,下列的方法声明是正确的:
```
double perimeter(double x,double y)
{   return 2*(x+y);
}
static double area(double x,double y)
{   return x*y;
}
void print_message()
{   System.out.println(perimeter(2.1,3.5));
    System.out.println(area(2.1,3.5));
}
```
在实例方法 print_message()中,调用了实例方法 perimeter()和类方法 area()。

如果将 print_message()更改为:
```
static void print_message()
{   System.out.println(perimeter(2.1,3.5));
     System.out.println(area(2.1,3.5));
}
```
将无法通过编译,因为在类成员方法中,不能调用实例成员方法 perimeter()。

由于 main()方法是类成员方法,所以在 main()方法中,只能调用类成员方法。在第 4 章中,由于用户自定义的方法都在类成员方法中调用,所以都被声明为类成员方法。

④ 实例成员方法只能通过对象访问;类成员方法既可以通过类名访问,也可以通过对象名访问。实例成员方法的访问方式如下:

对象名.实例成员方法名()

类成员方法的访问方式如下:

对象名.类成员方法名()

或

类名.类成员方法名()

【例6-9】使用类成员方法统计考试成绩。
```
class Course
{   String no;                                  //实例成员变量:课程编号
    int score;                                  //实例成员变量:成绩
    static int sum=0;                           //类成员变量:总成绩
    public Course(String n,int s)
    {   no=n;
        score=s;
    }
    public static void summarize(int s)         //类方法:统计总成绩
    {    sum+=s;
    }
}
public class Statistic
{   public static void main(String args[])
    {   Course c1,c2;
        c1=new Course("210",90);
        Course.summarize(90);
```

```
            System.out.println("sum="+c1.sum);
            c2=new Course("300",80);
            c2.summarize(80);
            System.out.println("sum="+Course.sum);
        }
    }
```

【程序解析】在 Course 类中声明了实例成员变量 no、score 和类成员变量 sum，声明了类成员方法 summarize()，用来统计各课程的总成绩。在 Statistic 类的 main()方法中声明了 Course 类对象 c1 和 c2，用 new 运算符实例化 c1，将其 no 和 score 分别初始化为 210 和 90，通过类名 Course 调用类成员方法 summarize()，将 90 加入总成绩 sum，使 sum 变为 90，在输出语句中利用对象 c1 引用类成员变量 sum；用 new 运算符实例化 c2，将其 no 和 score 分别初始化为 300 和 80，通过对象 c2 调用类成员方法 summarize()，将 80 加入总成绩 sum，使 sum 变为 170，在输出语句中利用类名 Course 引用类成员变量 sum。

程序运行结果如下：

```
sum=90
sum=170
```

3. 数学函数类方法

Java 类库中的 Math 类提供了很多常用数学函数的实现方法，这些方法都是 static 方法，通过类名 Math 调用，其调用方式如下：

```
Math.方法名()
```

Math 类中的常用方法包括：

```
sin(double x)
cos(double x)
log(double x)                   //返回 x 的自然对数
exp(double x)                   //返回 e^x
abs(double x)                   //返回 x 的绝对值
max(double x,double y)          //返回 x 和 y 中的较大值
sqrt(double x)                  //返回 x 的平方根
random(double x)                //返回[0,1]区间内的随机数
pow(double y,double x)          //返回 y^x
```

使用类库可以大大提高编程效率。

【例6-10】输入两个数，输出其中较大者。

```
public class Max
  { public static void main(String args[])
    {  int x,y;
       x=Integer.parseInt(args[0]);
       y=Integer.parseInt(args[1]);
       System.out.println("较大值是"+Math.max(x,y));
    }
  }
```

输入下列命令运行程序：

```
java Max 22 55
```

得到的运行结果是：

```
较大值是 55
```

习 题

1. 什么是类？如何定义一个类？类中包含哪几部分？
2. 什么是对象？如何创建对象？
3. 什么是构造方法？构造方法有哪些特点？
4. 如何对对象进行初始化？
5. 举例说明类变量和实例变量的区别。
6. 类中的实例方法可以操作类变量吗？类方法可以操作实例变量吗？
7. 如何对成员变量和方法的访问权限进行设置以达到数据封装的目的？
8. 编写程序，模拟银行账户功能。要求如下：

属性：账号、储户姓名、地址、存款余额、最小余额。

方法：存款、取款、查询。

根据用户操作显示储户相关信息。如存款操作后，显示储户原有余额、今日存款数额及最终存款余额；取款时，若最后余额小于最小余额，拒绝取款，并显示"至少保留余额XXX"。

9. 设计一个交通工具类 Vehicle，其中的属性包括：速度 speed、类别 kind、颜色 color；方法包括设置速度、设置颜色、取得类别、取得颜色。创建 Vehicle 的对象，为其设置新速度和颜色，并显示其状态（所有属性）。

10. 设计一个立方体类 Cube，只有边长属性，具有设置边长、取得边长、计算表面积、计算体积的方法。创建 Cube 对象，为其设置新边长，显示其边长，计算并显示其表面积和体积。

11. 创建银行账号类 SavingAccount，用静态变量存储年利率，用私有实例变量存储存款额。提供计算年利息的方法和计算月利息（年利息/12）的方法。编写一个测试程序测试该类，建立 SavingAccount 的对象 saver，存款额是 3 000，设置年利率是 3%，计算并显示 saver 的存款额、年利息和月利息。

12. 设计实现地址概念的类 Address。Address 具有属性：省份、市、街道、门牌号、邮编，具有能设置和获取属性的方法。

第7章
》》类的继承和多态机制

继承性和多态性是面向对象的核心特征。继承是由已有类创建新类的机制,是面向对象程序设计中实现软件可重用性的最重要手段。多态性指同一名称的方法可以有多种实现,程序运行时,根据调用方法的参数或调用方法的对象自动选择一个方法执行。类的多态性提供了方法设计的灵活性和执行的多样性。多态性包括方法的重载和覆盖。

7.1 类的继承

继承性是面向对象的核心特征之一。利用继承机制,可以先创建一个具有共性的一般类,根据该一般类再创建具有特殊性的新类,新类继承一般类的属性和行为,并根据需要增加自己的新属性和新行为。

7.1.1 继承的基本概念

由一个已有类定义一个新类,称为新类继承了已有类。被继承的已有类称为父类或超类,所定义的新类称为子类或派生类。通过继承,子类拥有父类的所有成员,包括成员变量和成员方法。子类中可以定义新的成员变量和成员方法,也可以对父类中的成员变量和方法进行更改,使类的功能得以扩充。

例如,已经定义了 Person 类,其成员变量包括 name 和 age,其成员方法有 getName()、getAge()、setName()、setAge()和 print()(输出 name 和 age 信息)。以 Person 作为父类,定义子类 Teacher,在 Teacher 类中再声明成员变量 department,定义成员方法 getDepartment()和 setDepartment(),那么 Teacher 类中的成员变量包括从 Person 类继承的成员变量 name 和 age 以及自己声明的成员变量 department,Teacher 类中的成员方法包括从 Person 类继承来的成员方法 getName()、getAge()、setName()、setAge()、print()以及自己声明的成员方法 getDepartment()、setDepartment()。在 Teacher 类中还可以声明与 Person 类中同名的方法 print(),打印 name、age 和 department 的信息,对 Person 类中 print()的功能进行扩充。

如果以 Person 作为父类,定义子类 Student,那么 Student 类中除包含自己声明的成员外,还包含从 Person 类中继承的所有成员。再以 Student 类为父类,定义 Graduate 类,Graduate 类将继承 Student 类中的所有成员,包括从 Person 类继承的所有成员,从而实现代码的重用。

在 Java 中，一个类只能继承一个父类，称为单重继承。但一个父类可以派生出多个子类，每个子类作为父类又可以派生出多个子类，从而形成具有树状结构的类的层次体系。位于树较高层次的类称为祖先类，位于较低层次的类称为后代类，父类也称直接祖先类。Object 类是树状结构的根类，是其他所有类的父类或祖先类。Object 类定义了所有对象都具有的基本属性和行为，例如定义了比较两个对象的方法 equals()等。在定义类时，即使没有指明父类，Java 也会自动将其定义为 Object 的子类。

继承增强了软件的可扩充性，提高了软件的可维护性。后代类继承祖先类的成员，使祖先类的优良特性得以代代相传。如果更改了祖先类中的成员，后代类中继承下来的成员自动更改，无须维护。后代类还可以增加自己的成员，不断扩充功能。通常将通用性的成员设计在祖先类中，而将特殊性的成员设计在后代类中。

7.1.2 继承的实现

1．声明子类

声明子类的形式如下：

```
[修饰符] class 类名 extends 父类名
{    成员变量声明部分
     成员方法声明部分
}
```

说明

① 修饰符说明类的访问权限(public)、是否为抽象类(abstract)或最终类(final)。

② 类名表示通过继承定义的新类，extends 后面的父类名表示新类所继承的父类。类名需要符合 Java 对标识符的规定。

③ 一个类只能继承一个父类。

2．继承原则

类的继承原则如下：

① 子类继承父类的成员变量，包括实例成员变量和类成员变量。

② 子类继承父类除构造方法以外的成员方法，包括实例成员方法和类成员方法。

③ 子类不能继承父类的构造方法，因为父类的构造方法用来创建父类对象，子类需要声明自己的构造方法，用来创建子类自己的对象。

④ 子类可以重新声明父类成员。

3．父类成员的访问权限

子类虽然继承了父类的成员变量和成员方法，但并不是对父类所有成员变量和成员方法都具有访问权限，即并不是在自己声明的方法中能够访问父类所有成员变量或成员方法。Java 中子类访问父类成员的权限如下：

① 子类对父类的 private 成员没有访问权限。子类方法中不能直接引用父类的 private 成员变量，不能直接调用父类的 private 成员方法，但可以通过父类的非 private 成员方法使用父类的成员变量。

② 子类对父类的 public 和 protected 成员具有访问权限。

③ 子类对父类的默认权限成员访问权限分两种情况:对于同一包中父类的默认权限成员具有访问权限,对其他包中父类的默认权限成员没有访问权限。

类中成员的访问权限体现了类封装的信息隐蔽原则:如果类中成员仅限于该类自己使用,则声明为 private;如果类中成员允许子类使用,则声明为 protected;如果类中成员允许所有类使用,则声明为 public。

【例7-1】在子类中访问父类成员。

```java
public class Person1
{   private String name;
    protected int age;
    public void setName(String na)
    {   name=na;
    }
    public void setAge(int ag)
    {   age=ag;
    }
    public String getName()
    {   return name;
    }
    public int getAge()
    {   return age;
    }
    public void print_p()
    {   System.out.println("Name:"+name+"   Age:"+age);
    }
}
public class Teacher1 extends Person1
{   Protected String department;
    public Teacher1(String na,int ag,String de)
    {   setName(na);
        setAge(ag);
        department=de;
    }
    public void print_s()
    {   print_p();
        System.out.println("Department:"+department);
    }
    public static void main(String arg[])
    {   Teacher1 t;
        t=new Teacher1("Wang",40,"Computer Science");
        t.print_s();
        t.setName("Wang Gang");
        t.age=50;
        //直接访问父类中 protected 成员变量 age,但不能访问其 private 成员变量 name
        t.print_s();
    }
}
```

【程序解析】在父类 Person1 中,声明了 private 成员变量 name 和 protected 成员变量 age;声明了 public 成员方法 getName()和 getAge(),分别用来获取 name 和 age 的值;声

明了 public 成员方法 setName()和 setAge()，分别用来给 name 和 age 赋值；声明了 public 成员方法 print_p()，用来输出 name 和 age 的值。

子类 Teacher1 声明了成员变量 department，从父类 Person1 中继承了成员变量 name 和 age，所以 Teacher1 具有 3 个成员变量。子类 Teacher1 的构造方法中调用了父类的 public 成员方法 setName()和 setAge()，分别给其成员变量 name 和 age 赋初值。子类 Teacher1 的 print_s()成员方法中，调用了父类的 public 成员方法 print_p()输出其成员变量 name 和 age 的值。在 main()方法中，声明了 Teacher1 子类对象 t，通过 new 运算符实例化对象 t 时，调用其构造方法 Teacher1()，为 t 的成员变量 name、age 和 department 分别赋初值 Wang、40 和 Computer Science；调用子类 Teacher1 的成员方法 print_s()输出其 3 个成员变量的值；调用父类 Person1 中的 public 成员方法 setName()将 t 的成员变量 name 的值更改为 Wang Gang，直接访问父类 Person1 中的 protected 成员变量 age，将其值更改为 50；最后再次调用子类 Teacher1 的成员方法 print_s()输出其 3 个成员变量的新值。

本例中将成员变量声明为 private 或 protected 权限，使成员变量只能在本类或子类中访问，将成员方法声明为 public 权限，使更多的其他类能访问。其他类通过成员方法间接使用其成员变量，这符合面向对象编程的习惯。给成员变量赋值的方法名通常为 setXXX()，其中 XXX 表示成员变量名。取成员变量值的方法名通常为 getXXX()。setXXX()带有参数，其值将赋给成员变量，不需要返回值；而 getXXX()不需参数，却返回成员变量值。

程序运行结果如下：
```
Name:Wang       Age:40
Department:Computer Science
Name:Wang Gang      Age:50
Department:Computer Science
```

7.1.3 super 和 this 引用

在子类中可以声明与父类中同名的成员变量及成员方法，为了指明是引用父类中的成员可以使用 super 关键字，为了指明是引用子类中的成员可以使用 this 关键字。

1．super

在子类中可以使用 super 引用父类成员变量、成员方法及构造方法。

① 引用父类成员变量。子类自动继承父类所有的成员变量，可以使用以下方式引用父类的成员变量：

```
super.成员变量名
```

当子类中没有声明与父类同名的成员变量时，引用父类的成员变量可以不使用 super；但当子类中声明了与父类中同名的成员变量时，为了引用父类的成员变量，必须使用 super，否则引用的是子类中的同名成员变量。

② 调用父类成员方法。子类自动继承父类所有的成员方法，可以使用以下方式调用父类的成员方法：

```
super.成员方法名(参数表)
```

当子类中没有声明与父类同名且同参数表的成员方法时，调用父类的成员方法可以不使用super；但当子类中声明了与父类中同名且同参数表的成员方法时，为了调用父类的成员方法，必须使用super，否则调用的是子类中的同名且同参数的成员方法。

例如，在例7-1的子类Teacher1中，没有声明与父类Person1中同名的成员方法，所以引用父类Person1中声明的成员方法setName()、setAge()和print_p()时，没有使用super。

③ 调用父类构造方法。在子类的构造方法中，可以通过super调用父类的构造方法，其调用形式如下：

super(参数表)

此处的参数表由父类构造方法的参数表决定，并且super()必须是子类构造方法体中的首条语句。

【例7-2】利用super访问父类成员。

```java
class Person2
{   protected String name;
    protected int age;
    public Person2(String na,int ag)
    {   name=na;
        age=ag;
    }
    public void print()
    {   System.out.println("Parent:Name="+name+"  Age="+age);
    }
}
public class Teacher2 extends Person2
{   String department,name;
    public Teacher2(String na,int ag,String de,String na1)
    {   super(na,ag);
        department=de;
        name=na1;
    }
    public void setName_p(String na)
    {   super.name=na;
    }
    public void setName_s(String na1)
    {   name=na1;
    }
    public void print()
    {   super.print();
        System.out.println("Son:Name="+name+" Department="+department);
    }
    public static void main(String arg[])
    {   Teacher2 t;
        t=new Teacher2("Wang",40,"Computer Science","Gu");
        t.print();
        t.setName_p("Wang Qiang");
        t.setName_s("Gu Li");
```

```
        t.print();
    }
}
```

【程序解析】 在父类 Person2 中，声明了 protected 成员变量 name 和成员变量 age；声明了构造方法 Person2()，用来给 name 和 age 赋初值；声明了 public 成员方法 print()，用来输出 name 和 age 的值。

子类 Teacher2 声明了成员变量 department 和 name，从父类 Person1 中继承了成员变量 name 和 age，所以 Teacher2 具有 4 个成员变量。子类 Teacher2 的构造方法中，通过 super()调用了父类的构造方法，分别给父类中声明的成员变量 name 和 age 赋初值，再给子类中声明的成员变量 department 和 name 赋初值。子类 Teacher2 的 setName_p()用来更改父类中声明的成员变量 name（通过 super 引用）的值，setName_s()用来更改子类中声明的成员变量 name（直接引用）的值。在 main()方法中，声明了子类 Teacher2 对象 t，通过 new 运算符实例化对象 t 时，调用其构造方法 Teacher2()，为父类声明的成员变量 name 和 age 分别赋初值"Wang"和 40，为子类声明的成员变量 department 和 name 分别赋初值"Computer Science"和"Gu"；调用子类的成员方法 print()输出其 4 个成员变量的值；调用子类的成员方法 setName_p()和 setName_s()，将父类声明的成员变量 name 和子类声明的成员变量 name 的值分别更改为"Wang Qiang"和"Gu Li"；最后再次调用子类的成员方法 print()输出其 4 个成员变量的新值。

程序运行结果如下：

```
Parent:Name=Wang    Age=40
Son:Name=Gu  Department=Computer Science
Parent:Name=Wang Qiang    Age=40
Son:Name=Gu Li  Department=Computer Science
```

2．this

可以使用 this 引用当前对象的成员变量、成员方法和构造方法。

① 访问成员变量。通过 this 引用成员变量的形式如下：

this.成员变量名

当成员方法中没有与成员变量同名的参数时，this 可以省略。但当成员方法中存在与成员变量同名的参数时，引用成员变量时其名前的 this 不能省略，因为成员方法中默认的是引用方法中的参数。

② 调用成员方法。通过 this 调用成员方法的形式如下：

this.成员方法名(参数表)

其中，成员方法名前的 this 可以省略。

③ 调用构造方法。在构造方法中，可以通过 this 调用本类中具有不同参数表的构造方法。调用形式如下：

this(参数表)

【例7-3】 利用 this 访问当前对象成员。

```
class Point
{   protected int x,y;
    public Point(int x,int y)              //带参数的构造方法
    {   this.x=x;
```

```java
        this.y=y;
        System.out.print("["+this.x+","+this.y+"]");
    }
    public Point()                          //不带参数的构造方法
    {   this(5,5);                          //调用带参数的构造方法
    }
}
class Circle extends Point                  //Circle 类继承 Point 类
{   protected int radius;
    public Circle(int x,int y,int radius)
    {   super(x,y);                         //调用带参数的 Point 构造方法
        this.radius=radius;
        System.out.println(",r="+this.radius);
    }
    public Circle( int radius)
    {   super();                            //调用不带参数的 Point 构造方法
        this.radius=radios;
        System.out.println(",r="+this.radius);
    }
}
public class Test
{   public static void main(String args[])
    {   Circle circle1=new Circle(50,100,200);  //创建 Circle 对象 circle1
        Circle circle2=new Circle(10);          //创建 Circle 对象 circle2
    }
}
```

【程序解析】在父类 Point 中，声明了成员变量 x 和 y；声明了带参数的构造方法 Point(int x, int y)，将参数 x 和 y 的值分别赋给成员变量 x 和 y，并输出成员变量 x 和 y 的值；声明了不带参数的构造方法 Point()，调用带参数的构造方法 Point(5,5)，其结果是将 5 赋给成员变量 x 和 y，并输出成员变量 x 和 y 的值。

在子类 Circle 中，声明了成员变量 radius；声明了带 3 个参数的构造方法 Circle(int x, int y, int radius)，其中调用了父类 Point 中带参数的构造方法 Point(int x, int y)，将参数 radius 的值赋给成员变量 radius，并输出成员变量 radius 的值；声明了带一个参数的构造方法 Circle(int radius)，其中调用了父类 Point 中不带参数的构造方法 Point()，将参数 radius 的值赋给成员变量 radius，并输出成员变量 radius 的值。

在 Test 类的 main() 方法中，实例化子类 Circle 对象 circle1 时，调用带 3 个参数的构造方法 Circle(int x,int y,int radius)；实例化子类 Circle 对象 circle2 时，调用带 1 个参数的构造方法 Circle(int radius)。

程序运行结果如下：
[50,100],r=200
[5,5],r=10

7.2 类的多态性

多态性是面向对象的核心特征之一。多态性指同一名称的方法可以有多种实现，即

不同的方法体。程序运行时，系统根据调用方法的参数或调用方法的对象自动选择一个方法执行。例如，"+"运算符作用在两个整型量上时是求其和，而作用在两个字符型量时则是将其拼接在一起。

类的多态性提供了方法设计的灵活性和执行的多样性。多态性通过方法的重载（overload）和覆盖（override）来实现。

7.2.1 方法重载

在一个类中，多个方法具有相同的方法名，但具有不同的参数表，称为方法的重载。程序运行时，根据参数表决定所执行的方法。重载表现为同一个类中方法的多态性。

重载方法中的参数表必然不同，表现为参数个数不同、参数类型不同或参数顺序不同。例如，以下是正确的重载方法头：

```
public double area(double r)
public double area(int a,double b)
public double area(double a,int b)
```

以下的方法头则不是正确的重载方法：

```
public int volume(int a,int b)
public void volume(int x,int y)
```

因为两个方法虽然返回值类型和参数名字不同，但参数个数、类型和顺序完全相同，即具有相同的参数表。

通过方法重载，采用统一的方法名可以执行不同的方法体。例如，计算圆、三角形和矩形的面积，可以定义具有以下方法头的3个重载方法：

```
public double area(double r)
public double area(double a,double b,double c)
public double area(double a,double b)
```

如果不使用方法重载，需要3个不同的方法名，调用时不方便。

类的构造方法也可以重载，在实例化对象时，根据给出的参数表调用相应的构造方法。在例7-3中，Point类和Circle类都声明了重载的构造方法。

【例7-4】方法重载举例。

```
class Distance_p
{ public double distance(double x,double y)
   { return Math.sqrt(x*x+y*y);
   }
   public double distance(double x,double y,double z)
   { return Math.sqrt(x*x+y*y+z*z);
   }
}
public class Measure
{ public static void main(String[] args)
   { Distance_p d2, d3;
     d2=new Distance_p();
     d3=new Distance_p();
     System.out.println("Two dimensional distance="+d2.distance(2,2));
```

```
            System.out.println("Three dimensional distance="+d3.distance(2,2,2));
        }
    }
```

【程序解析】在 Distance_p 类中,利用方法重载机制,定义了两个同名但不同参数表的成员方法 distance( )。在 Measure 类的 main( )方法中,创建了 Distance_p 类的两个对象 d2 和 d3,利用 d2 调用具有两个参数的 distance( )方法,利用 d3 调用具有 3 个参数的 distance( )方法。

程序运行结果如下:

```
Two dimensional distance=2.8284271247461903
Three dimensional distance=3.4641016151377544
```

方法重载也可以出现在父类与子类之间,即子类中可以声明与父类中具有相同方法名,但具有不同参数表的成员方法。

7.2.2 方法覆盖

覆盖是指子类重定义了父类中的同名方法。覆盖表现为父类与子类之间方法的多态性。如果父类中的方法体不适合子类,那么子类中可以重新定义之。子类中定义的方法与父类中的方法具有相同的方法名和参数表,但具有不同的方法体。父类和子类具有同名方法,称子类方法覆盖了父类方法。

程序运行时,根据调用方法的对象所属的类决定执行父类中的方法还是子类中的同名方法。寻找执行方法的原则是:首先从对象所属类开始,寻找匹配的方法;如果当前类中没有匹配的方法,则依次在父类、祖先类寻找匹配方法。

方法的多态性使类及其子类具有统一的风格,通过重载使一个类中具有相同含义的多个方法共用一个方法名,通过覆盖使父类和子类中具有相同含义的多个方法共用一个方法名。

类的继承性和多态性使类功能易于扩充,并增强了软件的可维护性。

【例 7-5】方法覆盖举例。

```
class CCircle
{   protected double radius;
    public CCircle(double r)
    {   radius=r;
    }
    public void show()
    {   System.out.println("Radius="+radius);
    }
}
public class CCoin extends CCircle
{   private int value;
    public CCoin(double r,int v)
    {   super(r);
        value=v;
    }
    public void show()
    {   System.out.println("Radius="+radius+"  Value="+value);
```

```
    }
    public static void main(String[] args)
    {   CCircle circle=new CCircle(2.0);
        CCoin coin=new CCoin(3.0,5);
        circle.show();
        coin.show();
    }
}
```

【程序解析】在父类 CCircle 中，声明了成员变量 radius，声明了构造方法 CCircle()，用于给 radius 赋初值，还声明了成员方法 show()，用于输出 radius 的值。在子类 CCoin 中，声明了成员变量 value，声明了构造方法 CCoin()，用于给继承的成员变量 radius 和自己声明的成员变量 value 赋初值；声明了成员方法 show()，用于输出 radius 和 value 的值。CCoin 类中的 show()方法覆盖了 CCircle 类中的 show()方法。在 main()方法中，创建了 CCircle 类的对象 circle 及 CCoin 类的对象 coin，通过 circle.show()调用 CCircle 类中的 show()方法，显示 circle 对象的 radius 的值，通过 coin.show()调用 CCoin 类中的 show()方法，显示 coin 对象的 radius 及 value 的值。

程序运行结果如下：

```
Radius=2.0
Radius=3.0  Value=5
```

7.3 final 类和 final 成员

Java 中，有一个非常重要的关键字 final，用它可以修饰类及类中的成员变量和成员方法。用 final 修饰的类不能被继承，用 final 修饰的成员方法不能被覆盖，用 final 修饰的成员变量不能被修改。

1. final 类

出于安全性考虑，有些类不允许被继承，称为 final 类。在下列情况下，通常将类定义为 final 类：

① 具有固定作用，用来完成某种标准功能的类。例如，系统类 String、Byte 和 Double 就被定义为 final 类。

② 类的定义已经很完美，不需要再生成其子类。

final 类的声明格式如下：

```
final  class 类名
{  类体
}
```

如果一个类企图继承 final 类，将引起编译错误。

【例 7-6】继承 final 类。

```
final class C1
{   int i;
    public void print()
    {   System.out.println("i="+i);
    }
```

```
}
public class C2 extends C1
{   double x;
    public double getX()
    {   return x;
    }
}
```
程序编译时的错误信息如下:
无法从最终 C1 进行继承
public class C2 extends C1

【程序解析】由于 C1 被声明为 final 类,因此不能被继承。

2. final 成员方法

出于安全性考虑,有些方法不允许被覆盖,称为 final 方法。将方法声明为 final 方法,可以确保调用的是正确的、原始的方法,而不是在子类中重新定义的方法。

【例7-7】覆盖 final 方法。

```
class Mother
{   int x=100,y=20;
    public final void sum()
    {   int s;
        s=x+y;
        System.out.println("s="+s);
    }
}
public class Children extends Mother
{   int m=20,n=30;
    public void sum()
    {   int f;
        f=m+n;
        System.out.println("f="+f);
    }
    public static void main(String args[])
    {   Children aa=new Children();
        aa.sum();
    }
}
```
程序编译时的错误信息如下:
Children 中的 sum() 不能覆盖 Mother 中的 sum(); 被覆盖的方法是 final public void sum()
                       ^
1 个错误

【程序解析】由于父类 Mother 中成员方法 sum() 是 final 方法,所以在子类 Children 中不允许覆盖它。

3. final 成员变量

如果一个变量被 final 修饰,则其值不能改变,成为一个常量。如果在程序中企图改

变其值,将引起编译错误。例如,如果声明了如下成员变量:
```
final int i=23;
```
那么程序中就不能再给 i 赋新的值,否则将产生编译错误。

习　题

1. 子类能够继承父类的哪些成员变量和方法?
2. 重载与覆盖有什么不同?
3. 编写一个程序实现方法的重载。
4. 编写一个程序实现方法的覆盖。
5. 编写一个使用 this 和 super 的程序。
6. final 成员变量和方法有什么特点?
7. 已有一个交通工具类 Vehicle,其中的属性包括:速度 speed、类别 kind、颜色 color;方法包括设置速度、设置颜色、取得类别、取得颜色。设计一个小车类 Car,继承自 Vehicle。Car 中增加了属性:座位数 passenger,增加了设置和获取座位数的方法,创建 Car 的对象,为其设置新速度和颜色,并显示其状态(所有属性)。
8. 设计一个圆类 Circle,具有属性:圆心坐标 x 和 y 及圆半径 r,除具有设置及获取属性的方法外,还具有计算周长的方法 perimeter()和计算面积的方法 area()。再设计一个圆柱体类 Cylinder,Cylinder 继承自 Circle,增加了属性:高度 h,增加了设置和获取 h 的方法、计算表面积的方法 area()和计算体积的方法 volume()。创建 Cylinder 的类对象,显示其所有属性,计算并显示其面积和体积。

第8章 接口和包

从安全性和效率角度考虑，Java 只允许类的单重继承，但借助于接口，可以实现多重继承。接口是一组常量和抽象方法的集合，抽象方法只声明方法头，而没有方法体。

包用来组织类和接口，是一组相关类和接口的集合。包提供了类的访问和保护管理机制。

8.1 抽象类和方法

抽象类是供子类继承却不能创建实例的类。抽象类中声明只有方法头没有方法体的抽象方法。抽象类用于描述抽象的概念，其中的抽象方法约定了多个子类共用的方法头，每个子类可以根据自身实际情况，给出抽象方法的具体实现。

例如，要描述平面图形的抽象概念，可以声明抽象类 PGraphic，其中包含计算图形面积的方法声明 area()。因为不同图形面积的计算公式不同，在没有确定图形形状时，无法给出 area() 的具体实现，所以需要将 area() 声明为抽象方法，此时也无法创建图形对象。

通过继承 PGraphic 类，定义圆形类 PCircle，在 PCircle 中给出 area() 的方法体，实现计算圆面积的功能；通过继承 PGraphic 类，定义矩形类 PRectangle，在 PRectangle 中给出 area() 的方法体，实现计算矩形面积的功能；再通过继承 PGraphic 类，定义三角形类 PTriangle，在 PTriangle 中给出 area() 的方法体，实现计算三角形面积的功能。可见抽象类 PGraphic 定义了平面图形的抽象概念，其中的抽象方法 area() 描述了计算面积的方法声明。area() 方法在各子类中表现出多样性。

抽象类提供了方法声明与方法实现相分离的机制，使各子类表现出共同的行为模式。抽象方法在不同的子类中表现出多态性。

1. 声明抽象方法

声明抽象方法需要使用 abstract 修饰，其一般形式如下：

[权限修饰符] abstract 类型标识符 方法名(参数表);

> **说明**
> ① 抽象方法声明只需要给出方法头，不需要方法体，以 ";" 结束。
> ② 构造方法不能声明为抽象方法。

例如，计算平面图形面积的抽象方法 area() 可采用如下声明：

```
public abstract area();
```

2．声明抽象类

声明抽象类也需要使用 abstract 修饰，其一般形式如下：

```
[权限修饰符] abstract 类名
{   类体
}
```

> 💡 说明
>
> ① 抽象类体中可以包含抽象方法，也可以不包含抽象方法。但类体中包含抽象方法的类必须要声明为抽象类。
>
> ② 抽象类不能实例化，即使抽象类中没有声明抽象方法，也不能实例化。
>
> ③ 抽象类的子类只有给出每个抽象方法的方法体，即覆盖每个抽象方法后，才能创建子类对象。如果有一个抽象方法未在子类中被覆盖，那么该子类也必须被声明为抽象类。

【例8-1】利用抽象类表示多类图书。

有3类图书：科技书、文艺书和教材，这3类图书的定价标准不同，如果图书打折，不同种类图书的折扣率也不同。各类图书的属性和行为如图 8-1 所示。

科技书类	文艺书类	教材类
页码	页码	页码
折扣	折扣	折扣
价格	价格	价格
显示图书种类	显示图书种类	显示图书种类
计算图书价格	计算图书价格	计算图书价格
计算折扣	计算折扣	计算折扣

图 8-1　各类图书的属性和行为

处理方法之一是定义 3 个独立的类，在每个类中分别声明各自的成员变量，定义成员方法。这种做法将使程序代码增大，出错率增加。

考虑到科技书、文艺书和教材都属于图书范围，都有相同的行为，可以使用抽象类声明它们共同的成员变量和抽象方法，并作为它们的父类，在子类中分别实现各自不同的方法。这种做法可以简化程序设计，容易发现程序中的错误，提高编程效率。

① 定义抽象类。

```java
abstract class Book
{   int bookPage;                                    //图书页码
    float discount;                                  //图书折扣
    double price;                                    //图书价格
    public Book(int bookPage,float discount)
    {   this.bookPage=bookPage;
        this.discount=discount;
    }
    abstract void show_kind();                       //显示图书种类
    abstract double getPrice(int bookPage,float discount);//计算价格
    public void show_price()                         //显示价格
    {   System.out.println("This book's price is "+price);
    }
}
```

② 将抽象类作为父类，分别定义各子类。
```java
class Science_book extends Book                //定义科技书类
{   public Science_book(int bookPage,float discount)
    {   super(bookPage,discount);              //引用父类的构造方法
    }
    public void show_kind()                    //实现抽象方法
    {   System.out.println("The book's kind is science");
    }
    public double getPrice(int bookPage,float discount)   //实现抽象类方法
    {   return bookPage*0.1*discount;
    }
}
class Literature_book extends Book             //定义文艺书类
{   public Literature_book(int bookPage,float discount)
    {   super(bookPage,discount);
    }
    public void show_kind()
    {   System.out.println("The book's kind is literature");
    }
    public double getPrice(int bookPage,float discount)
    {   return bookPage*0.08*discount;
    }
}
class Teaching_book extends Book               //定义教材类
{   public Teaching_book(int bookPage,float discount)
    {   super(bookPage,discount);
    }
    public void show_kind()
    {   System.out.println("The book's kind is teaching book");
    }
    public double getPrice(int bookPage,float discount)
    {   return bookPage*0.05*discount;
    }
}
```
③ 创建科技书类、文艺书类和教材类对象，调用其方法。
```java
public class Booksell
{   public static void main(String args[])
    {   Science_book sb=new Science_book(530,0.7f);       //创建科技书类对象
        sb.price=sb.getPrice(530,0.7f);       //引用科技书类方法，计算图书价格
        sb.show_kind();                       //显示图书种类
        sb.show_price();                      //引用父类方法，显示图书价格
        Literature_book lb=new Literature_book(530,0.7f); //创建文艺书类对象
        lb.price=lb.getPrice(530,0.7f);
        lb.show_kind();
        lb.show_price();
        Teaching_book tb=new Teaching_book(530,0.7f);     //创建教材类对象
        tb.price=tb.getPrice(530,0.7f);
        tb.show_kind();
```

```
        tb.show_price();
    }
}
```
【程序解析】本程序涉及的知识点有：抽象类的定义和继承；创建对象时调用类的构造方法；子类对象直接引用父类方法。

程序运行结果如下：
```
The book's kind is science
This book's price is 37.0
The book's kind is literature
This book's price is 29.0
The book's kind is teaching book
This book's price is 18.0
```

8.2 接　　口

为了提高运行效率，增加系统安全性，并降低程序复杂性，在 Java 中只允许类的单重继承，而不支持多重继承。但 Java 提供了接口机制，结合单重继承可以实现多重继承功能。

接口（interface）是一组常量和抽象方法的集合。与抽象类相似，接口只声明抽象方法头，不给出方法体，由实现接口的类去实现所声明的抽象方法。接口提供了方法声明与实现相分离的机制，使实现接口的多个类表现出相同的行为模式。每个实现接口的类可以根据各自要求，给出抽象方法的具体实现。所以接口中声明的抽象方法在实现接口的各类中表现出多态性。

8.2.1 声明接口

接口需要使用关键字 interface 声明，其形式如下：
```
[public] interface 接口名 [extends 父接口名]
{ (常量)成员变量表
  (抽象)成员方法表
}
```

说明

① 接口的访问权限是 public 或默认权限，与类的访问权限类似。

② 一个接口可以继承其他接口，称为父接口。它将继承父接口中声明的常量和抽象方法。

③ 成员变量表中的成员变量声明形式如下：

　　　　[public] [static] [final] 类型标识符 成员变量名=常量；

即接口中的成员变量都是具有 public 权限的 static 常量，正因为如此，public、static 和 final 都可以省略。

④ 成员方法表中的成员方法声明形式如下：

　　　　[public] [abstract] 类型标识符 成员方法名(参数表)；

接口中成员方法都是 public 权限的抽象方法，仅需给出方法头，不给出方法体。public 和 abstract 可以省略。

例如，以下是一个接口声明：
```
public interface Shape1
{   public static final double PI=3.14159;
    public abstract double area();
    public abstract double volume(double x);
    public abstract void show();
}
```

8.2.2 实现接口

接口中声明了常量和抽象方法，抽象方法需要在实现接口的类中实现。类实现接口使用关键字 implements，声明形式如下：

[修饰符] class 类名 [extends 父类名] implements 接口名表
{   类体
}

> **说明**
> ① 一个类可以实现多个接口，各接口名之间用逗号分隔。
> ② 实现接口的类必须要实现接口中所有的抽象方法。即使类中不使用某抽象方法，也必须实现它，通常用空方法体实现不需返回值的抽象方法，而用返回默认值（如0）的方法体实现需要返回值的抽象方法。在实现抽象方法时，需要指定 public 权限，否则会产生访问权限错误。

接口具有如下特点：

① 接口与类比较，有其特殊性。接口可以定义多重继承，如果是多重继承，可以通过使用 extends 后面的多个父接口来定义。

② 接口允许没有父接口，即接口不存在最高层，与类的最高层为 Object 类是不同的。

③ 接口中的方法只能被声明为 public 和 abstract，如果不声明，则默认为 public abstract；接口中的成员变量只能用 public、static 和 final 来声明，如果不声明，则默认为 public static final。例如：

    static double PI=3.14159;

系统默认为 "public static final double PI=3.14159;"。

④ 接口中的方法都是使用 abstract 修饰的方法。在接口中只给出方法名、返回值和参数表，而不能定义方法体。

【例8-2】 实现接口举例。

```
public interface Shape1
{   public static final double PI=3.14159;
    public abstract double area();                    //计算图形面积
    public abstract double volume(double x);          //计算图形体积
    public abstract void show_height();               //显示图形高度
}
public class Circle1 implements Shape1
{   double radius;
    public Circle1(double r)
    {   radius=r;
```

```
    }
    public double area()
    { return PI*radius*radius;}
    public double volume( double x)
    {return 0;}
    public void show_height()
    {}
    public static void main(String args[])
    {  Circle1 circle=new Circle1(3);
       System.out.println("Radius="+circle.radius+"Area="+circle.area());
    }
}
```

【程序解析】Shape1 接口中声明了常量 PI、抽象成员方法 area( )、volume( )和 show_height( )。表示圆形的类 Circle1 实现接口 Shape1,继承 Shape1 中声明的常量和成员方法。Circle1 中需要计算圆的面积,实现了抽象方法 area( )。虽然圆形没有体积和高度,不需要调用方法 volume( )和 show_height( ),但也需实现它们,volume( )的方法体中只包含一条返回默认值 0 的语句,show_height( )的方法体为空。

程序运行结果如下:
```
Radius=3.0  Area=28.274309999999996
```
当实现接口的类中不需要某抽象方法时,通常用返回默认值 0 的语句或空方法体实现它。

接口与抽象类既有相同之处,也有不同之处。其相同点如下:
① 都包含抽象方法,声明多个类共用方法的返回值类型和参数表。
② 都不能被实例化。
③ 都是引用数据类型。可以声明抽象类及接口变量,并将子类的对象赋给抽象类变量,或将实现接口的类的变量赋给接口变量。

接口与抽象类的不同点如下:
① 一个类只能继承一个抽象类,是单重继承;一个类可以实现多个接口,具有多重继承功能。
② 抽象类及其成员具有与普通类一样的访问权限;接口的访问权限有 public 和默认权限,但接口中成员的访问权限都是 public。
③ 抽象类中可以声明成员变量,成员变量的值可以被更改;接口中只能声明常量。
④ 抽象类中可以声明抽象方法、普通成员方法及构造方法;接口中只能声明抽象方法。

【例8-3】利用接口代替抽象类实现例 8-1 的功能。
```
interface  Book                          //定义Book接口
{  abstract  void  show_kind();          //定义抽象方法,显示图书种类
   abstract  double  getPrice(int bookPage,float discount);
}
public class Science_book implements Book
{   int   bookPage;                      //图书页码
    float   discount;                    //图书折扣
    double   price;
    public Science_book(int bookPage,float discount)
```

```java
        {  this.bookPage=bookPage;
           this.discount=discount;
        }
        public void show_kind()
        {  System.out.println("The book's kind is science");
        }
        public double  getPrice(int bookPage,float discount)
        {  return bookPage*0.1*discount;
        }
        public void show_price()              //显示价格
        {  System.out.println("This book's price is "+price);
        }
    }
    class Literature_book implements Book
    {  int  bookPage;                         //图书页码
       float  discount;                       //图书折扣
       double  price;
       public Literature_book(int bookPage,float discount)
       {  this.bookPage=bookPage;
          this.discount=discount;
       }
       public void show_kind()
       {  System.out.println("The book's kind is literature");
       }
       public double  getPrice(int bookPage,float discount)
       {   return bookPage*0.08*discount;
       }
       public void show_price()              //显示价格
       {  System.out.println("This book's price is "+price);
       }
    }
    class Teaching_book implements Book
    {  int  bookPage;                         //图书页码
       float  discount;                       //图书折扣
       double  price;
       public Teaching_book(int bookPage,float discount)
       {  this.bookPage=bookPage;
          this.discount=discount;
       }
       public void show_kind()
       {  System.out.println("The book's kind is teaching book");
       }
       public double  getPrice(int bookPage,float discount)
       {  return bookPage*0.05*discount;
       }
       public void show_price()              //显示价格
       {  System.out.println("This book's price is "+price);
       }
    }
    public class  Show1
```

```
{ public static void main(String args[])
  { Science_book bb=new Science_book(530,0.7f);    //创建科技书对象
    bb.price=(int)bb.getPrice(530,0.7f);           //引用科技书类方法
    bb.show_kind();
    bb.show_price();                               //引用父类方法
    Literature_book ll=new Literature_book(530,0.7f);
    ll.price=(int)ll.getPrice(530,0.7f);
    ll.show_kind();
    ll.show_price();
    Teaching_book tt=new Teaching_book(530,0.7f);
    tt.price=(int)tt.getPrice(530,0.7f);
    tt.show_kind_kind();
    tt.show_price();
  }
}
```

【程序解析】本例与例 8-1 实现的功能相同，但由于抽象类和接口的要求不同，使本例与例 8-1 的实现细节有所不同，具体表现如下：

① 接口中不能声明成员变量，只能声明 public static 修饰的常量。例 8-1 抽象类中的成员变量不能在接口中声明，在本例中移到各类中声明。

② 接口中只能声明抽象方法，不允许有方法体。例 8-1 抽象类中声明的成员方法 show_price() 有方法体，在本例中将其移到各类中。

③ 接口中不能定义构造方法。例 8-1 抽象类中定义了构造方法 Book()，其功能在本例中通过各类的构造方法去实现。

程序运行结果如下：

```
The book's kind is science
This book's price is 37.0
The book's kind is literature
This book's price is 29.0
The book's kind is teaching book
This book's price is 18.0
```

【例 8-4】实现接口并继承类举例。

图 8-2 给出了本例中用到的接口、类及其实现和继承关系。可以看到，Little_car、Big_car 及 Jeep 类实现 Automobile 接口，Microbus 和 Bus 类继承自 Big_car 类。

源程序 Car.java 的内容如下：

```
interface Automobile
{ int i=5;                      //public、static 和 final 省略
  void accelent();              //public 和 abstract 省略
  void maintain();
  String forward();
  String reverse();
}
class Little_car implements Automobile
{ public void accelent()
  { System.out.println("Little_car.accelent()");
```

```java
        }
        public void maintain() {}
        public String forward() { return "Little_car forward"; }
        public String reverse() { return "Little_car reverse"; }
    }
    class Big_car implements Automobile
    {   public void accelent()
        {   System.out.println("Big_car.accelent()");
        }
        public void maintain() {}
        public String forward() { return "Big_car forward"; }
        public String reverse() { return "Big_car reverse"; }
    }
    class Jeep implements Automobile
    {   public void accelent()
        {   System.out.println("Jeep.accelent()");
        }
        public void maintain() {}
        public String forward() { return "Jeep forward"; }
        public String reverse() { return "Jeep reverse"; }
    }
    class Microbus extends Big_car
    {   public void accelent()
        {   System.out.println("Microbus.accelent()");
        }
        public void maintain()
        {   System.out.println("Microbus.maintain()");
        }
    }
    class Bus extends Big_car
    {   public String forward() { return "Bus forward"; }
        public String reverse() { return "Bus reverse"; }
    }
    public class Car
    {   public static void main(String[] args)
        {   Automobile[] cars=new Automobile[5];
            int i=0;
            cars[i++]=new Little_car();
            cars[i++]=new Big_car();
            cars[i++]=new Jeep();
            cars[i++]=new Microbus();
            cars[i++]=new Bus();
            for(i=0;i<cars.length;i++)
                cars[i].accelent();
        }
    }
```

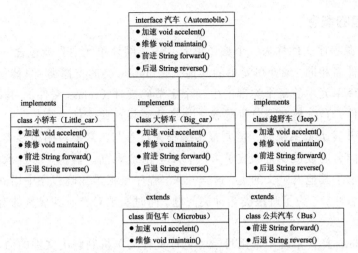

图 8-2　实现接口与继承类

【程序解析】Automobile 接口中声明了常量 i 及抽象方法 accelent()、maintain()、forward()及 reverse()。实现 Automobile 接口的 Little_car、Big_car 及 Jeep 类中都实现了 Automobile 接口中声明的抽象方法，其中 maintain()的方法体为空。Microbus 类继承了 Big_car 类，并覆盖了 Big_car 类中的 accelent()和 maintain()方法。Bus 类也继承了 Big_car 类，并覆盖了 Big_car 类中 forward()及 reverse()方法。Car 类的 main()方法中，首先声明了具有 5 个元素的数组变量 cars，其每个元素均是 Automobile 变量；接着产生和实例化了 5 个类对象，并将 5 个对象分别赋给 cars 的 5 个元素；最后分别调用 5 个类中的 accelent()方法，输出相应的信息。由于 Bus 类中没有覆盖父类 Big_car 中的 accelent()方法，所以 Bus 类对象调用父类 Big_car 中的 accelent()方法。

从例 8-4 可以看到：

① 可以声明接口变量，如声明 Automobile 的变量。

② 可以将实现接口的类的对象赋给接口变量，如将实现了 Automobile 接口的 Little_car、Big_car 及 Jeep 类的对象赋给 Automobile 的变量。

③ 可以将子类的对象赋给父类对象，如将 Microbus 和 Bus 类的对象赋其父类 Big_car 对象，而 Big_car 类对象可以赋给 Automobile 变量，所以可以将 Microbus 和 Bus 类对象赋给 Automobile 变量。

程序运行结果如下：

```
Little_car.accelent()
Big_car.accelent()
Jeep.accelent()
Microbus.accelent()
Big_car.accelent()
```

8.3　包

包（package）是 Java 提供的组织类和接口的机制，是一组相关类和接口的集合。包提供了类的访问、保护和名字空间管理机制。

8.3.1 包的概念

一个 Java 源程序文件称为一个编译单元。一个编译单元中只能包含一个 public 类，且该类名与文件名相同。编译单元中的其他类是 public 类的支撑类，只能使用默认权限。经过编译，编译单元中的每个类都产生一个字节码文件（.class 文件）。Java 程序是一系列的字节码文件，Java 解释器负责寻找、加载和解释这些文件。

在用 Java 开发大型系统时，需要很多编程人员参与，需要声明很多类。不同类名的类中可以包含同名的成员变量和成员方法，不会造成混乱。但由于有继承机制，被继承的类可能又继承了其他人定义的类，这样一来，程序员很难知晓程序中用到的全部类名，可能会出现类名冲突。为了解决类名冲突问题，同时实现对类及其成员的有效保护，Java 提供了包机制。

正像 Windows 操作系统中采用目录（也称文件夹）机制解决文件的命名冲突问题一样，Java 引进包机制解决类的同名问题。从逻辑上看，包是类和接口的集合，一个包可以包含多个类及接口。一个包中不允许有同名的类和接口存在，但不同的包中允许有同名的类和接口。从存储概念看，一个包对应一个文件夹。一个文件夹中可以包含多个字节码文件。包与类的关系，就像文件夹与文件的关系一样。包中还可以再建立多个子包，每个子包对应一个子文件夹。包含子包的包称为父包。父包和子包形成一种层次结构，与所在文件夹的树状结构相对应。

8.3.2 包的声明和导入

使用包机制，首先要建立与包名相同的文件夹；再声明类或接口所在的包，并且包中所包含的所有类或接口的字节码文件存放于与包同名的文件夹中；再在程序中导入包中包含的类或接口。

1．建立文件夹

包中的所有类或接口经编译后生成的字节码文件必须存放于与包同名的文件夹中。有的编译系统会在编译源文件（.java 文件）时，根据文件中的包声明，自动建立与包名相同的文件夹。如果编译系统没有建立与包同名的文件夹，程序员要手动建立与包同名的文件夹。例如，Java 程序要在 D:\javaapp 文件夹中运行，要创建 mypackage 包，需要在 D:\javaapp 文件夹中建立子文件夹 mypackage。如果在 mypackage 包中还要创建 subpack1 包，需要建立子文件夹 D:\javaapp\mypackage\subpack1。

2．声明包

在源程序中，要声明类或接口所在的包。声明所在包的语法形式如下：
```
package 包名
```

> *i* 说明
>
> ① package 是关键字，包名是用户自定义的标识符。
>
> ② 如果要声明的类或接口位于一个子包中，那么子包和其父包及祖先包名之间用"."隔开。
>
> ③ package 语句必须位于程序中的第一行。一个源程序文件中只能有一条 package

语句，在该源程序文件中所定义的所有类和接口，都属于 package 语句所声明的包。

④ 包名与文件夹名大小写要完全一致。

例如，声明 CPoint 类和 CCircle 类属于 mypackage 包的程序结构如下：
```
package mypackage
public class CPoint
{  CPoint 类体
}
class CCircle
{  CCircle 类体
}
```
声明 Person 接口和 Teacher 类属于 subpack 包（是 mypackage 的子包）的程序结构如下：
```
package mypackage.subpack
public interface Person
{  Person 接口体
}
class Teacher
{  Teacher 类体
}
```

3．使用包中的类

引用一个包中的类或接口的格式如下：

包名.类名

或

包名.接口名

ⓘ 说明

如果要使用的类或接口位于一个子包中，那么子包和其父包及祖先包名之间用"."隔开。

例如，CLine 类要继承位于 mypackage 包中的 CPoint 类，其声明格式如下：

`public class CLine extends mypackage.CPoint`

Graduate 类实现 mypackage.subpack 中接口 Person 的声明格式如下：

`public class Graduate implements mypackage.subpack.Person`

声明 CPoint 类对象 point 的格式如下：

`mypackage.CPoint point`

实例化 Cpoint 类的格式如下：

`point=new mypackage.CPoint(参数表)`

如果声明一个类或接口时，没有使用 package 关键字声明其所在的包时，系统会将其放置于默认的无名包，将其存储在当前文件夹中。引用存储在当前文件夹中的类或接口时，不需要包名。以前的实例中，所建立的所有类和接口都存放于当前文件夹，引用时都不需要包名。引用同一包中的类或接口时，包名可以省略。

4．导入包中的类

在引用其他包中的类或接口时，尤其是引用处于较深层次的子包中的类或接口时，在其名前加包名很不方便，为此 Java 中提供了导入包中类或接口的机制。当在一个源程序中使用关键字 import 导入包中的类或接口后，引用其中的类或接口时就不用加包名了。

导入一个包中类或接口的语句格式如下：

import 包名.类名

或

import 包名.接口名

或

import 包名.*

> **说明**
> ① 如果导入位于一个子包中的类或接口，那么子包和其父包及祖先包名之间用"."隔开。
> ② "*"表示导入包中所有的类和接口。
> ③ import 语句在源程序中必须位于其他类或接口声明之前。

例如，可以采用以下程序段引用 mypackage 包中的 CPoint 类：

```
import mypackage.CPoint;
public CLine extends CPoint;
{ ...
  CPoint point;
  point=new CPoint(参数表);
  ...
}
```

【例8-5】包的建立和使用。

在文件 Point.java 中定义 Point 类，并声明所在包为 pack1。其内容如下：

```
package pack1;                    //声明所在包是pack1
public class Point
{  protected int x,y;
   public Point()
   { setPoint(0,0);}
   public Point(int a,int b)
   { setPoint(a,b);}
   public void setPoint(int a,int b)
   {  x=a;
      y=b;
   }
   public int getX() {return x;}
   public int getY() {return y;}
   public String toString()
   { return "["+x+","+y+"]";}
}
```

编译源程序 Point.java，产生 Point.class 字节码文件。如果编译系统自动在当前文件夹下建立子文件夹 pack1，并将 Point.class 存放于文件夹 pack1 中，则完成了包的建立工作；否则，需要用户自己动手，在当前文件夹下建立子文件夹 pack1，并将 Point.class 存放于子文件夹 pack1 中。

在文件 PTest.java 中定义 PTest 类，并导入包 pack1 中的 Point 类。其内容如下：

```
import pack1.Point;               //导入pack1包中的Point类
public class PTest
```

```
{   public static void main(String args[])
    {   Point p=new Point(72,115);
        String output;
        output="x1="+p.getX()+",y1="+p.getY();
        System.out.println(output);
        p.setPoint(10,10);
        output="x2="+p.getX()+",y2="+p.getY();
        System.out.println(output);
    }
}
```

编译源程序 PTest.java，产生 PTest.class 字节码文件，并自动存放在当前文件夹中。运行 PTest 类文件，运行结果如下：

```
x1=72,y1=115
x2=10,y2=10
```

【程序解析】在定义 Point 类的源程序 Point.java 的首行，声明所在包为 pack1，编译后生成的 Point.class 文件应该存放在当前文件夹下的子文件夹 pack1 中。在定义 PTest 类的源程序 PTest.java 的首行，导入 pack1 包中的 Point 类。在 PTest.java 中导入 Point 类后，使用 Point 类及其成员时，就不用再在前面加"pack1."了。由于 PTest.java 中没有 package 语句，PTest 类属于默认的无名包，编译后生成的 PTest.class 文件应该存放在当前文件夹中。

【例 8-6】一个包中包含多个类。

① 在 X1.java 文件中定义 bag 包中的 X1 类。

```
package bag;                //声明所在包为 bag
public class X1
{   int x,y;
    public X1(int i,int j)
    {   x=i;
        y=j;
        System.out.println("x="+x+" "+"y="+y);
    }
    public void show()
    {   System.out.println("This class is X1");
    }
}
```

② 在 X2.java 文件中定义 bag 包中的 X2 类。

```
package bag;                //声明所在包为 bag
public class X2
{   int m,n;
    public X2(int i,int j)
    {   m=i;
        n=j;
        System.out.println("m="+m+" "+"n="+n);
    }
    public void show()
    {   System.out.println("This class is X2");
    }
}
```

③ 编译 bag 包中的 X1 和 X2 类。

输入下列命令，分别对 X1 和 X2 类进行编译：

```
javac X1.java
javac X2.java
```

由于 X1.java 和 X2.java 中指定 X1 和 X2 类属于 bag 包，所以编译时，系统自动在当前文件夹下生成子文件夹 bag，并将生成的 X1.class 和 X2.class 放在当前文件夹的子文件夹 bag 中。

④ 在 PImport.java 文件中，引用 bag 包的 X1 和 X2 类。

```
import bag.X1;          //导入 bag 包中的 X1 类
import bag.X2;          //导入 bag 包中的 X2 类
public class PImport
{   public static void main(String args[])
    {   X1 aa=new X1(4,5);
        aa.show();
        X2 bb=new X2(10,20);
        bb.show();
    }
}
```

⑤ 编译 PImport 类。

输入下列命令，对 PImport 类进行编译：

```
javac PImport.java
```

编译生成的 PImport.class 存放于当前文件夹中。

⑥ 运行 PImport 类。

输入下列命令，运行 PImport 类：

```
java PImport
```

程序运行结果：

```
x=4 y=5
This class is X1
m=10 n=20
This class is X2
```

【程序解析】X1.java 和 X2.java 文件首行的 package 语句声明 X1 和 X2 类属于 bag 包。PImport.java 文件中的两条 import 语句分别导入 bag 包中的 X1 和 X2 类，其后对 X1 和 X2 类及其成员的引用就不用再指明包名 bag 了。如果不导入 bag 包中的 X1 和 X2 类，那么对 X1 和 X2 类及其成员的引用就必须指明包名 bag，相应的程序如下：

```
public class PImport
{   public static void main(String args[])
    {   bag.X1 aa=new bag.X1(4,5);
        aa.show();
        bag.X2 bb=new bag.X2(10,20);
        bb.show();
    }
}
```

5．包中类及其成员的访问权限

类及其成员的有些访问权限与包有关。

包中类及其接口只有 public 和默认两种访问权限，具体规定如下：

① public 权限的类能够被所有包中的类访问，与所在的包无关。

② 具有默认权限的类只能被其所在包中的类访问，不能在其包外访问。

类中成员的访问权限有 4 种，其中 public 和 private 权限与包无关，而 protected 和默认权限与包有关，具体规定如下：

① 类中的 public 权限成员，能够被所有包中的类访问，与所在的包无关。

② 类中的 private 权限成员，只能被本类访问，在类外不能访问，可以认为其权限与所在包无关。

③ 类中的默认权限成员，能够被所在包中的所有类访问，不能在其包外访问。

④ 类中的 protected 权限成员，能够被所在包中的所有类访问，也能够被其他包中的子类访问。

6. Java 源程序结构

Java 的源程序文件（.java 文件）中可以包含以下类型的成分：

```
package 包名              //声明所在包，0 到 1 句
import 包名.类名|包名.接口名  //导入其他包中的类或接口，0 到多句，"|"表示二者选一
[public] class|interface  //声明类或接口，1 到多句
```

说明

① 一个源程序文件中，最多只能有一条 package 语句，并且必须是第一条语句。

② 一个源程序文件中，可以有多条 import 语句，并且必须位于其他类或接口声明之前。

③ 一个源程序文件中，可以定义多个类或接口，但只能定义一个 public 权限类或 public 权限接口，并且该类或接口名与文件名相同。

习 题

1．什么是抽象类？它的特点是什么？

2．什么是接口？它的特点是什么？

3．什么是包？包的作用是什么？

4．编写一个应用抽象类的程序。要求设计抽象类，设计继承抽象类并实现抽象类中抽象方法的子类。

5．将习题 4 中的抽象类改写为接口，实现相同的功能。

6．编写一个应用包的程序。要求定义包、导入并引用包中的类。

第 9 章 异常处理

Java 语言的特色之一是提供了异常处理机制，可以预防错误代码所造成的不可预期的结果发生。通过异常处理机制，减少了编程人员的工作量，增强了异常处理的灵活性，并使程序的可读性、可维护性大为提高。

9.1 Java 异常处理机制

异常指程序运行过程中出现的非正常现象，例如用户输入错误、除数为零、需要处理的文件不存在、数组下标越界等。由于异常情况总是难免的，良好的应用程序除了具备用户所要求的基本功能外，还应该具备预见并处理可能发生的各种异常的功能。所以，开发应用程序时要充分考虑各种意外情况，使程序具有较强的容错能力。这种对异常情况进行处理的技术称为异常处理。计算机系统对异常的处理通常有两种方法：计算机系统本身直接检测程序中的错误，遇到错误给出错误信息并终止程序的运行；由程序员在程序中加入处理异常的功能。

程序员在程序中对异常的处理方式与所使用的语言有关。早期使用的程序设计语言没有提供专门进行异常处理的功能，程序员只能使用条件语句对各种可能设想到的错误情况进行判断，以捕捉特定的异常，并对其进行相应的处理。在这种异常处理方式中，对异常进行判断、处理的代码与程序中完成正常功能的代码交织在一起，即在完成正常功能代码的位置插入了进行异常处理的代码，使程序的可读性和可维护性下降，还常常会遗漏意想不到的异常情况。

Java 提供了功能强大的异常处理机制，可以方便地在程序中监视可能发生异常的程序块，并将所有异常处理代码集中放置在程序某处，使完成正常功能的程序代码与进行异常处理的程序代码分开。

在 Java 的异常处理机制中引进了很多用来描述和处理异常的类，将这些类称为异常类。每个异常类反映一类运行错误，类定义中包含了该类异常的信息和对异常进行处理的方法。每当程序运行过程中发生了某个异常现象，系统将产生一个相应的异常类对象，并交由系统中的相应机制进行处理，以避免死机、死循环或其他对系统有害的结果发生，保证了程序运行的安全性。

在 Java 中，将异常情况分为 Exception（异常）和 Error（错误）两大类。Exception 类解决由程序本身及环境所产生的异常，而 Error 类则处理较少发生的内部系统错误。

Exception 类异常可以被捕获并进行相应处理，而对于 Error 类异常，程序员通常无能为力，只能在其发生时由用户按照系统提示关闭程序。

异常类的继承结构如图 9-1 所示。

其中 Exception 和 Error 又包含许多子类，Exception 子类的继承关系如图 9-2 所示。

图 9-1　异常类的继承结构

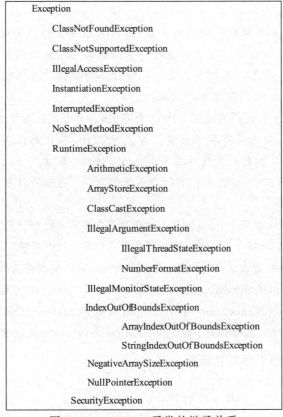

图 9-2　Exception 子类的继承关系

9.2　异常处理方式

异常处理的方式有两种：第一种方式是使用 try…catch…finally 结构对异常进行捕获和处理；第二种方式是通过 throws 和 throw 抛出异常。

9.2.1　try…catch…finally 结构

在 Java 中，可以通过 try…catch…finally 结构对异常进行捕获和处理，其形式如下：

```
try
{ 可能出现异常的程序代码
}
catch(异常类名 1 异常对象名 1)
{ 异常类名 1 对应的异常处理代码
```

```
}
catch(异常类名 2 异常对象名 2)
{ 异常类名 2 对应的异常处理代码
}
⋮
[ finally
{ 必须执行的代码
}]
```

> **说明**
>
> ① 将可能发生异常的程序代码放置在 try 程序块中。程序运行过程中，如果该块内的代码没有出现任何异常，将正常执行，后面的各 catch 块不起任何作用。但如果该块内的代码出现了异常，系统将终止 try 块代码的执行，自动跳转到所发生的异常类对应的 catch 块中，执行该块中的代码。
>
> ② 其中，finally 块是个可选项，如果含有 finally 块，无论异常是否发生，finally 块的代码必定执行。如果没有异常出现，当执行完 try 块内的代码后，将执行 finally 块。如果出现了异常，执行完对应异常类的 catch 块后，将执行 finally 块。所以 finally 块是该结构的统一出口，一般用来进行"善后处理"，例如释放不再使用的资源、关闭使用完毕的文件等。
>
> ③ 一个 try 块可以对应多个 catch 块，用于对多个异常类进行捕获。如果要捕获的诸异常类之间没有父子关系，各类的 catch 块的顺序无关紧要，但如果它们之间有父子关系，则应该将子类的 catch 块放置在父类的 catch 块之前。例如，同时要捕获 ArrayIndexOutOfBoundsException 和 IndexOutOfBoundsException 类异常，由于 ArrayIndexOutOfBoundsException 类是 IndexOutOfBoundsException 类的子类，应该将 ArrayIndexOutOfBoundsException 类的 catch 块放置在 IndexOutOfBoundsException 类的 catch 块之前。

【例 9-1】捕获数组下标越界异常。

```java
public class Exception1
{ public static void main(String args[])
    { try
      { int a[]={1,2,3,4,5},sum=0;
        for(int i=0;i<=5;i++) sum=sum+a[i];
        System.out.println("sum="+sum);
        System.out.println("Successfully!");
      }
      catch(ArrayIndexOutOfBoundsException e)
      { System.out.println("ArrayIndexOutOfBoundsException detected");
      }
      finally
      { System.out.println("Programm Finished!");
      }
    }
}
```

【程序解析】该程序的 try 块中将数组 a 初始化为 5 个元素，分别为 a[0]、a[1]、a[2]、a[3]和 a[4]，但在循环语句中，使用了不存在的数组元素 a[5]，出现 ArrayIndexOutOf

BoundsException 类异常，因而终止 try 块的执行，跳到 catch 块去执行，输出"ArrayIndexOutOfBoundsException detected"，之后又跳到 finally 块去执行，输出"Program Finished!"。运行该程序的屏幕输出：

```
ArrayIndexOutOfBoundsException detected
Program Finished!
```

如果将循环语句中的 i<=5 改为 i<5，那么不会出现异常，try 块内的所有语句正常执行，但 catch 块将不执行，最后跳转到 finally 块去执行。重新编译并运行程序，输出结果如下：

```
sum=15
Successfully!
Program Finished!
```

【例9-2】 捕获算术异常。

```
public class Exception2
{   public static void main(String args[])
    {   try
        {   int x,y;
            x=15;
            y=0;
            System.out.println(x/y);
            System.out.println("Computing successfully!");
        }
        catch(ArithmeticException e)
        {   System.out.println("ArithmeticException catched! ");
            System.out.println("Exception message:"+e.toString());
        }
        finally
        {   System.out.println("Finally block!");
        }
    }
}
```

【程序解析】 该程序的 try 块中为变量 y 赋 0 值，在输出语句中输出 x/y，触发 Arithmetic-Exception，跳到 catch 块去执行，输出"ArithmeticException catched!"、"Exception message:"及 toString() 返回的异常信息，之后又跳到 finally 块去执行，输出"Finally block!"。运行该程序的屏幕输出：

```
ArithmeticException catched!
Exception message:java.lang.ArithmeticException:/by zero
Finally block!
```

toString() 为 Exception 类的方法，其功能是返回异常的信息。此处的异常信息为"java.lang. ArithmeticException: / by zero"，表明异常为包 java.lang 中定义的 ArithmeticException 类异常，其原因是除数为零。

如果将 y=0 改为 y=3，那么不会出现异常，try 块内的所有语句正常执行，但 catch 块将不执行，最后跳转到 finally 块去执行。重新编译并运行程序，输出结果如下：

```
5
Computing successfully!
Finally block!
```

9.2.2 抛出异常

1. 抛出异常语句

通常情况下，异常是由系统自动捕获的。但程序员也可以自己通过 throw 语句抛出异常。throw 语句的格式如下：

```
throw new 异常类名(信息)
```

其中，异常类名为系统异常类名或用户自定义的异常类名，"信息"是可选信息。如果提供了该信息，toString()方法的返回值中将增加该信息内容。

【例9-3】 捕获多种异常。

```java
public class Exception3
{   public static int sum(int n)
    {   if(n<0)    throw new IllegalArgumentException("n应该为正整数！");
        int s=0;
        for(int i=0;i<=n;i++)  s=s+i;
        return s;
    }
    public static void main(String args[])
    {   try
        {   int n=Integer.parseInt(args[0]);
            System.out.println(sum(n));
        }
        catch (ArrayIndexOutOfBoundsException e)
        {   System.out.println("命令行为: "+"java Exception3 <number>");
        }
        catch (NumberFormatException e2)
        {   System.out.println("参数<number>应为整数!");
        }
        catch (IllegalArgumentException e3)
        {   System.out.println("错误参数:"+e3.toString());
        }
        finally
        {   System.out.println("程序结束!");
        }
    }
}
```

【程序解析】 main()方法中调用"Integer.parseInt(args[0])"可能会触发两类异常。一类是由于使用了参数 args[0]，要求运行该程序时，在命令行输入一个参数。如果没有输入参数，将引发 ArrayIndexOutOfBoundsException 类异常。另一类可能的异常是 Integer.parseInt(args[0])要求 args[0]的值应该具备整数形式（如 34），否则将引发 NumberFormatException 类异常。因此需要对这两类异常进行捕获。除此之外，main()方法中还调用了 sum()方法。sum()方法通过语句"throw new IllegalArgumentException("n应该为正整数！")"抛出 IllegalArgument Exception 类异常，但没有对该异常进行捕获，所以 main()方法还需要对该类异常捕获。可见，如果一个方法没有对可能出现的异常进行捕获，调用该方法的其他方法应该对其可能触发的异常进行捕获。

如果运行该程序的命令行输入"java Exception3",屏幕显示如下:
命令行为:java Exception3 <number>
程序结束!
如果运行该程序的命令行输入"java Exception3 –4",屏幕显示如下:
错误参数:java.lang.IllegalArgumentException: n 应该为正整数!
程序结束!
其中,"n 应该为正整数!"是由于抛出该类异常时使用了"IllegalArgumentException("n 应该为正整数!")",而在原来异常信息的基础上追加的。如果将"IllegalArgumentException("n 应该为正整数! ")"改为"IllegalArgumentException()",将没有此追加信息。
如果运行该程序的命令行输入"java Exception3 8.9",屏幕显示如下:
参数<number>应为整数!
程序结束!

2. 抛出异常选项

前面指出,如果一个方法没有捕获可能触发的异常,调用该方法的其他方法应该捕获并处理该异常。为了明确指出一个方法不捕获某类异常,而让调用该方法的其他方法捕获该类异常,可以在声明方法的时候,使用 throws 可选项,以抛出该类异常。使用格式如下:

```
[修饰符] 类型标识符 方法名([参数表])  throws 异常类型名
{  声明部分
   语句部分
}
```

即在方法头的后面加"throws 异常类型名"选项。

> **说明**
> ① 异常类型名是系统异常或用户自定义的异常类型名。
> ② 与 throw 语句不同, throws 选项仅需列出异常的类型名, 而不能列出后面的括号及其追加信息。

【例9-4】抛出异常的方法。
```
public class Exception4
{  public static int sum() throws NegativeArraySizeException
   {  int s=0;
      int x[]=new int[-4];
      for(int i=0;i<4;i++)
      {  x[i]=i;
         s=s+x[i];
      }
      return s;
   }
   public static void main(String args[])
   {  try
      {  System.out.println(sum());
      }
      catch (NegativeArraySizeException e)
      {  System.out.println("异常信息: "+e.toString());
```

        }
    }
}

【程序解析】在 sum()方法中，初始化数组 x 时使用了 int[-4]，将触发 NegativeArraySizeException 类异常，但 sum()方法不对该异常捕获和处理，而希望调用它的方法对该异常捕获和处理，所以在声明方法时，在头部增加了 throws NegativeArraySizeException 选项，以抛出该异常。

9.2.3 自定义异常类

在程序设计过程中，会出现各种各样的问题，有些可以通过 Java 系统预定义的异常类来处理，但还有一些不能通过 Java 系统的已有类解决。在此情况下，可以自己定义异常类来处理。自定义异常类可以通过继承 Exception 类来实现。其一般形式是：

```
class 自定义异常类名  extends  Exception
{ 异常类体;
}
```

自定义异常类将继承 Exception 类的所有方法，除此之外，还可以在类体中定义其他处理方法。

【例9-5】自定义异常。

```
class OverFlowException extends Exception
{ OverFlowException()
    { System.out.println("此处数据有溢出,溢出类是OverFlowException");
    }
}
public class Exception5
{  public static int  x=100000;
    public static int multi() throws OverFlowException
    { int aim;
      aim=x*x*x;
      if(aim>1.0E8||aim<0)
      {  throw new OverFlowException();
      }
      else   return x*x;
    }
    public static void main(String args[])
    {  int y;
       try
       {  y=multi();
          System.out.println("y="+y);
       }
       catch(OverFlowException e)
       {   System.out.println(e);
       }
    }
}
```

【程序解析】OverFlowException 是一个自定义的异常类，其中定义了构造方法，其功能是输出信息：此处数据有溢出，溢出类是 OverFlowException。

在 multi()方法中计算 x 的立方值,并将其值存放在变量 aim 中,接着判断 aim 的值是否在 0~1.0E8 之间,否则将抛出 OverFlowException 类异常。在 main()方法中,调用 multi()方法时,由于 x 的值为 100 000,所以必然抛出 OverFlowException 类异常。抛出的异常被 catch 块捕获到,首先执行 OverFlowException 异常类的构造方法,输出"此处数据有溢出,溢出类是 OverFlowException",接着执行 catch 块的方法,输出异常类名 OverFlow Exception。

该程序的运行结果如下:

```
此处数据有溢出,溢出类是OverFlowException
OverFlowException
```

【例9-6】处理多种异常。

```
import javax.swing.JOptionPane;
class MathException extends Exception
{   MathException()
    {   System.out.println("输入数据不正确");
    }
}
class Exception6
{   public static String name;
    public static int pay;
    public  static void inputdata() throws MathException
    {   try
        {   name=JOptionPane.showInputDialog("请输入您的姓名");
            if(name.equals(""))  throw new Exception();
            //假如没有输入名字就抛出 Exception 类异常
            pay=Integer.parseInt(JOptionPane.showInputDialog("请输入您的月工资"));
            if(pay<0) throw new MathException();
            //假如输入的月工资数小于零,就会抛出自定义 MathException 类异常
        }
        catch(Exception e)              //捕获 Exception 类异常
        {   System.out.println(e);
            System.exit(0);
        }
    }
    public static void main(String args[])
    {   try
        {   for(int i=1; ;i++)          //没有给出循环次数限制
            {   inputdata();
                System.out.println(name+"的年薪是"+pay*12);
            }
        }
        catch(MathException pt)         //捕获自定义 MathException 类异常
        {   System.out.println(pt);
            System.exit(0);
        }
    }
}
```

【程序解析】MathException 是一个自定义的异常类,其中声明了构造方法,其功能

是输出信息：输入数据不正确。

在 inputdata()方法中，首先提示用户输入姓名字符串，如果用户输入空串，将抛出 Exception 类异常。在对 Exception 异常类的捕获块中，输出异常类信息 java.lang.Exception 后，结束程序运行。

如果用户为姓名输入一个非空串，系统将提示用户输入工资值，如果用户输入一个负数，将抛出 MathException 类异常。由于在该方法中没有对 MathException 类异常进行捕获，所以在调用该方法的 main()方法中能捕获到该类异常，首先执行该类的构造方法，输出信息"输入数据不正确"，接着输出该异常类信息 MathException 后，结束程序运行。

只有当用户既为姓名输入了非空的字符串，又为工资输入了非负的值，程序才能正常运行，输出工资乘以 12 的结果。

所以运行程序时，如果为姓名输入一个空串，系统显示：

java.lang.Exception

如果为姓名输入 zhang，接着为工资输入-500，系统显示：

输入数据不正确
MathException

如果为姓名输入 zhang，接着为工资输入 300，系统显示：

zhang 的年薪是 3600

习 题

1. 何为异常？为什么要进行异常处理？
2. Error 和 Exception 类有何不同？
3. 什么是抛出异常？如何抛出异常？
4. 设计一个程序，其功能是从命令行输入整数字符串，再将该整数字符串转换为整数，输入的数据可能具有以下格式：

12345
123　45
123xyz456

对这种异常进行捕获和处理。

5. 设计方法 boolean prime(int n)，用来判断数 n 是否为素数，若为素数，返回 true；若不是素数，返回 false；若 $n<0$，抛出 ArgumentOutOfBoundException 异常。

第 10 章

输入与输出

输入和输出是程序设计语言的一项重要功能,是程序和用户之间沟通的桥梁。方便易用的输入与输出使程序和用户之间产生良好的交互。输入功能使程序可以从外界(如键盘、磁盘文件等)接收信息。输出功能使程序可以将运算结果等信息传递给外界,如屏幕、打印机、磁盘文件等。

Java 语言提供了专门用于输入/输出功能的包 java.io,其中包含 5 个非常重要的类:InputStream、OutputStream、Reader、Writer 和 File。几乎所有与输入/输出有关的类都继承了这 5 个类,利用这些类,Java 程序可以很方便地实现多种输入/输出操作和复杂的文件与文件夹管理。

10.1 输入/输出类库

10.1.1 流

Java 语言的输入/输出是以流(stream)的方式来处理的,流是在计算机的输入/输出操作中流动的数据序列。输入流代表从外设流入计算机的数据序列,输出流代表从计算机流向外设的数据序列。流式输入/输出的特点是数据的获取和发送均按数据序列顺序进行,每一个数据都必须等待排在它前面的数据读入或送出之后才能被读/写,每次操作处理的都是序列中剩余的未读/写数据中的第一个,而不能随意选择输入/输出的位置。序列中的数据既可以是未经加工的原始二进制数据,也可以是按一定编码处理后符合某种格式规定的特定数据,如字符数据,所以 Java 中的流有位流(字节流)和字符流之分。

就流的运动方向而言,流又可分为输入流(input stream)和输出流(output stream)。输入流是从键盘、磁盘文件流向程序的数据流,为程序提供输入信息。输出流是从程序流向显示器、打印机、磁盘文件的数据流,实现程序的输出功能。引入流的概念后,各种数据流动皆可视为流来处理,因而使得 Java 对于数据的读写方式更为一致。

图 10-1 列出了流、程序与外设之间的关系。

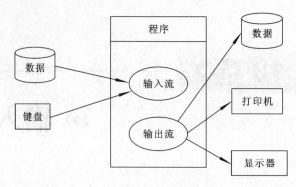

图 10-1 流、程序与外设之间的关系

10.1.2 输入/输出流类

为了便于各类流的处理，Java 在 java.io 包中提供了丰富的类，每一个类代表了一种特定流的输入或输出。在 Java 的流类中，最基本的类有两个：输入流类 InputStream 和输出流类 OutputStream。这两个是具有最基本的输入/输出功能的抽象类，其他流类都是为了方便处理各种特定流而设置的，属于 InputStream 或 OutputStream 的子类，它们继承了 InputStream 或 OutputStream 的基本输入/输出功能，并对其功能加以扩展。

输入流类 InputStream 和输出流类 OutputStream 及它们的子类用来处理字节流，其方法提供了读取和写入二进制数据的功能。

为了对字符流进行处理，Java 还提供了 Reader 和 Writer 类及其子类。这些类虽然本身不是流，但提供了以字符流方式读取和写入字节流的方法。正因为如此，常用 InputStream 类对象生成 Reader 类对象，用 OutputStream 类对象生成 Writer 类对象。

1. InputStream

InputStream 类中包含了一套所有输入流都需要的方法，可以完成最基本的从输入流读取数据的功能。

当 Java 程序需要从外设中读入数据时，创建一个适当类型的输入流类对象来完成与该外设（如键盘、磁盘文件或网络套接字等）的连接，然后再调用该新建对象的特定方法，如 read()方法来实现对相应外设的输入操作。由于 InputStream 是一个抽象类，不能直接使用，所以应该使用 InputStream 的某个子类，通过该子类对象对外设数据源进行读取操作。

InputStream 子类对象继承 InputStream 类的如下方法：

① read()方法。read()方法是从输入流读入数据的方法，有两种不同的 read()方法，其共同点是只能逐字节地读取输入数据。以二进制的方式从输入流读取，而不能分解、重组和理解数据。该方法的声明如下：

public int read()

此方法从输入流的当前位置处读入一个字节（8 位）的二进制数据，返回一个 0~255 的整型量；如果输入流的当前位置没有数据，则返回-1。

public int read(byte b[])

此方法从输入流的当前位置连续读入多个字节，保存到 byte 型数组 b 中，返回读入的字节数。

② 定位指针的方法。每个流有一个指针，每次读入数据都是从指针位置开始进行。流在刚被创建时，指针位于流的第一个数据，以后每读入一个数据（字节），指针位置自动后移一个字节，指向未被读取的下一个数据。

InputStream 类中用来控制指针位置的方法有以下几个：

```
public long skip(long n)
```
将指针从当前位置向后跳动 n 个字节。

```
public void mark()
```
在指针位置做一个标记。

```
public void reset()
```
将指针移动到 mark() 方法标记的位置。

③ close() 方法。当输入流使用完毕后，可以调用 close() 方法将其关闭，断开 Java 程序与外设数据源的连接，释放此连接占用的系统资源。close() 方法的声明如下：

```
public void close()
```

图 10-2 为 InputStream 类的部分常用子类的继承关系。

其中，文件输入流 FileInputStream 类用来对本地磁盘文件进行读取操作；FilterInputStream 类是一个抽象类，其子类 DataInputStream 具备数据类型或格式转换功能，即从输入流中读取数据时，可以实现对二进制字节数据的理解和编码功能；BufferedInputStream 类是具备缓冲功能的输入字节类。

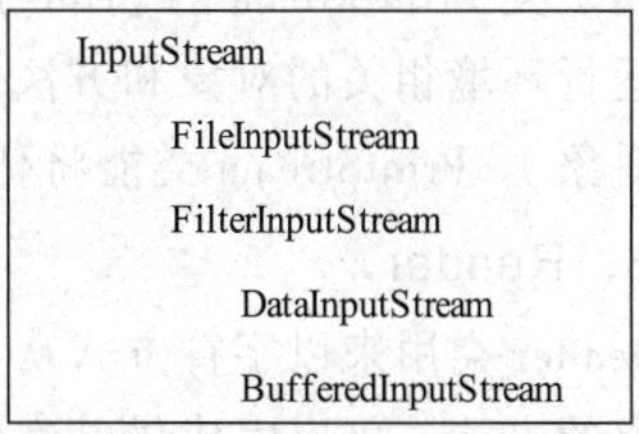

```
InputStream
  FileInputStream
  FilterInputStream
    DataInputStream
    BufferedInputStream
```

图 10-2　InputStream 子类的继承关系

2．OutputStream

OutputStream 类中包含所有输出流都要使用的方法。当 Java 程序需要向某外设（如屏幕、磁盘文件或另一台计算机）输出数据时，要创建一个输出流类对象，通过该对象实现与外设的连接，利用 OutputStream 类提供的 write() 方法将数据按顺序写入该外设中。由于 OutputStream 是一个抽象类，不能直接使用，而应该使用其某个子类进行输出操作。OutputStream 子类继承了以下方法：

① write() 方法。write() 方法是向输出流写入数据的方法，有两种不同的 write() 方法，其共同点是只能逐字节地输出数据，以二进制的方式写入数据流，而不能对数据进行格式变换或类型转换。write() 方法的声明如下：

```
public void write(int b)
```
将参数 b 的低位字节写入输出流。

```
public void write(byte b[])
```
将 byte 型数组 b 中的全部字节顺序写入输出流。

② flush() 方法。为了减少和输出设备的交互次数，提高输出效率，Java 还提供了具备缓冲功能的子类。对于具备缓冲功能的子类，write() 方法所写的数据并没有直接传输到相连的外设上，而是暂时存放在流的缓冲区中，等到缓冲区中的数据积累到一定程度时，才统一执行一次向外设的写操作，把所缓冲的数据全部写到外设中。但是在某些情况下，缓冲区中的数据并未满就需要将其写到外设中，此时应使用 flush() 方法强制清空缓冲区，并将缓冲区中的现有数据写入外设。flush() 方法的声明如下：

```
public void flush()
```
③ close()方法。当输出流使用完毕后,可以调用 close()方法将其关闭,断开 Java 程序与外设数据源的连接,释放此连接占用的系统资源。close()方法的声明如下:
```
public void close()
```
图 10-3 为 OutputStream 类的部分常用子类的继承关系。

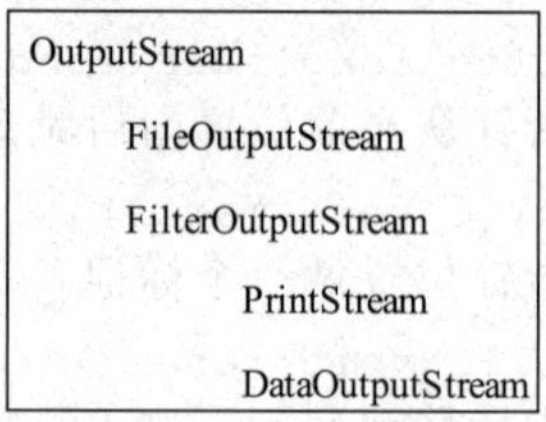

其中,文件输出流类 FileOutputStream 用来对本地磁盘文件进行写入操作;FilterOutputStream 类是一个抽象类,其子类 DataOutputStream 具备数据类型或格式转换的功能,即向流中写入数据时,可以实现对二进制字节数据的编码功能;BufferedOutputStream 是具备缓冲功能的输出字节类;PrintStream 类提供流的格式化输出功能。

OutputStream
FileOutputStream
FilterOutputStream
PrintStream
DataOutputStream

图 10-3　OutputStream 子类的继承关系

在前面程序中,多次使用的输出语句"System.out.print();"和"System.out.println();"即使用了类 PrintStream 的 print()方法和 println()方法。System 是 Java 的预定义类,封装了与运行环境相关的对象和方法。out 为 System 类的静态成员(常量),它是 PrintStream 类(对象)。PrintStream 类能将任意类型数据输出为字符串形式。

3. Reader

Reader 类用来以字符方式从流中读入数据。Reader 类中包含了一套所有字符输入流都需要的方法,可以完成最基本的从字符输入流读取数据的功能。

由于 Reader 是一个抽象类,所以实际应用中创建 Reader 某个子类的对象,通过该子类对象从外设数据源读取数据。

Reader 类具有与 InputStream 类相似的方法。Reader 子类继承 Reader 类的如下方法:

① read()方法。read()方法是从输入流读入数据的方法,有两种不同的 read()方法,其共同点是逐字符地读取输入数据。
```
public int read()
```
此方法从输入流的当前位置读入一个字符,并将它作为 int 类型返回;如果输入流的当前位置没有数据,则返回-1。如果出现错误,抛出 IOException 类异常。
```
public int read(char array[])
```
此方法从输入流的当前位置连续读入多个字符,保存到 char 型数组 array 中,返回读入的字符数。

② 定位指针的方法。每个字符流有一个指针,每次读入数据都是从指针位置开始进行。流在刚被创建时,指针位于流的第一个字符,以后每读入一个字符,指针自动后移一个字符位置,指向未被读取的下一个字符。

Reader 类中用来控制指针位置的方法有以下几个:
```
public long skip(long n)
```
将指针从当前位置向后跳动 n 个字节。
```
public void mark()
```

在指针位置做一个标记。

public void reset()

将指针移动到 mark( )标记的位置。

③ close( )方法。当输入流使用完毕后，调用 close( )方法将其关闭，断开 Java 程序与外设数据源的连接，释放此连接所占用的系统资源。close( )方法的声明如下：

public void close()

图 10-4 为 Reader 类部分常用子类的继承关系。

其中，BufferedReader 是具备缓冲功能的字符输入类。InputStreamReader 是字节输入流和字符输入流之间的一座桥梁，它从字节数据流读入数据，然后根据字符编码规则将它们转换成字符。

FileReader 类用于从文件中读入字符流。

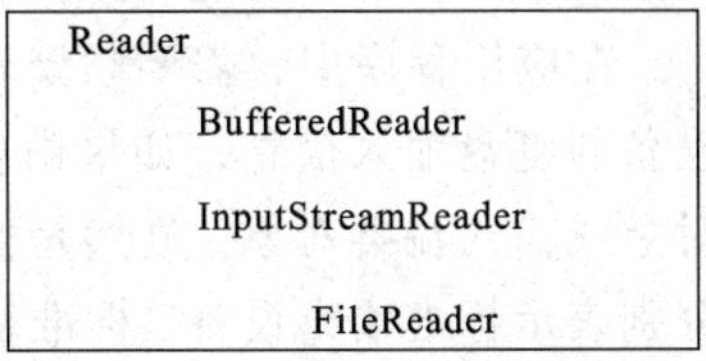

Reader
BufferedReader
InputStreamReader
FileReader

图 10-4　Reader 子类的继承关系

4. Writer

Writer 类用来以字符方式向输出流中写入数据。Writer 类中包含了一套所有字符输出流都需要的方法，可以完成最基本的向字符输出流写入数据的功能。

由于 Writer 是一个抽象类，所以实际应用中创建 Writer 某个子类的对象，通过该子类对象与外设数据源连接。

Writer 类具有与 OutputStream 类相似的方法。Writer 子类继承 Writer 类的如下方法：

① write( )方法。write( )方法是向输出流写入数据的方法，有两种不同的 write( )方法，其共同点是只能逐字符地输出数据。write( )方法的声明如下：

public void write(int c)

将 c 对应的字符写入输出流。

public void write(char array[])

将字 array 中的全部字符顺序写入输出流。

② flush( )方法。在使用具备缓冲功能的子类对象时，如果要将缓冲区中的现有数据写入外设，可以使用 flush( )方法强制清空缓冲区。flush( )方法的声明如下：

public void flush()

③ close( )方法。当输出流使用完毕后，可以调用 close( )方法将其关闭，断开 Java 程序与外设数据源的连接，释放此连接所占用的系统资源。close( )方法的声明如下：

public void close()

Writer
PrintWriter
BufferedWriter
OutputStreamWriter
FileWriter

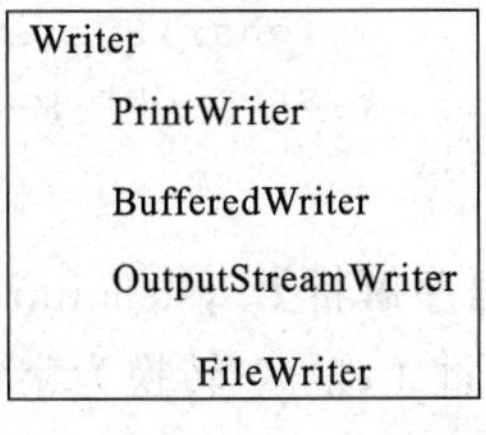

图 10-5　Writer 子类的继承关系

图 10-5 为 Writer 的部分常用子类的继承关系。

其中，PrintWriter 类提供流的格式化输出功能。BufferedWriter 对字符输出流提供了缓冲功能。OutputStreamWriter 是字符输出流和字节输出流之间的一座桥梁，它从字符数据流读入数据，然后根据字符编码规则将它们转换成字节。

FileWriter 类用于向文件中写入字符流。

10.2 标准输入/输出及标准错误

10.1 节介绍了用于输入/输出的类及进行输入/输出操作的一般方法。当程序要与外设等外部数据源进行输入/输出的数据交互时，首先要创建输入或输出类的对象，通过该对象与数据源连接，再调用该对象的输入或输出方法进行输入或输出操作。例如，要读/写某磁盘文件时，首先为该文件建立一个输入或输出流类对象。

在应用程序中，需要频繁地向标准输出设备即显示器输出信息，频繁地从标准输入设备即键盘输入信息，如果由应用程序开发人员在每次输出或输入前首先建立输出流类对象或输入流类对象，显然是低效和不方便的。为此 Java 系统预先定义了 3 个流类对象分别表示标准输出设备、标准输入设备和标准错误设备，它们分别是预定义类 System 的静态属性 out、in 和 err（常量）。

System 是 Java 中一个功能非常强大的类，利用它可以获得 Java 运行时的系统信息。System 类的所有属性和方法都是静态（static）的，即调用时以类名 System 为前缀。out 是它的一个静态属性，是 PrintStream 类的对象，用于输出字节数据流，对应标准输出设备——屏幕。in 也是 System 类的一个静态属性，是 InputStream 类的对象，用于输入字节数据流，对应标准输入设备——键盘。err 也是 System 类的一个静态属性，是 PrintStream 类的对象，用于系统错误信息的输出，对应标准输出设备——屏幕。

10.2.1 标准输入

Java 的标准输入设备键盘用 System.in 表示，System.in 是 InputStream 类的对象。当需要从键盘输入数据时，可以直接使用 InputStream 类的 read()方法或其子类的其他方法。下面通过应用实例说明从键盘输入数据的方法。

【例10-1】从键盘输入字符。

```java
import java.io.*;
public class StandardIn1
{   public static void main(String[] args) throws IOException
    {   char c;
        System.out.println("输入一个字符");
        c=(char)System.in.read();
        System.out.print("输入的字符是: "+c);
    }
}
```

【程序解析】System.in.read()的功能是从键盘输入的字符序列的当前位置取出一个字节，通过（char）转换为字符型再赋给字符变量 c，最后在屏幕输出字符 c 的值。

使用 read()方法时，应该对 IOException 类异常进行捕获或抛出，本例中采用了抛出方案。IOException 类在 java.io 包中定义，所以在首行引入该类，也可以将首行改为"import java.io. IOException"。

当运行该程序时，首先在屏幕显示"输入一个字符"，如果用户输入 a 并按【Enter】键，便将值'a'赋给变量 c，最后在屏幕输出"输入的字符是：a"。

> **注意**
>
> System.in.read()的功能是从键盘输入的字符序列当前位置取出一个字节。由于键盘具有缓冲功能，可以一次输入多个字符，暂存在缓冲区中，供read()方法一次一个字节（字符）地逐个读取。

将例10-1的程序改为：

```java
import java.io.IOException;
public class StandardIn1
{ public static void main(String[] args) throws IOException
  { char c;
    System.out.println(" 输入字符串");
    c=(char)System.in.read();
    System.out.println("输入的第一个字符是: "+c);
    c=(char)System.in.read();
    System.out.print("输入的第二个字符是: "+c);
    c=(char)System.in.read();
    System.out.print("输入的第三个字符是: "+c);
  }
}
```

运行该程序，屏幕显示"输入字符串"时，输入 student 并按【Enter】键，屏幕将显示如下的3行信息：

输入的第一个字符是: s
输入的第二个字符是: t
输入的第三个字符是: u

即第一个read()方法读取第一个字符 s，第二个read()方法读取第二个字符 t，第三个read()方法读取第三个字符 u，剩下的4个字符等待后继的read()方法继续读取。

【例10-2】利用read()语句暂缓程序运行。

由于read()方法的功能是从输入缓冲区中读取数据，当缓冲区中没有数据时，执行read()方法将导致系统进入阻塞状态。系统将停留在调用read()方法的语句处，等待用户通过键盘输入数据。只有当用户通过键盘输入数据后，read()方法才执行完毕，后面语句方能执行。所以可以在程序的适当位置插入"System.out.read();"语句，暂停程序运行，供用户查看、分析屏幕的显示信息。查看完毕，输入数据，并按【Enter】键，程序才继续运行。程序如下：

```java
import java.io.IOException;
public class StandardIn2
{ public static void main(String[] args) throws IOException
  { for(int i=1;i<=5;i++)   System.out.println(i);
    System.out.println("按回车键继续…");
    System.in.read();
    System.out.print("程序继续运行！");
  }
}
```

【程序解析】当在屏幕上输出1，2，3，4，5后，屏幕显示"按回车键继续…"，当执行"System.in.read();"语句时，由于没有通过键盘输入任何数据，程序暂停下来，等待用户输入数据并按【Enter】键。如果用户直接按【Enter】键,相当于输入了空字符,"System.in.read();"语句运行结束,接着执行后面的"System.out.print("程序继续运行!");"语句。

【例10-3】输入字符串。

可以利用 BufferedReader 类的 readLine() 方法从键盘输入字符串,该方法一次读入一行字符串,即按【Enter】键前输入的所有字符,同时具备缓冲功能,提高运行效率。BufferedReader 类的构造方法可以接收 InputStreamReader 类对象作为参数,而不能直接接收 System.in 作为参数。所以需要首先建立与 System.in 联系的 InputStreamReader 类对象,再为 InputStreamReader 类对象建立 BufferedReader 类对象,达到从键盘输入字符串的目的。

虽然 BufferedReader 类的 readLine() 方法读入的是字符串,但可以通过转换方法将字符串转换成其他类型数据。各转换方法如表 10-1 所示。

表 10-1 转换方法和样例

方　　法	返回值类型	返　回　值
Boolean.parseBoolean("true")	boolean	true
Integer.parseInt("123")	int	123
Long.parseLong("375")	long	375
Float.parseFloat("345.23")	float	345.23
Double.parseDouble("67892.34")	double	67892.34

下列程序给出了输入字符串并将字符串转换为其他类型数据的方法。

```
import java.io.*;
public class StandardIn3
{   public static void main(String[] args) throws IOException
    {   InputStreamReader iin=new InputStreamReader(System.in);
        BufferedReader bin=new BufferedReader(iin);
        String s;
        float f;
        int i;
        boolean b;
        System.out.println("输入任一字符串");
        s=bin.readLine();
        System.out.println("输入浮点数");
        f=Float.parseFloat(bin.readLine());
        System.out.println("输入整数");
        i=Integer.parseInt(bin.readLine());
        System.out.println("输入布尔量");
        b=Boolean.parseBoolean(bin.readLine());
        System.out.println("输入的字符串:"+s);
        System.out.println("输入的浮点数:"+f);
        System.out.println("输入的整数:"+i);
        System.out.println("输入的布尔量:"+b);
    }
}
```

运行该程序屏幕显示如下：
输入任一字符串
<u>abc</u>
输入浮点数
<u>234.5</u>
输入整数
<u>34</u>
输入布尔量
<u>true</u>
输入的字符串:abc
输入的浮点数:234.5
输入的整数:34
输入的布尔量:true

> **说明**
> 其中带有下画线的部分表示通过键盘输入的内容，其他部分为程序自动输出的内容。

10.2.2 标准输出

Java的标准输出设备——显示器用System.out 表示，System类的out属性是PrintStream类对象。

利用PrintStream类的print()或println()方法可以非常方便地输出各类数据，它们能将各类数据以字符串的形式输出。这两个方法的唯一区别是：print()输出后不换行，下一条输出语句从目前位置接着输出；而println()方法输出完毕后要换行，下一条输出语句从下一行的第一个字符位置开始输出。

前面已经多次使用print()或println()方法向屏幕输出信息，此处不再举例。

10.2.3 标准错误

运行或编译Java程序时，各种错误信息输出到标准错误设备，即显示器。在Java中，标准错误设备用System类的err属性表示。System类的err属性是PrintStream类对象。

10.3 文件操作

如果程序运行过程中需要输入或输出的信息量大，直接用键盘或显示器显然不可行，此时可以采用文件。即将要输入的信息预先保留到磁盘文件中，程序运行时，直接从文件读入信息；程序的大量输出信息直接写入磁盘文件。为此，Java提供了功能强大的文件及文件夹操作功能。

在程序中要对磁盘文件或文件夹进行操作，首先要对文件或文件夹建立连接，为此Java提供了File类。File类也位于java.io包中，但不是流类，它不负责数据的输入或输出，而专门用来管理磁盘文件和文件夹。为了读取文件内容，Java提供了基于字节的文件流类FileInputStream和基于字符的文件流类FileReader；为了向文件中写入内容，Java提供了基于字节的文件流类FileOutputStream和基于字符的文件流类FileWriter。

10.3.1 文件管理

一个 File 类对象表示一个磁盘文件或文件夹，其对象属性中包含了文件或文件夹的相关信息，如名称、长度、所含文件个数等，其方法可以完成对文件或文件夹的常用管理操作，如创建、删除等。

1．File 类的构造方法

对文件或文件夹操作前，首先要为文件或文件夹建立 File 类对象。建立 File 类对象需要提供文件或文件夹的名称及路径。File 类提供了 3 个不同的构造方法，供程序以不同的参数形式灵活地接收文件和文件夹信息。

① File(String path)。在该类构造方法中，String 类参数 path 指定所建对象对应的磁盘文件名或文件夹名及其路径名。路径名可以采用绝对路径，也可以采用相对路径。绝对路径是从根文件夹开始的路径，如 c:\jdk1.7\example 表示 c 盘根文件夹下 jdk1.7 子文件夹下的 example 子文件夹。相对路径是从当前文件夹（运行程序的文件夹）开始的路径，例如 example\new 表示当前文件夹下的 example 子文件夹下的 new 子文件夹。如果当前文件夹为 c:\jdk1.7，则 c:\jdk1.7\example 和 example 代表同一路径。为了保证程序的可移植性，采用相对路径较好。

如果文件 file.txt 位于 c:\jdk1.7\example 文件夹下，其带路径的表示形式为 c:\jdk1.7\example\file.txt。

例如，要为文件 c:\jdk1.7\example\file.txt 建立一个 File 类对象 file1，可以采用如下语句：

```
File file1=new File("c:\\jdk1.7\\example\\file.txt");
```

如果是在文件夹 c:\jdk1.7 下运行程序，也可以使用相对路径建立对象 file1：

```
File file1=new File("example\\file.txt");
```

如果要为文件夹 d:\java 建立一个 File 类对象 dir1，可以采用以下语句序列：

```
String path="d:\\java";
File dir1=new File(path);
```

> **注意**
>
> 为文件建立 File 类对象时，文件夹之间的分隔符号在 Windows 环境下为 "\\"。

② File(String path, String name)。此构造方法中的参数 path 表示文件或文件夹的路径，参数 name 表示文件或文件夹名。

例如，为文件 c:\jdk1.7\example\oldfile.txt 和 c:\jdk1.7\example\newfile.txt 分别建立 File 类对象 file1 和 file2，可以采用以下语句序列：

```
String path="c:\\jdk1.7\\example";
File file1=new File(path,"oldfile.txt");
File file2=new File(path,"newfile.txt");
```

将路径与名称分开的好处是相同路径下的文件或文件夹可以共享同一个表示路径的字符串，管理和修改比较方便。例如，如果该例中的两个文件改存到其他路径，只需要更改 path 变量的值，而无须更改 file1 和 file2 的声明。

③ File(File dir, String name)。此构造方法中的参数 dir 表示一个磁盘文件夹对应的 File 类对象，参数 name 表示文件名或文件夹名。

例如，为文件 c:\java\example\oldfile.data 建立 File 类对象 file1 可以采用以下语句序列：
```
File dir1=new File("c:\\java\\example");
File file1=new File(dir1,"oldfile.txt");
```
其中，dir1 表示 c:\java 下的子文件夹 example 对应的 File 类对象。

2．File 类的成员方法

File 类中提供了大量的方法，借助这些方法可以获得对象所对应的磁盘文件或文件夹的属性，对文件或文件夹进行操作。下面介绍一些常用的方法。

（1）获得文件或文件夹名称与路径

public String getName()：返回值为 String 型，其值为文件或文件夹名。

public String getPath()：返回值为 String 型，其值为文件或文件夹路径。

（2）判断文件或文件夹是否存在

public boolean exists()：返回值为 boolean 型。如果文件或文件夹存在则返回 true，否则返回 false。

（3）获取文件长度

public long length()：返回文件的字节数。

（4）获取文件读写属性

public boolean canRead()：对可读文件返回值为 true，否则返回 false。

public boolean canWrite()：对可写文件返回值为 true，否则返回 false。

（5）比较文件或文件夹

public boolean equals(File file)：若该文件或文件夹与 file 所对应的文件或文件夹相同返回 true，否则返回 false。

（6）判断是文件还是文件夹

public boolean isFile()：如果是文件则返回 true，否则返回 false。

public boolean isDirectiry()：如果是文件夹则返回 true，否则返回 false。

（7）重命名文件

public boolean renameTo(File file)：将该对象改名为 file 所表示的名称。

（8）删除文件

public void delete()：删除文件。

10.3.2　基于字节流的文件操作

Java 提供了文件输入流类 FileInputStream 和文件输出流类 FileOutputStream，用于对文件进行逐字节的读取和写入操作。为了能方便地从文件中一次读取或写入一个整型、浮点型或布尔型等数据，Java 还提供了数据输入流类 DataInputStream 和数据输出流类 DataOutputStream，以方便读取或写入各种类型的数据。

1．FileOutputStream

以字节为单位向磁盘文件写入数据时，要为文件建立 FileOutputStream 类对象，调用该类的 write()方法逐个字节向文件写入数据。写入操作完成后，调用 close()方法关闭 FileOutputStream 类对象。

为磁盘文件建立 FileOutputStream 类对象时，由于文件名或路径错误，或文件的属性为只读等错误，可能会触发 FileNotFoundException 类异常。所以应该对 FileNotFoundException 类异常进行捕获或抛出处理。

当调用 write() 方法向 FileOutputStream 类对象写入时，可能会触发 IOException 类异常，所以程序中应该对该类异常进行捕获或抛出处理。

FileOutputStream 类的构造方法有两个：

① FileOutputStream(String fileName)。该构造方法中的参数 fileName 表示带路径的磁盘文件名。

② FileOutputStream(File file)。该构造方法中的参数 file 表示为磁盘文件所建立的 File 类对象名。

【例10-4】以字节流方式向文件写入。

```java
import java.io.*;
public class File2
{ public static void main(String[] args)  throws IOException
   { char ch;
     File file1=new File("c:\\jdk1.7\\example\\newFile.txt");
     try
     { FileOutputStream fout=new FileOutputStream(file1);
       System.out.println("输入任一字符串，以?结束");
       ch=(char) System.in.read();
       while(ch!='?')
       { fout.write(ch);
         ch=(char) System.in.read();
       }
       fout.close();
     }
     catch (FileNotFoundException e)
     { System.out.println(e);}
     catch (IOException e)
     {System.out.println(e);}
   }
}
```

【程序解析】本程序的功能是从键盘输入以"?"结束的一串字符，然后将该串中"?"前面的所有字符顺序写入磁盘文件 c:\jdk1.7\example\newFile.txt 中。

可以看到，程序中首先为磁盘文件建立 File 类对象 file1，接着为它建立 FileOutputStream 类对象 fout，通过语句 "ch= (char) System.in.read();" 将从键盘输入的字符赋给 char 型变量 ch，再通过语句 "fout.write(ch);" 将变量 ch 中的字符写入磁盘文件中。

运行该程序时，如果用户输入的字符串为 "Students?"，那么磁盘文件 c:\jdk1.7\example\ newFile.txt 中的内容将是"Students"。文件内容可以通过写字板等文本编辑软件查看。

2. FileInputStream

以字节为单位从磁盘文件读取数据时，首先要为磁盘文件建立 FileInputStream 类对象,调用该类的 read( )方法逐个字节从文件读取数据,读取操作完成后,调用 close( )方法关闭 FileInputStream 类对象。

FileInputStream 类的构造方法有两个:

① FileInputStream(String fileName)。该构造方法中的参数 fileName 表示带路径的磁盘文件名。

② FileInputStream(File file)。该构造方法中的参数 file 表示为磁盘文件所建立的 File 类对象名。

为磁盘文件建立 FileInputStream 类对象时,由于文件名或路径错误,可能会触发 FileNotFoundExeption 类异常。所以应该对 FileNotFoundExeption 类异常进行捕获或抛出处理。

当调用 read( )方法从 FileInputStream 类对象读取字节数据时,可能会触发 IOException 类异常,所以程序中应该对该类异常进行捕获或抛出处理。

【例10-5】以字节流方式读磁盘文件。

例 10-4 中以字节流方式向磁盘文件中写入,本例将以字节流方式从磁盘文件中读取信息。

```
import java.io.*;
public class File3
{  public static void main(String[] args) throws IOException
   {  int ch;
      File file1=new File("c:\\jdk1.7\\example\\newFile.txt");
      try
      {   FileInputStream fin=new FileInputStream(file1);
          System.out.println("文件中的信息为: ");
          ch=fin.read();
          while(ch!=-1)
          {  System.out.print((char)ch);
             ch=fin.read();
          }
          fin.close();
      }
      catch(FileNotFoundException e)
      {  System.out.println(e);
      }
      catch(IOException e)
      {  System.out.println(e);
      }
   }
}
```

【程序解析】该程序的功能是将文件 c:\jdk1.7\example\newFile.txt 中保存的信息输出到屏幕。

可以看到,程序中首先为磁盘文件 c:\jdk1.7\example\newFile.txt 建立 File 类对象 file1,接着为它建立 FileInputStream 类对象 fin,通过语句"ch= fin.read( );"将磁盘文件读入的一字节数据赋给变量 ch,再通过语句"System.out.print((char)ch);"将变量 ch 中的数据以字符方式在屏幕上显示。

事实上，本例是将例 10-4 中写入文件 c:\jdk1.7\example\newFile.txt 中的数据显示在屏幕上。所以如果运行例 10-4 的程序时，用户从键盘输入的字符串为"Students?"，那么磁盘文件 c:\jdk1.7\example\newFile.txt 中的内容将是"Students"。运行本例程序时，将在屏幕上显示"Students"。

③ DataOutputStream。利用 FileOutputStream 类每次只能向文件中写入一个字节，为了能向文件中一次写入一个整型、单精度型或双精度型等数据，Java 还提供了数据输出流类 DataOutputStream，以便写入各种类型的数据。

使用 DataOutputStream 类向文件中写入各种类型数据的操作步骤是：首先为文件建立 FileOutputStream 类对象，再为该 FileOutputStream 类对象建立 DataOutputStream 类对象，利用 DataOutputStream 类的 writeInt()、writeFloat()、writeDouble()、writeBoolean() 等方法分别向文件中写入整型、单精度型、双精度型、布尔型等数据；写入操作完成后，利用 close()方法将 DataOutputStream 类对象关闭。

使用 DataOutputStream 类进行文件操作时，仍然需要对 IOException 和 FileNotFoundException 类异常进行捕获或抛出处理。

【例10-6】向磁盘文件写入各类数据。

程序如下：
```java
import java.io.*;
public class File4
{ public static void main(String[] args)
    { InputStreamReader iin=new InputStreamReader(System.in);
      BufferedReader bin=new BufferedReader(iin);
      File file1=new File("c:\\jdk1.7\\example\\dataFile.txt");
      try
      { FileOutputStream fout=new FileOutputStream(file1);
        DataOutputStream dout=new DataOutputStream(fout);
        System.out.println("输入整数");
        int i=Integer.parseInt(bin.readLine());
        System.out.println("输入浮点数");
        float f=Float.parseFloat(bin.readLine());
        System.out.println("输入布尔量");
        boolean b=Boolean.parseBoolean(bin.readLine());
        dout.writeInt(i);
        dout.writeFloat(f);
        dout.writeBoolean(b);
        dout.close();
      }
      catch(FileNotFoundException e)
      { System.out.println(e);}
      catch(IOException e)
      { System.out.println(e);}
    }
}
```

【程序解析】本例是从键盘分别输入整型、单精度型、布尔型数据，然后将这些数据写入磁盘文件。

为了一次性读入从键盘输入的字符串，采用了带缓冲功能的 BufferedReader 类，该类可以通过 InputStreamReader 类对象建立。所以程序中首先为键盘（用 System.in 表示）通过语句"InputStreamReader iin=new InputStreamReader(System.in);"建立 InputStreamReader 类对象 iin，再通过语句"BufferedReader bin=new BufferedReader(iin);"为键盘建立 BufferedReader 类对象 bin。之后，就可以通过对象 bin 的 readLine()方法一次从键盘输入一行字符串。

dout 是为磁盘文件 c:\jdk1.7\example\dataFile.txt 建立的 DataOutputStream 类对象。

程序通过 3 次调用 BufferedReader 类对象 bin（代表键盘）的 readLine()，从键盘输入 3 个字符串，再分别调用 Integer 类的 parseInt()方法、Float 类的 parseFloat()方法和 Boolean 类的 booleanValue()方法，将所读入的 3 个字符串分别转换为整型、单精度型和布尔型，并分别存放于变量 i、f 和 b 中。最后再分别调用 dout 对象的 writeInt()方法、writeFloat()方法和 writeBoolean()方法，将 i、f 和 b 的值写入文件 c:\jdk1.7\example\dataFile.txt。

④ DataInputStream。利用 FileInputStream 类只能每次从文件中读取一个字节，为了能方便地从文件中一次读取一个整型、浮点型或布尔型等数据，Java 还提供了 DataInputStream 类，以方便读取各种类型的数据。

使用 DataInputStream 类从磁盘文件读入数据的操作步骤与使用 DataOutputStream 类向磁盘文件写入数据类似，只是将 FileOutputStream 类改换为 FileInputStream 类，将写入各类数据的方法改换为读取方法 readInt()、readFloat()、readDouble()和 readBoolean()即可。

【例10-7】从磁盘文件读取各类数据。

本例展示从磁盘文件中读取各类数据的方法，程序如下：

```
import java.io.*;
public class File5
{ public static void main(String[] args)    throws IOException
  { File file1=new File("c:\\jdk1.7\\example\\dataFile.txt");
    File file2=new File("c:\\jdk1.7\\example\\outFile.txt");
    try
    { FileInputStream fin=new FileInputStream(file1);
      DataInputStream din=new DataInputStream(fin);
      int i=din.readInt();
      float f=din.readFloat();
      boolean b=din.readBoolean();
      din.close();
      FileOutputStream fout=new FileOutputStream(file2);
      DataOutputStream dout=new DataOutputStream(fout);
      dout.writeInt(i);
      dout.writeFloat(f);
      dout.writeBoolean(b);
      dout.close();
      System.out.println("整数: "+i);
      System.out.println("浮点数: "+f);
      System.out.println("布尔量: "+b);
```

```
            }
            catch(FileNotFoundException e)
            { System.out.println(e);}
            catch(IOException e)
            { System.out.println(e);}
        }
    }
```

【程序解析】本程序的功能是将磁盘文件 c:\jdk1.7\example\dataFile.txt 中保存的各类数据复制到磁盘文件 c:\jdk1.7\example\outFile.txt 中。

程序中首先为文件 c:\jdk1.7\example\dataFile.txt 建立 DataInputStream 类对象 din，利用该对象的 readInt( )、readFloat( )和 readBoolean( )方法分别读取 dataFile.txt 中存放的整数、单精度数和布尔型值，并分别存放于变量 i、f 和 b 中。接着为文件 c:\jdk1.7\example\outFile.txt 建立 DataOutputStream 类对象 dout，利用 dout 的 writeInt( )方法、writeFloat( )方法和 writeBoolean( )方法将变量 i、f 和 b 的值写入文件 outFile.txt 中。最后再将变量 i、f 和 b 的值显示在屏幕上。

事实上，该例是将例 10-6 写入文件 c:\jdk1.7\example\dataFile.txt 中的数据读出，写入文件 c:\jdk1.7\example\outFile.txt 中，同时将它们显示在屏幕上。

10.3.3 基于字符流的文件操作

使用 OutputStream、DataOutputStream、InputStream 和 DataInputStream 类只能以字节流方式向文件写入，或从文件中读取数据。要想以字符流方式向文件写入或从文件中读取数据，可以使用字符流类 FileWriter 和 FileReader 及带缓冲功能的字符流类 BufferedWriter 和 BufferedReader。

1. FileWriter

基于字符的输出流类 FileWriter 有两个构造方法：

① FileWriter(String fileName)。该构造方法的参数 fileName 表示带路径的磁盘文件名。
② FileWriter(File file)。该构造方法的参数 file 表示为磁盘文件所建立的 File 类对象名。

为磁盘文件建立 FileWriter 类对象时，由于文件名或路径错误，可能会触发 FileNotFoundException 类异常。程序中应该对 FileNotFoundException 类异常进行捕获或抛出处理。

FileWriter 类继承自 Writer 类，继承了 Writer 类的方法。

当通过 FileWriter 类的 write( )或 writeln( )方法写入字符流时，可能会触发 IOException 类异常，所以程序中应该对该类异常进行捕获或抛出处理。

基于字符流向文件写入时，为了减少和磁盘打交道的次数，常常使用具有缓冲功能的 BufferedWriter 类。使用 BufferedWriter 类的方法是：首先为文件建立 FileWriter 类对象，再为该 FileWriter 类对象建立 BufferedWriter 类对象，写入操作将使用所建立的 BufferedWriter 类对象。

【例 10-8】以字符流方式写入文件。

本例将通过键盘输入一系列字符串，然后将所输入的字符串保存到磁盘文件。由于键盘（System.in）是 InputStream 类对象，直接以字节流的方式读取输入数据。为了以字符流方式从键盘读入，需要使用 InputStreamReader 类。为提高运行效率，减少和键盘打交道的次数，常使用 BufferedReader 类接收从键盘输入的数据。使用方法是首先为 System.in 建立 InputStreamReader 类对象，再为 InputStreamReader 类对象建立 BufferedReader 类对象，然后就可以通过 Buffered Reader 类对象从键盘接收字符数据，并实现缓冲功能。

程序如下：

```java
import java.io.*;
public class File8
{   public static void main(String args[])throws Exception
    {   InputStreamReader iin=new InputStreamReader(System.in);
        BufferedReader br=new BufferedReader(iin);
        FileWriter fw1=new FileWriter("c:\\jdk1.7\\example\\dataFile.txt");
        BufferedWriter bw=new BufferedWriter(fw1);
        String s;
        while(true)
        {   System.out.print("输入一个字符串: ");
            System.out.flush();
            s=br.readLine();
            if(s.length()==0) break;
            bw.write(s);
            bw.newLine();
        }
        bw.close();
        br.close();
    }
}
```

【程序解析】首先为键盘建立 BufferedReader 类对象 br，为磁盘文件 c:\jdk1.7\example\dataFile.txt 建立 BufferedWriter 类对象 bw。

在循环语句中，调用 readLine()方法每次读取一行字符串（按【Enter】键前输入的所有字符），存放在字符串变量 s 中，调用 write(s)方法将 s 中所保存的字符串写入文件 dataFile.txt 中，循环进行，直到某次用户输入了空串，即未输入任何字符直接按【Enter】键，s.length()的值为 0，通过 break 语句退出循环。

其中，flush()语句是将输出缓冲区中的数据清空，即将输出缓冲区中的所有数据在屏幕上显示。newLine()的功能是在文件中写入换行符，使下次的写入从新行开始。

如果运行程序时，从键盘分别输入如下 4 行：

```
I am a student.
You are a teacher.
He is also a student.
We are in the same university.
```

在第 5 行直接按【Enter】键。通过写字板等文本编辑工具，可以看到文件 dataFile.txt 中的内容的确是所输入的 4 行数据。

2. FileReader

基于字符的输入流类 FileReader 有两个构造方法：

① FileReader(String fileName)。该构造方法的参数 fileName 表示带路径的磁盘文件名。

② FileReader(File file)。该构造方法的参数 file 表示为磁盘文件所建立的 File 类对象名。

FileReader 类继承自 Reader 类，继承了 Reader 类的方法。

为磁盘文件建立 FileReader 类对象时，由于文件名或路径错误，可能会触发 FileNotFoundException 类异常。程序中应该对 FileNotFoundException 类异常进行捕获或抛出处理。

当调用 FileReader 类的 read()或 readLine()方法读取字符流时，可能会触发 IOException 类异常，所以程序中应该对该类异常进行捕获或抛出处理。

基于字符流从文件读取数据时，为了减少和磁盘打交道的次数，常常使用具有缓冲功能的 BufferedReader 类。使用 BufferedReader 类的方法是：首先为文件建立 FileReader 类对象，再为该 FileReader 类对象建立 BufferedReader 类对象，写入操作将使用所建立的 BufferedReader 类对象。

【例10-9】以字符流方式读取文件。

例 10-8 展示了以字符流方式向文件中写入数据的方法，本例中将展示以字符流方式读取文件数据的方法。

本例将从一文件读取一系列字符串，然后将所读取的字符串保存到另一磁盘文件。

```java
public class File9
{   public static void main(String args[]) throws Exception
    {   FileReader fr1=new FileReader("c:\\jdk1.7\\example\\dataFile.txt");
        BufferedReader br1=new BufferedReader(fr1);
        BufferedWriter bw1=new BufferedWriter(
            new FileWriter("c:\\jdk1.7\\example\\targetFile.txt"));
        int lineNum=0;
        String s=br1.readLine();
        while(s!=null)
        {   lineNum++;
            bw1.write(String.valueOf(lineNum));
            bw1.write("   ");
            bw1.write(s);
            bw1.newLine();
            s=br1.readLine();
        }
        bw1.close();
        br1.close();
    }
}
```

【程序解析】程序中首先为文件 c:\jdk1.7\example\dataFile.txt 建立 BufferedReader 类对象 br1，再为文件 c:\jdk1.7\example\targetFile.txt 建立 BufferedWriter 类对象 bw1。

在循环语句中，通过语句"s=br1.readLine();"每次从文件 dataFile.txt 中读取一行字符串，存放于变量 s 中，通过语句"bw1.write(s);"将 s 中所保存的字符串写入文件 targetFile.txt 中，即将 dataFile.txt 中的每行字符串写入 targetFile.txt 中。在向 targetFile.txt 中写入字符串之前，通过语句"lineNum++;"和"bw1.write(String.valueOf(lineNum));"给

每行添加行号,通过语句 "bw1.write("   ");" 在行号后面添加 3 个空格,通过语句 "bw1.newLine();" 给 targetFile.txt 中写入换行符。当读取完 dataFile.txt 中的最后一行字符串后,通过语句 "s=br1.readLine();" 向 s 中存放的是一个空串,循环条件不再满足,结束循环语句。

该例是将例 10-8 写入文件 c:\jdk1.7\example\dataFile.txt 中的每行数据读出,再按行写入文件 c:\jdk1.7\example\targetFile.txt 中,同时在每行的前面添加了行号和 3 个空格。

如果文件 dataFile.txt 中原有内容是:

```
I am a student.
You are a teacher.
He is also a student.
We are in the same university.
```

那么文件 targetFile.txt 中的内容将如下:

```
1   I am a student.
2   You are a teacher.
3   He is also a student.
4   We are in the same university.
```

【例 10-10】以字符流方式向显示器输出。

由于显示器(System.out)是 PrintStream 类对象,它直接以字节流的方式向屏幕输出。为了以字符流方式向屏幕输出,需要使用 OutputStreamWriter 类。为了减少程序和显示器打交道的次数,提高运行效率,经常使用 BufferedWriter 类向显示器输出数据。使用方法是首先为 System.out 建立 OutputStreamWriter 类对象,再为 OutputStreamWriter 类对象建立 BufferedWriter 类对象,然后就可以通过 BufferedWriter 类对象向屏幕输出字符数据,实现缓冲功能。

本例是将 c:\jdk1.7\example\dataFile.txt 中的数据以字符流方式分行在屏幕上显示。显示结果中,每行添加了行号和 3 个空格。本例和例 10-9 功能上的唯一差异是将文件 dataFile.txt 中的数据在屏幕上显示。

```java
import java.io.*;
public class File11
{  public static void main(String args[]) throws Exception
   {  FileReader fr1=new FileReader("c:\\jdk1.7\\example\\dataFile.txt");
      BufferedReader br1=new BufferedReader(fr1);
      BufferedWriter bw1=new BufferedWriter(new OutputStreamWriter(System.out));
      int lineNum=0;
      String s=br1.readLine();
      while(s!= null)
      {  lineNum++;
         bw1.write(String.valueOf(lineNum));
         bw1.write("   ");
         bw1.write(s);
         bw1.newLine();
         s=br1.readLine();
      }
      bw1.close();
```

```
        br1.close();
    }
}
```

习 题

1. 何为流?根据流的方向,流可分为哪两种?
2. InputStream、OutputStream、Reader 和 Writer 类的功能有何异同?
3. 方法 newLine()的作用是什么?
4. 编写一个程序,其功能是将两个文件中的内容合并到一个文件中。
5. 编写一个程序,分别统计并输出文本文件中元音字母 a,e,i,o,u 的个数。
6. 编写程序实现以下功能:
(1)产生 5 000 个 1~9 999 之间的随机整数,将其存入文本文件 a.txt 中。
(2)从文件中读取这 5 000 个整数,并计算其最大值、最小值和平均值。
7. 编程实现以下功能:
在屏幕上显示:输入姓名
然后将用户输入的姓名保存到文本文件中。重复进行,直到用户输入空字符串为止。
8. 编程实现以下功能:
(1)从键盘输入姓名、学号、成绩,并保存到文本文件中。重复进行,直到输入空字符为止。
(2)从文件中读取各学生的成绩,并计算所有学生成绩的平均值、最大值和最小值。

第 11 章 图形用户界面设计

图形用户界面（Graphical User Interface，GUI）是大多数程序不可缺少的部分。通过 GUI 用户和程序之间可以方便地进行交互。Java 抽象窗口工具集（Abstract Window Toolkit, AWT）提供了很多组件类、窗口布局管理器类和事件处理类供 GUI 设计使用。

11.1 AWT 组件概述

Java 语言提供 AWT 的目的是为程序员创建图形用户界面提供支持。AWT 组件定义在 java.awt 包中，包括组件类、组件布局类等，主要的类与继承关系如图 11-1 所示。

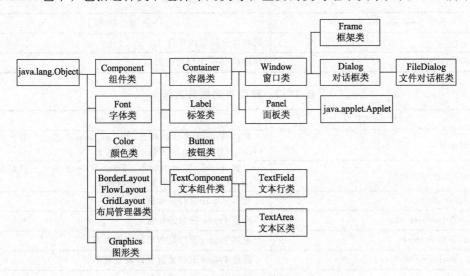

图 11-1 java.awt 的继承关系

1. 组件

组件（Component）是构成图形用户界面的基本成分和核心元素。组件类（Component）是一个抽象类，是 AWT 组件类层次结构的根类，实际使用的组件都是 Component 类的子类。Component 类提供对组件操作的通用方法，包括设置组件位置、设置组件大小、设置组件字体、响应鼠标或键盘事件、组件重绘等。

2. 容器

容器（Container）是一种特殊组件，它能容纳其他组件。它在可视区域内显示其他组件。由于容器是组件,在容器之中还可以放置其他容器,所以可以使用多层容器构成富于变化的界面。

3. 窗口与面板

容器有两种:窗口(Window)和面板(Panel)。

窗口可独立存在,可被移动,也可被最大化和最小化,有标题栏、边框,可添加菜单栏。面板不能独立存在,必须包含在另一个容器中。面板没有标题,没有边框,不可以添加菜单栏。一个窗口可以包含多个面板,一个面板也可以包含另一个面板,但面板不能包含窗口。

窗口类 Window 和面板类 Panel 都是容器类 Container 的子类。

4. 框架与对话框

窗口类 Window 主要有两个子类:框架类(Frame)和对话框类(Dialog)。

框架(Frame)是一种带标题栏并且可以改变大小的窗口。在应用程序中,使用框架作为容器,在框架中放置组件。框架类在实例化时默认是最小化的、不可见的,必须通过 setSize()方法设置框架大小,通过 setVisible(true)方法使框架可见。框架类的构造方法和主要成员方法如表 11-1 和表 11-2 所示。

表 11-1 框架类的构造方法

构 造 方 法	主 要 功 能
Frame()	创建没有标题的窗口
Frame(String title)	创建以 title 为标题的窗口

表 11-2 框架类的成员方法

成 员 方 法	主 要 功 能
int getState()	获得 Frame 窗口的状态(Frame.Normal 表示一般状态,Frame.ICONIFIED 表示最小化状态)
void setState(int state)	设置 Frame 窗口的状态(Frame.Normal 表示一般状态,Frame.ICONIFIED 表示最小化状态)
String getTitle()	获得 Frame 窗口的标题
void setTitle(String title)	设置 Frame 窗口的标题
boolean isResizable()	测试 Frame 窗口是否可以改变大小
void setResizable(boolean r)	设置 Frame 窗口是否可以改变大小
Image getIconImage()	返回窗口的最小化图标
void setIconImage(Image img)	设置窗口的最小化图标为 img

对话框(Dialog)也是一种可移动的窗口,它比框架简单,没有太多的控制元素,如最大化按钮、状态栏等。

对话框不能作为应用程序的主窗口,它依赖于一个框架窗口而存在,当框架窗口关闭时,对话框也关闭。对话框类 Dialog 的构造方法必须声明对话框所依赖的框架窗口。

【例 11-1】创建窗口。

```
import java.awt.*;
class FrmApp
```

```
{   static Frame fra=new Frame("FrmApp");
    public static void main(String args[])
    {   fra.setSize(250,150);
        fra.setLocation(100,200);
        fra.setVisible(true);
        System.out.println("State:"+fra.getState());
        System.out.println("Title:"+fra.getTitle());
        System.out.println("Visible:"+fra.isVisible());
    }
}
```

【程序解析】要创建组件，需要导入 java.awt 包中的类。通过 new Frame("FrmApp") 创建窗口类对象 fra，并设置窗口标题为 FrmApp。由于框架类在实例化时默认是最小化的和不可见的，调用 setSize(250,150) 方法设置框架大小为水平方向 250 像素、垂直方向 150 像素，调用 setLocation(100,200) 方法使窗口左上角在水平方向距离屏幕左上角 100 像素，垂直方向距离屏幕左上角 200 像素。调用 setVisible(true)方法使窗口可见，调用 getState()、getTitle()和 isVisible()方法分别获得窗口为一般状态 0、标题为 FrmApp 和可见状态为 true，并将这些信息显示在屏幕上。

程序运行时，出现图 11-2 所示的窗口，并在屏幕上显示如下所示的文本信息：

```
State:0
Title:FrmApp
Visible:true
```

图 11-2　窗口

5．标签

标签类（Label）组件用于显示一行文本信息。标签只能显示信息，不能用于输入。标签类的构造方法和主要成员方法如表 11-3 和表 11-4 所示。

表 11-3　标签类的构造方法

构 造 方 法	主 要 功 能
Label()	创建一个没有标题的标签
Label(String str)	创建一个以 str 为标题的标签
Label(String str,int align)	创建一个以 str 为标题的标签，并以 align 为对齐方式，其中 Label.LEFT、Label.CENTER 和 Label.RIGHT 分别为居左、居中和居右

表 11-4　标签类的成员方法

成 员 方 法	主 要 功 能
int getAlignment()	返回标签标题的对齐方式
void setAlignment(int align)	设置标签标题的对齐方式
String getText()	获得标签标题
void setText(String text)	设置标签标题为 text

【例 11-2】在窗口中建立一个标签。
```
import java.awt.*;
```

```
class LabApp
{ public static void main(String args[])
    { Frame fra=new Frame("LabApp");
      Label lab=new Label();              //创建一个空标签
      fra.setSize(250,150);
      lab.setText("This is a label"); //为标签添加标题
      lab.setAlignment(Label.CENTER);
      lab.setBackground(Color.white);  //设置标签背景颜色
      lab.setForeground(Color.black);  //设置标签标题颜色
      Font fnt=new Font("Serief",Font.ITALIC+Font.BOLD,22);
      lab.setFont(fnt);
      fra.add(lab);
      fra.setVisible(true);
    }
}
```

程序运行时，出现图11-3所示的窗口。

【**程序解析**】首先通过 new Frame("LabApp")实例化窗口对象 fra，设置窗口标题为 LabApp，调用 setSize(250,150)方法设置窗口大小为水平方向 250 像素、垂直方向 150 像素，窗口位置取默认值，使其左上角在屏幕左上角。接着，通过 new Label()实例化标签 lab，使其不显示文字，调用 setText("This is a label")方法使标签显示文字"This is a label"；调用 setAlignment(Label.CENTER)方法使标签标题居中；调用 setBackground(Color.white) 方法将标签的背景色设置为白色；调用 setForeground(Color.black)方法将标签的前景色设置为黑色；调用 Font 类的构造方法 Font("Serief", Font.ITALIC+Font.BOLD,22)实例化 Font 类对象 fnt，调用 setFont()方法将标签文字修饰成 fnt 字体，即 Serief 字体、粗斜体、22 号；调用窗口类 add(lab)方法将标签加入到窗口中。最后，调用窗口类的 setVisible(true)方法显示窗口。

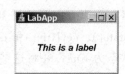

图 11-3 窗口中的标签

本例中，设置标签的背景和前景色时用到 Color 类和 Font 类，在此做简略介绍。

Color 类是 java.awt 包中的常用类之一，用来设置颜色，其构造方法有两个：

```
public Color(float r,float g,float b)
public Color(int r,int g,int b)
```

其中，r、g、b 分别表示颜色中红、绿、蓝 3 种颜色的成分。float 型参数 r、g、b 的取值范围是 0.0～1.0，int 型参数 r、g、b 的取值范围是 0～255。

例如，要创建一个红色的 Color 对象 col，可以使用下面的语句：

```
Color col=new Color(255,0,0);
```

在 Color 类中已经提供了一些颜色对象供用户使用，包括 Color.black（黑色）、Color.white（白色）、Color.gray（灰色）、Color.red（红色）、Color.green（绿色）、Color.blue（蓝色）、Color.yellow（黄色）、Color.orange（橙色）、Color.pink（粉红色）、Color.cyan（青色）等。

Font 类用来设置字体样式、大小与字形。很多方法都需要使用 Font 类对象作为参数，用来设置组件的字体。Font 类的构造方法声明如下：

```
public Font(String name,int style,int size)
```

其中，name 为字体名称，如 Arial、Dialog、Times New Roman 和 Serief 等；size 是字体大小；style 为字形样式，可以设为 Font.PLAIN(一般)、Font.BOLD(粗体)与 Font.ITALIC(斜体)。PLAIN、BOLD 和 ITALIC 是定义在 Font 类中的成员变量，其值都是整数。如果要同时设置粗体与斜体，可采用以下方式：

```
Font.BOLD+Font.ITALIC
```

6. 按钮

按钮是最常见的一种组件，用来控制程序运行的方向。用户单击按钮时，计算机将执行一系列命令，完成一定的功能。

按钮通过 java.awt 包的 Button 类创建，表 11-5 和表 11-6 中分别给出了 Button 类的构造方法和常用成员方法。

表 11-5　Button 类的构造方法

构 造 方 法	主 要 功 能
Button( )	创建一个没有标题的按钮
Button(String str)	创建一个以 str 为标题的按钮

表 11-6　Button 类的成员方法

成 员 方 法	主 要 功 能
String getLabel( )	获得按钮的标题
void setLabel(String str)	设置按钮的标题为 str

【例 11-3】在窗口中建立一个按钮。

```
import java.awt.*;
class ButtApp
{   public static void main(String args[])
    {   Frame fra=new Frame("ButtApp");
        fra.setSize(250,170);
        fra.setLayout(null);
        Button butt=new Button("click");
        butt.setSize(100,50);
        butt.setLocation(75,60);
        fra.add(butt);
        fra.setVisible(true);
    }
}
```

程序运行时，出现图 11-4 所示的窗口。

【程序解析】通过 new Button("click")实例化按钮对象 butt，其标题为 click。调用 Button 类继承的 setSize(100,50) 方法设置按钮大小为水平方向 100 像素、垂直方向 50 像素；调用 Button 类继承的 setLocation(75,60)方法，使按钮左上角在水平方向距离屏幕左上角 75 像素，垂直方向距离屏幕左上角 60 像素；调用窗口类 add(butt)方法将按钮加入到窗口中。

图 11-4　窗口中的按钮

> **注意**
>
> 本例中通过调用窗口类的 setLayout(null)方法,将窗口默认布局设置关闭,使按钮按照设置的大小和位置显示。如果不调用此方法,则将采用默认布局 BorderLayout,使按钮布满整个窗口。

7. 文本编辑组件

文本编辑组件有文本行和文本区。

文本行是一个单行文本编辑框,用于输入一行文字。文本行由 java.awt 包中的 TextField 类来创建。TextField 类的构造方法和主要成员方法如表 11-7 和表 11-8 所示。

表 11-7 TextField 类的构造方法

构 造 方 法	主 要 功 能
TextField( )	创建空的文本行
TextField(int columns)	创建空的文本行,具有指定列数
TextField(String text)	创建文本为 text 的文本行
TextField(String text,int culumns)	创建具有指定列数、文本为 text 的文本行

表 11-8 TextField 类的成员方法

成 员 方 法	主 要 功 能
String getText( )	获得文本行的文本
int getColumns( )	获得文本行的列数
void setText(String text)	设置文本行的文本为 text
void setColumns(int columns)	设置文本行的列数为 columns

文本区是一个多行文本编辑框,其基本操作与文本行类似,但其中增加了滚动条功能。文本区由 java.awt 包中的 TextArea 类来创建。

【例11-4】创建文本行。

```
import java.awt.*;
class TextApp
{  public static void main(String args[])
   {  Frame fra=new Frame("文本框程序");
      TextField txt1=new TextField(50);
      TextField txt2=new TextField("Text Field",50);
      fra.setBounds(0,0,300,200);
      fra.setLayout(null);
      txt1.setBounds(50,50,130,20);           //设置文本行的大小
      txt2.setBounds(50,100,130,30);
      fra.add(txt1);
      fra.add(txt2);
      fra.setVisible(true);
   }
}
```

程序运行时,出现图 11-5 所示的窗口。

【程序解析】通过 new TextField(50)实例化文本行对象 txt1,使其可以容纳 50 个字符;

通过 new TextField("Text Field",50) 实例化文本行对象
txt2，使其显示"Text Field"文本，且可以容纳50个字符；
调用 setBounds(0,0,300,200)方法，使窗口左上角位于屏幕
左上角，使窗口大小为水平方向 300 像素、垂直方向 200
像素（可以通过 setSize()和 setLocation()方法实现同样的功
能）；调用 setLayout(null)方法将窗口默认布局关闭，使窗
口中的组件可以按照实际设置布局；调用

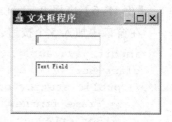

图 11-5　文本行

setBounds(50,50,130,20)方法，使 txt1 的左上角在水平方向距离屏幕左上角 50 像素，垂直方向距离屏幕左上角 50 像素，长度为 130 像素，高度为 20 像素；调用 setBounds(50,100,130,30)方法，使 txt2 的左上角在水平方向距离屏幕左上角 50 像素，垂直方向距离屏幕左上角 100 像素，长度为 130 像素，高度为 30 像素；分别调用 add(txt1) 和 add(txt2)方法，将 txt1 和 txt2 加入到窗口中。

11.2　布局管理

在 11.1 节中，通过 setSize()和 setLocation()方法来设置组件在窗口中的位置。当窗口中的组件较多时，这种方法就很不方便了。为了使窗口中的组件布局合理，又方便用户编程，Java 提供了布局管理器（Layout Manager），用来对窗口中的组件进行相对定位并根据窗口大小自动改变组件大小，合理布局各组件。

Java 提供了多种风格和特点的布局管理器，每一种布局管理器指定一种组件的相对位置和大小布局。布局管理器是容器类所具有的特性，每种容器都有一种默认的布局管理器。

在 java.awt 包中共提供了 5 个布局管理器类，分别是 FlowLayout、BorderLayout、CardLayout、GridLayout 和 GridBagLayout，每一个布局类都对应一种布局策略，这 5 个类都是 java.lang.Object 类的子类。

11.2.1　BorderLayout 类

BorderLayout（边布局）的布局策略是把容器内的空间划分为东、西、南、北、中 5 个区域，这 5 个区域分别用英文的 East、West、South、North、Center 表示。向容器中加入每个组件都要指明它放在容器的哪个区域。如果某个区域没有分配组件，则其他组件可以占据它的空间。例如，如果北部没有分配组件，则西部和东部的组件将向上扩展到容器的上方。当容器大小改变时，南北组件长度改变，而宽度不变，东西组件长度不变，而宽度改变，中间组件的长度和宽度都随容器大小改变。BorderLayout 类的构造方法如表 11-9 所示。

表 11-9　BorderLayout 类的构造方法

构造方法	功能说明
BorderLayout()	创建新的 BorderLayout 布局
BorderLayout(int hgap,int vgap)	创建组件之间水平和垂直间距分别为 hgap 和 vgap 个像素的 BorderLayout 布局

【例11-5】 应用 BorderLayout 布局。

在窗口中加入 5 个按钮，采用 BorderLayout 布局。程序如下：

```
import java.awt.*;
class BorLay
{   public static void main(String args[])
    {   Frame frm=new Frame("BorderLayout");
        BorderLayout layout=new BorderLayout(5,7);
        frm.setBounds(0,0,300,200);
        frm.setLayout(layout);
        Button butN,butS,butW,butE,butC;
        butN=new Button("north button");
        butS=new Button("south button");
        butW=new Button("west button");
        butE=new Button("east button");
        butC=new Button("center button");
        frm.add(butN,BorderLayout.NORTH);
        frm.add(butS,BorderLayout.SOUTH);
        frm.add(butW,BorderLayout.WEST);
        frm.add(butE,BorderLayout.EAST);
        frm.add(butC,BorderLayout.CENTER);
        frm.setVisible(true);
    }
}
```

程序运行结果如图 11-6 所示。

【程序解析】 通过 new BorderLayout(5,7)实例化 Border Layout 对象 layout，再调用 setLayout(layout)使窗口中组件按照 BorderLayout 布局，在水平及垂直方向的间距分别是 5 像素和 7 像素；通过 new Button("north button")、new Button ("south button")、new Button("west button")、new Button("east button")和 new Button("center button")

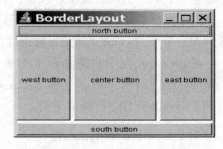

图 11-6　BorderLayout 布局

实例化 Button 类对象 butN、butS、butW、butE 和 butC，使其标题分别为 "north button"、"south button"、"west button"、"east button" 和 "center button"；调用 add(butN, BorderLayout.NORTH)、add(butS, BorderLayout. SOUTH)、add(butW, BorderLayout.WEST)、add(butE, BorderLayout.EAST) 和 add(butC, Border Layout.CENTER)分别将 butN、butS、butW、butE 和 butC 加入窗口中的上、下、左、右和中心位置。

11.2.2　FlowLayout 类

FlowLayout（流式布局）的布局策略提供按行布局组件方式，将组件按照加入的先后顺序从左向右排列，当一行排满之后转到下一行继续按照从左向右的顺序排列。组件保持自己的尺寸，一行能容纳的组件的数目随容器的宽度变化。FlowLayout 类的构造方法如表 11-10 所示。

表 11-10　FlowLayout 类的构造方法

构 造 方 法	功 能 说 明
FlowLayout( )	创建 FlowLayout 布局，组件使用默认的居中对齐方式，各组件的垂直与水平间距都是 5 像素
FlowLayout(int align)	创建 FlowLayout 布局，组件使用 align 指定的对齐方式，各组件的垂直与水平间距都是 5 像素。align 的取值可以是 FlowLayout.LEFT、FlowLayout.CENTER 和 FlowLayout.RIGHT，分别代表靠左、居中和靠右对齐
FlowLayout(int align,int hgap,int vgap)	创建 FlowLayout 布局，组件使用 align 指定的对齐方式，各组件的垂直与水平间距分别为 hgap 和 vgap

【例 11-6】使用 FlowLayout 布局。

```
import java.awt.*;
public class FlowLay
{   public static void main(String args[])
    {   Frame frm=new Frame("BorderLayout");
        FlowLayout layout=new FlowLayout();
        frm.setBounds(0,0,200,200);
        frm.setLayout(layout);
        Button but1,but2;
        TextField txt1,txt2;
        but1=new Button("button 1");
        but2=new Button("button 2");
        txt1=new TextField("text 1",10);
        txt2=new TextField("text 2",10);
        frm.add(but1);
        frm.add(but2);
        frm.add(txt1);
        frm.add(txt2);
        frm.setVisible(true);
    }
}
```

运行程序出现图 11-7（a）所示的界面。

【程序解析】通过 new FlowLayout( )实例化 FlowLayout 对象 layout，再调用 setLayout (layout)使窗口中组件按照 FlowLayout 布局，各组件的垂直与水平间距都是 5 像素，且居中对齐；通过 new Button("button 1")和 new Button("button 2 ")实例化 Button 类对象 but1 和 but2，使其标题分别为"button 1"和"button 2"；通过 new TextField("text 1",10)和 new TextField("text 2",10)实例化 TextField 类对象 txt1 和 txt2，使其文本分别为"text 1"和"text 2"，都能容纳 10 个字符；调用 add(but1)、add(but2)、add(txt1)和 add(txt2)方法，分别将 but1、but2、txt1 和 txt2 按照顺序加入窗口。由于受窗口的宽度限制，but1、but2、txt1 和 txt2 按先后顺序分别位于第一、第二和第三行，如图 11-7（a）所示。如果将窗口的宽度增加到足够大，but1、but2、txt1 和 txt2 都将位于同一行，如图 11-7（b）所示。

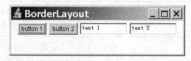

（a）初始界面　　　　　　　　　（b）增大窗口宽度后的界面

图 11-7　FlowLayout 布局

11.2.3　GridLayout 类

GridLayout（网格布局）管理器将容器划分为大小相等的若干行、若干列的网格，组件按照从左到右、从上到下的顺序依此放入各网格中。每个组件占满一格。组件大小随网格大小变化。如果组件数比网格数多，系统将自动增加网格数；如果组件数比网格数少，未用的网格区空闲。GridLayout 类的构造方法如表 11-11 所示。

表 11-11　GridLayout 类的构造方法

构 造 方 法	功 能 说 明
GridLayout( )	创建具有一行一列的 GridLayout 布局
GridLayout(int rows, int cols)	创建具有 rows 行和 cols 列的 GridLayout 布局
GridLayout(int rows, int cols, int hgap, int vgap)	创建具有 rows 行和 cols 列的 GridLayout 布局，组件的行间距和列间距分别是 hgap 和 vgap 像素

【例 11-7】使用 GridLayout 布局。

```
import java.awt.*;
public class GridLay
{   public static void main(String args[])
    {   Frame frm=new Frame("GridLayout");
        GridLayout layout=new GridLayout(2,2);      //定义两行两列的 GridLayout
        frm.setBounds(0,0,200,200);
        frm.setLayout(layout);
        String names[]={"butt1","butt2","butt3","butt4"};
        for(int i=0;i<names.length;i++)
        {   frm.add(new Button(names[i]));
        }
        frm.setVisible(true);
    }
}
```

运行程序出现图 11-8 所示的界面。

【程序解析】通过 new GridLayout(2,2)实例化 GridLayout 对象 layout，再调用 setLayout(layout)使窗口中的组件按照两行两列的 GridLayout 布局；建立了具有 4 个元素的 String 型数组，各元素的值分别为 butt1、butt2、butt3 和 butt4；通过 for 循环语句，将标题为 butt1、butt2、butt3 和 butt4 的 4 个按钮依此加入到窗口中。

图 11-8　GridLayout 布局

11.3 事件处理

11.3.1 委托事件模型

JDK1.1 之后采用委托事件模型（Delegation Event Model）。

1．事件

事件（Event）是指一个状态的改变，或者一个动作的发生。例如，单击一个按钮，产生单击事件；单击窗口关闭按钮，产生窗口关闭事件。

2．事件类

在 Java 中，用不同的类处理不同的事件。在 java.awt.event 包中定义了许多事件类，如单击事件类（ActionEvent）和窗口事件类（WindowEvent）。

3．事件源

事件由用户操作组件产生，被操作的组件称为事件源。例如，用户单击一个按钮，产生单击事件，按钮则是事件源；用户单击窗口关闭按钮，产生窗口关闭事件，窗口组件是事件源。

4．事件监听器

在图形界面程序中，不仅需要创建组件，而且需要指定组件所能响应的事件，以及该事件发生时需要执行的动作（语句序列）。

一个组件能响应哪些事件，响应事件后需执行的语句序列存放在什么位置，这些功能由事件监听器负责。为了实现此功能，在开发程序时，用户需要做以下两件事：

（1）向事件源注册事件监听器

为了在事件发生时，事件监听器能得到通知，需要向事件源注册事件监听器。

向事件源注册一个事件监听器，需要调用事件源的 addXXXListener()之类的方法。例如，向按钮 button 注册单击事件监听器需调用以下方法：

`button.addActionListener(this);`

当程序运行时，事件监听器一直监视按钮 button，一旦用户单击了该按钮，事件监听器将创建一个单击事件类 ActionEvent 的对象。

（2）实现事件处理方法

事件处理方法是事件发生时需要执行的方法，其方法体是事件发生时需要执行的语句序列。

Java 为每个事件类定义了一个相应的事件监听器接口（Listener Interface），其中声明了事件处理的抽象方法。例如，单击事件的监听器接口是 ActionListener，其中声明了 actionPerformed()方法。程序运行过程中，当用户单击一个按钮时，事件监听器将通知执行 actionPerformed()方法。

由于事件监听器接口中声明的都是抽象方法，所以用户需要在程序中实现接口中声明的抽象方法。

如果一个组件需要响应多个事件，则必须向它注册多个事件监听器；如果多个组件需要响应同一个事件,则必须向它们注册同一个事件监听器。

5. 事件运作流程

按照委托事件模型,事件运作流程如下:

① 在程序中,实现事件监听器接口(实现接口中声明的所有抽象方法),向事件源注册事件监听器。

② 程序运行过程中,用户在事件源上引发某种事件(执行某种操作)时,Java产生事件对象。

③ 事件源将事件对象传递给事件监听器。

④ 事件监听器根据事件对象的种类调用相应的事件处理方法进行事件处理。

6. 确定事件监听器

在编写事件处理的程序代码时,首先必须确定事件源与事件监听器。事件源的选择通常比较容易。事件监听器必须是实现事件监听器接口的类对象。

7. 编写事件处理程序代码

在事件处理程序中,必须实现事件监听器接口中声明的事件处理方法。事件处理方法以事件对象作为参数。当事件源上发生事件时,产生的事件对象将以参数形式传递给事件处理方法。在事件处理方法中,可以访问事件对象的成员。

例如,要创建一个窗口程序类 ButtEvent,当用户单击窗口中的按钮 button 时,需要将窗口的背景设置为灰色。选择 button 为事件源,选择 ButtEvent 类的对象为事件监听器。事件处理方法 actionPerformed(ActionEvent e)的参数是事件类 ActionEvent 的对象,在 actionPerformed(ActionEvent e)的方法体中执行将窗口的背景设置为灰色的命令:

```
setBackground(Color.gray);
```

【例11-8】处理按钮单击事件。

创建一个窗口程序类,当用户单击窗口中的按钮时,将窗口的背景设置为红色。

```
import java.awt.*;
import java.awt.event.*;
class ButtEventApp extends Frame implements ActionListener
{   static ButtEventApp frm=new ButtEventApp();
    public static void main(String args[])
    {   frm.setTitle("ButtEventApp");
        frm.setSize(300,160);
        frm.setLayout(null);
        Button btn;
        btn=new Button("push");
        btn.setBounds(120,80,60,30);
        btn.addActionListener(frm);
        frm.add(btn,BorderLayout.CENTER);
        frm.setVisible(true);
    }
    public void actionPerformed(ActionEvent e)
    {   frm.setBackground(Color.red);
    }
}
```

第11章 图形用户界面设计

【程序解析】要进行事件处理，需要导入 java.awt.event 包中的类。本例中将选择 ButtEventApp 的类对象作为事件监听器，所以 ButtEventApp 必须实现 ActionListener 接口，实现 ActionListener 接口中声明的抽象方法 actionPerformed()，将设置窗口背景为红色的命令 setBackground(Color.red)置于 actionPerformed()方法体中。语句 btn.addActionListener(frm)将 ButtEventApp 的对象 frm 作为事件监听器注册给事件源 btn。之所以将 frm 声明为 static，是由于在 main()方法和 actionPerformed()方法中都要访问 frm。

程序运行过程中，当用户单击按钮 btn 时，将执行 actionPerformed()方法，将窗口背景设置为红色。

【例11-9】利用内部类处理按钮单击事件。

内部类是在其他类的内部声明的类，包含内部类的类称为外部类，此时内部类成为外部类的成员，内部类具有成员的4种访问权限，也可以声明为 static。

本例程序的功能与上例相同，程序代码不同之处是采用内部类对象作为事件监听器。

```
import java.awt.*;
import java.awt.event.*;
class InnClassEvent
{ static Frame frm=new Frame();
   public static void main(String args[])
   {  frm.setTitle("ButtEventApp");
      frm.setSize(300,160);
      frm.setLayout(null);
      Button btn;
      btn=new Button("push");
      btn.setBounds(120,80,60,30);
      btn.addActionListener(new InnCla());
      frm.add(btn,BorderLayout.CENTER);
      frm.setVisible(true);
   }
   static class InnCla implements ActionListener
   {  public void actionPerformed(ActionEvent e)
      {  frm.setBackground(Color.red);
      }
   }
}
```

【程序解析】由于选择内部类 InnCla 的对象作为事件监听器，所以 InnCla 类必须实现 Action Listener 接口，实现 ActionListener 接口中声明的抽象方法 actionPerformed()，将设置窗口背景为红色的命令 setBackground(Color.red)置于 actionPerformed()方法体中。

11.3.2 事件类和监听器接口

1．事件类

Java 定义的多数事件类在 java.awt.event 包中。AWTEvent 类是所有事件类的祖先类，它又继承了 java.util.EventObject 类，而 EventObject 类又继承了 java.lang.Object 类，其继承关系如图11-9所示。

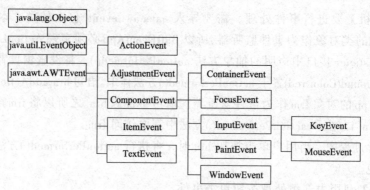

图 11-9 java.awt.event 包中类继承关系图

2．事件监听器接口

Java 中的每个事件类都有一个监听器接口，接口中声明了一个或多个抽象的事件处理方法。如果一个类实现事件监听器接口，其对象就可以作为对应事件的监听器，具备监视和处理事件的能力。

AWT 中的主要事件类、所对应的事件监听器接口及接口中所声明的方法如表 11-12 所示。

表 11-12 事件监听器接口和事件监听器接口中所声明的方法

事件类	监听器接口	监听器接口所声明的方法
ActionEvent	ActionListener	actionPerformed(ActionEvent e)
AdjustmentEvent	AdjustmentListener	adjustmentValueChanged(AdjustmentEvent e)
ItemEvent	ItemListener	itemStateChanged(ItemEvent e)
KeyEvent	KeyListener	keyTyped(KeyEvent e) keyPressed(KeyEvent e) keyReleased(KeyEvent e)
MouseEvent	MouseListener	mouseClicked(MouseEvent e) mouseEntered(MouseEvent e) mouseExited(MouseEvent e) mousePressed(MouseEvent e) mouseReleased(MouseEvent e) mouseDragged(MouseEvent e) mouseMoved(MouseEvent e)
TextEvent	TextListener	textValueChange(TextEvent e)
WindowEvent	WindowListener	windowActivated(WindowEvent e) windowClosed(WindowEvent e) windowClosing(WindowEvent e) windowDeactivated(WindowEvent e) windowDeiconified(WindowEvent e) windowIconified(WindowEvent e) windowOpened(WindowEvent e)

AWT 中的组件类和可触发的事件类的对应关系如表 11-13 所示。

表 11-13　AWT 中组件和可触发的事件类

组　件　类	产生的事件类	组　件　类	产生的事件类
Button	ActionEvent	TextArea	ActionEvent
CheckBox	ActionEvent、Itemevent	TextField	ActionEvent
MenuItem	ActionEvent	Window	WindowEvent
Scrollbar	AdjustmentEvent	—	—

3．事件适配器类

根据接口性质，一个类如果实现一个事件监听器接口，则必须实现该接口中所有的抽象方法。如果事件监听器接口中包含多个方法，即使只需要处理一个事件，也必须实现接口中的所有事件处理方法，将不需要响应的事件处理方法的方法体设置为空，编写程序较麻烦。为此，Java 提供了一种简便办法，为包含多个事件处理方法的每个事件监听器接口提供了一个抽象类，称为适配器（adapt）类，类名带有 Adapter 标记。每个适配器类实现一个事件监听器接口，用空方法体实现该接口中的每个抽象方法。

例如，WindowAdapter 类实现 WindowListener 接口，用空方法体实现 WindowListener 接口中声明的以下方法：

```
windowClosing(WindowEvent e)
windowClosed(WindowEvent e)
windowOpened(WindowEvent e)
windowActivated(WindowEvent e)
windowDeactivated(WindowEvent e)
windowIconified(WindowEvent e)
windowDeiconified(WindowEvent e)
```

这样一来，一个需要处理事件的类可以声明为继承适配器类，仅需要覆盖所响应的事件处理方法，再也不需要将其他方法用空方法体实现了。

例如，处理窗口事件的类，可以声明为继承 WindowAdapter 类，仅需要覆盖所响应的窗口事件处理方法。

监听器接口与适配器类的对应关系如表 11-14 所示。

表 11-14　监听器接口与对应的适配器类

监听器接口	适配器类	监听器接口	适配器类
ComponentListener	ComponentAdapter	MouseListener	MouseAdapter
ContainerListener	ContainerAdapter	MouseMotionListener	MouseMotionAdapter
FocusListener	FocusAdapter	WindowListener	WindowAdapter
KeyListener	KeyAdapter	—	—

4．注册事件监听器的方法

向组件类对象注册及撤销事件监听器的方法如表 11-15 所示。

表 11-15 注册及撤销事件监听器的方法

组件类	注册、撤销事件监听器的方法
Button	public void addActionListener(ActionListener l) public void removeActionListener(ActionListener l)
Component	public void addKeyListener(KeyListener l) public void removeKeyListener(KeyListener l) public void addMouseListener(MouseListener l) public void removeMouseListener(MouseListener l) public void addMouseMotionListener(MouseMotionListener l) public void removeMouseMotionListener(MouseMotionListener l)
MenuItem	public void addActionListener(ActionListener l) public void removeActionListener(ActionListener l)
TextArea	public void addActionListener(ActionListener l) public void removeActionListener(ActionListener l)
TextField	public void addActionListener(ActionListener l) public void removeActionListener(ActionListener l)
Window	public void addWindowListener(WindowListener l) public void removeWindowListener(WindowListener l)

11.3.3 处理 ActionEvent 事件

当用户单击按钮（Button）、选择列表框（List）选项、选择菜单项（MenuItem），或在文本行（TextField）输入文字并按下【Enter】键时，便触发动作事件（ActionEvent），触发事件的组件将 ActionEvent 类的对象传递给事件监听器，事件监听器负责执行 actionPerformed()方法进行相应的事件处理。

ActionEvent 类继承了 EventObject 类的一个常用方法 getSource()，其功能是返回事件源（对象）名。ActionEvent 类本身还定义了一些成员方法，如 getActionCommand()，其功能是返回事件源的字符串信息。

【例 11-10】处理 ActionEvent 事件。

编程实现：窗口中有标题为 button1 和 button2 的两个按钮和一个标签，当单击任一按钮时，标签显示该按钮的标题。程序如下：

```java
import java.awt.*;
import java.awt.event.*;
class ActEvent extends Frame implements ActionListener
{   static ActEvent frm=new ActEvent();
    static Button btn1,btn2;
    static Label lbl;
    public static void main(String args[])
    {   frm.setTitle("ActionEvent");
        frm.setSize(240,160);
        frm.setLayout(new FlowLayout());
        btn1=new Button("button 1");
        btn2=new Button("button 2");
        lbl=new Label("no clicking");
```

```
        btn1.addActionListener(frm);
        btn2.addActionListener(frm);
        frm.add(btn1);
        frm.add(btn2);
        frm.add(lbl);
        frm.setVisible(true);
    }
    public void actionPerformed(ActionEvent e)
    {   if(e.getSource()==btn1)    lbl.setText("button 1 clicked");
        else   lbl.setText("button 2 clicked");
    }
}
```

运行程序，出现图 11-10（a）所示的界面。

【程序解析】因为选择 ActEvent 的类对象 frm 作为事件监听器，所以 ActEvent 必须实现 Action Listener 接口，实现 ActionListener 接口中声明的抽象方法 actionPerformed()。在 actionPerformed()中，通过参数获得 ActionEvent 对象 e，调用 getSource()方法得到触发该事件的事件源；如果事件源是 btn1，在标签上显示"button1 clicked"，否则显示"button2 clicked"。由于 frm 要对 btn1 和 btn2 的单击事件进行响应，所以通过 btn1.addActionListener(frm)和 btn2.addActionListener(frm)分别向 btn1 和 btn2 注册 frm。之所以将 frm、btn1 和 btn2 声明为 static，是由于在 main()方法和 actionPerformed()方法中要访问它们（由于 btn2 仅在 main()方法中被访问，也可以在 main()方法中声明它）。

程序运行过程中，当用户单击按钮 btn1 时，执行 actionPerformed()方法，lbl 显示"button1 clicked"，如图 11-10（b）所示；当用户单击按钮 btn2 时，执行 actionPerformed()方法，lbl 显示"button2 clicked"，如图 11-10（c）所示。

（a）初始界面

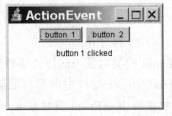
（b）单击第一个按钮后的界面

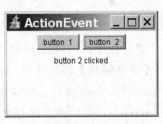
（c）单击第二个按钮后的界面

图 11-10　处理 ActionEvent 事件

11.3.4　处理 ItemEvent 事件

当窗口中的选项组件 Checkbox（选择框）和 List（列表框）等被选择时，发生选项事件（Item Event）。Java 用 ItemEvent 类处理选项事件。ItemEvent 类事件的监听器必须实现 ItemListener 接口，实现其中声明的 itemStsteChanged()方法：

```
    public void itemStateChanged(ItemEvent e)
```

程序运行过程中，当用户选择选项组件时，该方法被执行。

【例 11-11】处理 ItemEvent 事件。

编程实现：窗口中有标题为 green 和 yellow 的两个单选按钮和一个文本行，当选择任一单选按钮时，文本行中显示该单选按钮的标题。

```java
import java.awt.*;
import java.awt.event.*;
class IteEvent extends Frame implements ItemListener
{   static IteEvent frm=new IteEvent();
    static Checkbox chb1,chb2;
    static TextField txt1;
    public static void main(String args[])
    {   frm.setTitle("ItemEvent");
        frm.setSize(240,160);
        frm.setLayout(new FlowLayout());
        CheckboxGroup grp=new CheckboxGroup();
        chb1=new Checkbox("green");
        chb2=new Checkbox("yellow");
        txt1=new TextField("None is selected");
        chb1.setCheckboxGroup(grp);
        chb2.setCheckboxGroup(grp);
        chb1.addItemListener(frm);
        chb2.addItemListener(frm);
        frm.add(chb1);
        frm.add(chb2);
        frm.add(txt1);
        frm.setVisible(true);
    }
    public void itemStateChanged(ItemEvent e)
    {   if(e.getSource()==chb1)    txt1.setText("green is selected");
        else if(e.getSource()==chb2)
           txt1.setText("yellow is selected");
    }
}
```

运行程序，出现图11-11（a）所示的界面。

【**程序解析**】因为选择 IteEvent 的类对象 frm 作为事件监听器，所以 IteEvent 必须实现 Item Listener 接口，实现 ItemListener 接口中声明的抽象方法 itemStateChanged()。在 itemStateChanged()中，通过参数获得 ItemEvent 类对象 e，调用 getSource()方法得到触发该事件的事件源；如果事件源是 chb1 在文本行上显示"green is selected"，否则显示"yellow is selected"。

chb1 和 chb2 被声明为 Checkbox（复选框）类对象，通过 new Checkbox("green")和 new Checkbox ("yellow")分别对 chb1 和 chb2 进行实例化，其标题分别为 green 和 yellow。由于要将 chb1 和 chb2 建成单选按钮（具有单选功能的复选框），必须使用 CheckboxGroup 类对象，将 chb1 和 chb2 加入 CheckboxGroup 类对象中，否则建立的将是具有多选功能的复选框。通过 new CheckboxGroup()实例化 CheckboxGroup 类对象 grp，通过 chb1.setCheckboxGroup(grp)和 chb2.setCheckboxGroup(grp)分别将 chb1 和 chb2 加入 grp 中。由于 frm 要对 chb1 和 chb2 的选项事件进行响应，所以通过 chb1.addItemListener(frm)和 chb2.addItemListener(frm)分别向 chb1 和 chb2 注册 frm。

程序运行过程中，当用户选择 chb1（标题为 green）时，执行 itemStateChanged()方法，txt1 显示"green is selected"，如图 11-11（b）所示；当用户选择 chb2（标题为 yellow）时，执行 itemState Changed()方法，txt1 显示"yellow is selected"，如图 11-11（c）所示。

（a）初始界面　　　　　　（b）单击 green 后的界面　　　　（c）单击 yellow 后的界面

图 11-11　处理 ItemEvent 事件

11.3.5　处理 TextEvent 事件

当 TextField 或 TextArea 组件中的文本被改变时，触发文本事件（Text Event），Java 用 TextEvent 类处理该事件。TextEvent 类事件的监听器必须实现 TextListener 接口，实现其中声明的 textValueChanged()方法：

　　public void textValueChanged(TextEvent e)

程序运行过程中，当 TextField 或 TextArea 组件中文本改变时，该方法被执行。

【例 11-12】处理 TextEvent 事件。

编程实现：窗口中有两个文本行，当向上面的文本行输入文本时，下面文本行中同时显示所输入的文本。

```
import java.awt.*;
import java.awt.event.*;
class TexEvent extends Frame implements TextListener
{   static TexEvent frm=new TexEvent();
    static TextField txt1,txt2;
    public static void main(String args[])
    {   frm.setTitle("TextEvent");
        frm.setSize(240,160);
        frm.setLayout(new FlowLayout());
        txt1=new TextField(20);
        txt2=new TextField(20);
        txt1.addTextListener(frm);
        frm.add(txt1);
        txt2.setEditable(false);
        frm.add(txt1);
        frm.add(txt2);
        frm.setVisible(true);
    }
    public void textValueChanged(TextEvent e)
    {   txt2.setText(txt1.getText());
    }
}
```

运行程序，出现图 11-12（a）所示的界面。

【程序解析】因为选择 TexEvent 的类对象 frm 作为事件监听器，所以 TexEvent 必须实现

Text Listener 接口，实现 TextListener 接口中声明的抽象方法 textValueChanged()。在 textValueChanged()中，调用 txt1.getText()方法获得文本行 txt1 中的文本，调用 txt2.setText(txt1.getText())方法将 txt1 中的文本显示到 txt2 中。

由于 frm 要对 txt1 的 TextEvent 事件进行响应，所以通过 txt1.addTextListener(frm)向 txt1 注册 frm。通过调用 txt2.setEditable(false)方法，使 txt2 中的文本不可编辑（不能通过键盘输入或修改）。

程序运行过程中，当用户在 txt1 中输入文本时，txt1 中显示同样的文本，如图 11-12（b）所示。

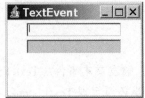

（a）初始界面　　　　　　　　　　　（b）在第一个文本行输入文本时的界面

图 11-12　处理 TextEvent 事件

11.3.6　处理 KeyEvent 事件

当按下键盘中的任意键时，将触发键盘事件（Key Event），Java 用 KeyEvent 类处理该事件。KeyEvent 类中常用的成员方法如表 11-16 所示。

表 11-16　KeyEvent 类的成员方法

成员方法	功能
char getChar()	返回按下的字符
char getCharCode()	返回按下字符的代码
public boolean isActionKey()	判别按下的键是否是 Action Key。Action Key 包括方向键、PageUp、PageDown、F1～F12 等键

TextEvent 类事件的监听器必须实现 KeyListener 接口中声明的 3 个方法，如表 11-17 所示。

表 11-17　KeyListener 接口的成员方法

成员方法	功能
void keyPressed()	对应键被按下事件，键被按下时调用该方法
void keyReleased()	对应键被释放事件，键被释放时调用该方法
void keyTyped()	对应输入字符事件，输入字符时调用该方法。按下并释放一个字符键时调用该方法，但输入 Action Key 时，不调用该方法

可见输入一个字符键时，触发 3 个事件，分别调用 3 个方法进行相应处理。

实现 KeyListener 接口时，需要实现其中声明的 3 个方法，即使不需要某一事件，也必须用空方法体实现对应的方法，使用起来不方便，所以 Java 中提供了处理 KeyEvent 事件的适配器类 KeyAdapter。在 KeyAdapter 类中，用空方法体实现了 KeyListener 接口中声明的 3 个方法。所以处理 KeyEvent 事件的监听器也可以是继承 KeyAdapter 类的类对象,在其中只需要覆盖需要处理的事件所对应的方法。

【例11-13】处理 KeyEvent 事件。

编程实现:窗口中有一个文本行和一个文本区,当按下某字符时,在文本行中显示该字符;当键被按下事件发生时,在文本区显示被按下的字符;当键被释放事件发生时,在文本区显示被释放的字符;当输入字符事件发生时,在文本区显示被输入的字符。程序如下:

```java
import java.awt.*;
import java.awt.event.*;
public class KeysEvent extends Frame implements KeyListener
{ static KeysEvent frm=new KeysEvent();
  static TextField txf;
  static TextArea txa;
  public static void main(String args[])
  { frm.setTitle("KeyEvent");
    frm.setSize(240,200);
    frm.setLayout(new FlowLayout());
    txf=new TextField(20);
    txa=new TextArea(6,20);
    txa.setEditable(false);
    txf.addKeyListener(frm);
    frm.add(txf);
    frm.add(txa);
    frm.setVisible(true);
  }
  public void keyPressed(KeyEvent e)
  { txa.setText("");
    txa.append(e.getKeyChar()+"is pressed!\n");
  }
  public void keyReleased(KeyEvent e)
  { txa.append(e.getKeyChar()+"is released!\n");
  }
  public void keyTyped(KeyEvent e)
  { txa.append(e.getKeyChar()+"is typed!\n");
  }
}
```

运行程序,出现图 11-13(a)所示的界面。

【程序解析】因为选择 KeysEvent 的类对象 frm 作为事件监听器,所以 KeysEvent 必须实现 KeyListener 接口,实现 KeyListener 接口中声明的 3 个抽象方法。在 keyPressed( )方法中,将文本区 txa 置空,调用 getKeyChar( )方法获得被按下键对应的字符,通过 append( )方法在 txa 中显示被按下的字符信息,其中 "\n" 表示换行。在 keyReleased( )方法中,调用 append( )方法在 txa 中显示被释放的字符信息。在 keyTyped( )方法中,调用 append( )方法在 txa 中显示输入的字符信息。

通过 new TextArea(6,20)将 txa 初始化为能容纳 6 行 20 列的文本。由于 frm 要对文本行 txf 的 KeyEvent 事件进行响应,所以通过 txf.addKeyListener(frm)向 txf 注册 frm。通过

调用 txa.setEditable(false)方法，使 txa 中的文本不可编辑（不能通过键盘输入或修改）。

程序运行过程中，当用户在 txf 中按下【r】键时，txa 中显示的信息如图 11-13（b）所示。

（a）初始界面

（b）在文本行输入字符 r 时的界面

图 11-13　处理 KeyEvent 事件

【例 11-14】利用 KeyAdapter 类处理 TextEvent 事件。

编程实现：窗口中有两个文本行，当输入某字符时，在第一个文本行中显示该字符，并利用 KeyAdapter 类处理输入字符事件，在第二个文本行中显示 "x is entered"，其中 x 表示输入的字符。

```
import java.awt.*;
import java.awt.event.*;
public class KeysEvent2 extends Frame
{   static KeysEvent2 frm=new KeysEvent2();
    static TextField txt1,txt2;
    public static void main(String args[])
    {   frm.setTitle("KeyEvent");
        frm.setSize(240,130);
        frm.setLayout(new FlowLayout());
        txt1=new TextField(20);
        txt2=new TextField(20);
        txt2.setEditable(false);
        txt1.addKeyListener(new KeysAdapter());
        frm.add(txt1);
        frm.add(txt2);
        frm.setVisible(true);
    }
    static class KeysAdapter extends KeyAdapter
    {   public void keyTyped(KeyEvent e)
        {   txt2.setText(e.getKeyChar()+"is entered!");
        }
    }
}
```

运行程序，出现图 11-14（a）所示的界面。

【程序解析】由于 Java 只允许单重继承，KeysEvent2 继承了 Frame 类，就不能再继承 KeyAdapter 类，所以 KeysEvent2 的类对象 frm 不能作为事件监听器，必须建立另一个继承 KeyAdapter 类的 KeysAdapter 类。因为只需要对输入字符事件响应，所以在 KeysAdapter 类中只需要覆盖 keyTyped()方法，其中通过 getKeyChar()获得所输入的字符，通过

setText(e.getKeyChar( )+" is entered!")在第二个文本行中显示"x is entered"。由于 KeysAdapter 类继承了 KeyAdapter 类，其对象可以作为 txt1 的 KeyEvent 事件监听器，通过 txt1.addKeyListener(new KeysAdapter( ))将其对象向第一个文本行注册。

KeysAdapter 类位于 KeysEvent2 类内，称为内部类。内部类的存取权限除 public 和缺省外，还可以是 private 和 protected，也可以是 static 型的。例如，本例中可以用 private 或 protected 修饰 KeysAdapter 类。在使用适配器类处理事件时，为了方便，常常使用继承适配器类的内部类。

程序运行过程中，当用户在 txt1 中输入 t 时，txt2 中显示的信息如图 11-14（b）所示。

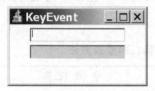   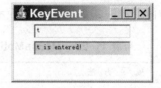

（a）初始界面　　　　　　　　（b）在第一个文本行输入字符 t 时的界面

图 11-14　利用 KeyAdapter 处理 KeyEvent 事件

11.3.7　处理 MouseEvent 事件

当按下鼠标键、鼠标指针进入或离开某一区域，或者移动、拖动鼠标时，触发鼠标事件（Mouse Event）。Java 用 MouseEvent 类处理该事件。MouseEvent 类中的常用方法如表 11-18 所示。

表 11-18　MouseEvent 类的成员方法

成员方法	功能说明
int getX( )	返回鼠标事件发生点的 X 坐标
int getY( )	返回鼠标事件发生点的 Y 坐标
Point getPoint( )	返回鼠标事件发生点的坐标
int getClickCount( )	返回鼠标的单击次数

Java 提供了 MouseListener 和 MouseMotionListener 接口，用来处理 MouseEvent 事件。Mouse Listener 接口用来处理以下事件：

① 鼠标指针进入某一区域。
② 按下鼠标键。
③ 释放鼠标键。
④ 鼠标单击（按下和释放鼠标键的整个过程）。
⑤ 鼠标指针离开某一区域。

处理这 5 个事件的监听器必须实现 MouseListener 接口，实现 MouseListener 声明的 5 个方法，如表 11-19 所示。

MouseMotionListener 接口用来处理以下两个事件：

① 鼠标在某一区域移动。
② 鼠标在某一区域拖动（按下鼠标键不放移动鼠标）。

表 11-19 MouseListener 接口的成员方法

成 员 方 法	功 能 说 明
void mouseClicked(MouseEvent e)	对应鼠标单击事件
void mouseEntered(MouseEvent e)	对应鼠标进入事件
void mouseExited(MouseEvent e)	对应鼠标离开事件
void mousePressed(MouseEvent e)	对应按下鼠标键事件
void mouseReleased(MouseEvent e)	对应释放鼠标键事件

处理这两个事件的监听器必须实现 MouseMotionListener 接口，实现 MouseMotion-Listener 声明的两个方法，如表 11-20 所示。

表 11-20 MouseMotionListener 接口的成员方法

成 员 方 法	功 能 说 明
moveDragged(MouseEvent e)	对应鼠标拖动事件
moveMoved(MouseEvent e)	对应鼠标移动事件

由于 MouseListener 接口中有 5 个方法，为了方便用户编程，Java 也提供了适配器类 Mouse Adapter，用空方法体实现 MouseListener 接口中的 5 个方法。处理鼠标指针进入和离开某一区域、按下鼠标键、释放鼠标键及鼠标单击事件时，其监听器也可以是继承 MouseAdapter 类的类对象，在其中只需要覆盖需要处理的事件所对应的方法。

同样，Java 也提供了适配器类 MouseMotionAdapter，用空方法体实现 MouseMotionListener 接口中的两个方法。处理鼠标移动和拖动事件时，其监听器也可以是继承 MouseMotionAdapter 类的类对象，在其中只需要覆盖需要处理的事件所对应的方法。

【例 11-15】利用 MouseListener 接口处理 MouseEvent 事件。

编程实现：窗口中有两个文本区，当鼠标指针进入和离开第一个文本区时，在第二个文本区显示相应信息；当在第一个文本区单击鼠标、按下和释放鼠标键时，分别显示其事件及发生的位置信息。程序如下：

```
import java.awt.*;
import java.awt.event.*;
public class MouEvent extends Frame implements MouseListener
{   static MouEvent frm=new MouEvent();
    static TextArea txa1,txa2;
    public static void main(String args[])
    {   frm.setTitle("MouEvent");
        frm.setSize(240,300);
        frm.setLayout(new FlowLayout());
        txa1=new TextArea(5,30);
        txa2=new TextArea(8,30);
        txa2.setEditable(false);
        txa1.addMouseListener(frm);
        frm.add(txa1);
        frm.add(txa2);
        frm.setVisible(true);
    }
```

```
    public void mouseEntered(MouseEvent e)      //鼠标进入事件处理
    { txa2.setText("Mouse enters txa1\n");
    }
    public void mouseClicked(MouseEvent e)      //鼠标单击事件处理
    { txa2.append("Mouse is clisked at["+e.getX()+","+e.getY()+"]\n");
    }
    public void mousePressed(MouseEvent e)      //鼠标按键事件处理
    { txa2.append("Mouse is pressed at ["+e.getX()+","+e.getY()+"]\n");
    }
    public void mouseReleased(MouseEvent e)     //鼠标键释放事件处理
    { txa2.append("Mouse is released at ["+e.getX()+","+e.getY()+"]\n");
    }
    public void mouseExited(MouseEvent e)       //鼠标离开事件处理
    { txa2.append("Mouse exits from txa1 ");
    }
}
```

运行程序，出现图11-15（a）所示的界面。

【程序解析】因为选择 MouEvent 的类对象 frm 作为事件监听器，所以 MouEvent 必须实现 MouseListener 接口，实现 MouseListener 接口中声明的 5 个抽象方法。在 mouseEntered()方法中，调用 setText("Mouse enters txa1\n")方法在文本区 txa2 中显示"Mouse enters txa1"，其中"\n"表示换行。在 mouseClicked()方法中，分别通过调用 getX() 和 getY()方法获得鼠标单击的位置坐标，调用 append()方法在文本区 txa2 中显示鼠标单击及位置信息。在 mousePressed()方法中，分别通过调用 getX()、getY()和 append()方法在文本区 txa2 中显示鼠标键按下及位置信息。在 mouse Released()方法中，分别通过调用 getX()、getY()和 append()方法在文本区 txa2 中显示鼠标键释放及位置信息。在 mouseExited()方法中，调用 append("Mouse exits from txa1")方法在文本区 txa2 中显示"Mouse exits from txa1"。

通过 new TextArea(5,30)将 txa1 初始化为能容纳 5 行 30 列的文本，通过 new TextArea(8,30)将 txa2 初始化为能容纳 8 行 30 列的文本。由于 frm 要对文本行 txa1 的 MouseEvent 事件进行监听，所以通过 txa1.addMouseListener(frm)向 txa1 注册 frm。通过调用 txa2.set.Editable(false)方法，使 txa2 中的文本不可编辑。

程序运行过程中，移动鼠标进入 txa1 后单击（按下并释放任一鼠标键），最后移动鼠标离开 txa1 时，txa2 中显示的信息如图11-15（b）所示。

（a）初始界面

（b）发生 MouseEvent 事件后的界面

图 11-15 利用 MouseListener 处理 MouseEvent 事件

【例11-16】 利用 MouseMotionListener 接口处理 MouseEvent 事件。

编程实现：窗口中有一个文本区和两个文本行，当鼠标在文本区内移动时，在第一个文本行显示移动信息；当鼠标在文本区内拖动时，在第二个文本行显示拖动信息。程序如下：

```java
import java.awt.*;
import java.awt.event.*;
public class MouEvent2 extends Frame implements MouseMotionListener
{   static MouEvent2 frm=new MouEvent2();
    static TextArea txa;
    static TextField txt1,txt2;
    public static void main(String args[])
    {   frm.setTitle("MouEvent");
        frm.setSize(240,200);
        frm.setLayout(new FlowLayout());
        txa=new TextArea(5,30);
        txt1=new TextField(30);
        txt2=new TextField(30);
        txa.setEditable(false);
        txa.addMouseMotionListener(frm);
        frm.add(txa);
        frm.add(txt1);
        frm.add(txt2);
        frm.setVisible(true);
    }
    public void mouseMoved(MouseEvent e)            //处理鼠标移动事件
    {   txt1.setText("Mouse is moved in txa");
    }
    public void mouseDragged(MouseEvent e)          //处理鼠标拖动事件
    {   txt2.setText("Mouse is dragged in txa");
    }
}
```

运行程序，出现图11-16（a）所示的界面。

【程序解析】 因为选择 MouEvent2 的类对象 frm 作为事件监听器，所以 MouEvent2 必须实现 MouseMotionListener 接口，实现 MouseMotionListener 接口中声明的两个抽象方法。在 mouseMoved()方法中，调用 setText("Mouse is moved in txa")方法在文本行 txt1 中显示"Mouse is moved in txa"。在 mouseDragged()方法中，调用 setText("Mouse is dragged in txa")方法在文本行 txt2 中显示"Mouse is dragged in txa"。

通过 new TextArea(5,30)将 txa 初始化为能容纳5行30列的文本，通过 new TextField(30)分别将 txt1 和 txt2 初始化为能容纳30列的文本。由于 frm 要对文本区 txa 的 MouseEvent 事件进行监听，所以通过 txa.addMouseMotionListener(frm)向 txa 注册 frm。

程序运行过程中，在文本区 txa 内移动鼠标，txt1 中显示"Mouse is moved in txa"；在文本区 txa 内拖动鼠标，txt2 中显示"Mouse is dragged in txa"，如图11-16（b）所示。

 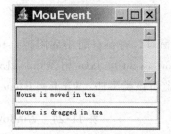

(a)初始界面　　　　　(b)发生 MouseEvent 事件后的界面

图 11-16　利用 MouseMotionListener 处理 MouseEvent 事件

【例 11-17】利用 MouseMotionAdapter 类处理 MouseEvent 事件，实现例 11-16 功能。

```
import java.awt.*;
import java.awt.event.*;
public class MouEvent3 extends Frame
{   static MouEvent3 frm=new MouEvent3();
    static TextArea txa;
    static TextField txt1,txt2;
    public static void main(String args[])
    {   frm.setTitle("MouEvent");
        frm.setSize(240,200);
        frm.setLayout(new FlowLayout());
        txa=new TextArea(5,30);
        txt1=new TextField(30);
        txt2=new TextField(30);
        txa.setEditable(false);
        txa.addMouseMotionListener(new MouMotionAdapter());
        frm.add(txa);
        frm.add(txt1);
        frm.add(txt2);
        frm.setVisible(true);
    }
    static class MouMotionAdapter extends MouseMotionAdapter
    {   public void mouseMoved(MouseEvent e)       //处理鼠标移动事件
        {   txt1.setText("Mouse is moved in txa");
        }
        public void mouseDragged(MouseEvent e)     //处理鼠标拖动事件
        {   txt2.setText("Mouse is dragged in txa");
        }
    }
}
```

【程序解析】MouEvent3 的类对象不作为事件监听器，所以 MouEvent3 不用实现 MouseMotion Listener 接口。由于内部类 MouMotionAdapter 的类对象要作为 MouseEvent 事件的监听器，Mou MotionAdapter 需要继承 MouseMotionAdapter 类，覆盖 MouseMotionAdapter 类中的 mouseMoved()和 mouseDragged()方法，响应鼠标移动和拖动事件。

本例的程序与例 11-16 的程序具有完全相同的功能。读者也可以对例 11-15 中的程序进行修改，利用适配器类 MouseAdapter 处理 MouseEvent 事件。

11.3.8 处理 WindowEvent 事件

当创建窗口，将窗口缩小成图标，由图标转成正常大小，或关闭窗口时，触发窗口事件（window event）。Java 用 WindowEvent 类处理该类事件，并提供了 WindowListener 接口，用来监听该类事件。WindowListener 接口中声明的 7 个抽象方法，如表 11-21 所示。

表 11-21 WindowListener 接口的成员方法

成员方法	功能说明
windowActivated(WindowEvent,e)	对应窗口由"非活动"状态转变为"活动"状态事件
windowClosed(WindowEvent,e)	对应窗口已关闭事件
windowClosing(WindowEvent,e)	对应窗口关闭（按下窗口关闭按钮）事件
windowDeactivated(WindowEvent,e)	对应窗口由"活动"状态转变为"非活动"状态事件
windowIconified(WindowEvent,e)	对应窗口由一般状态转变为最小化状态事件
windowDeiconified(WindowEvent,e)	对应窗口由最小化状态转变为一般状态事件
windowOpened(WindowEvent,e)	对应窗口打开事件

由于 WindowListener 接口中有 7 个方法，为了方便用户编程，Java 也提供了适配器类 WindowAdapter，用空方法体实现 WindowListener 接口中的 7 个方法。处理窗口事件时，其监听器也可以是继承 WindowAdapter 的类对象，在其中只需要覆盖需要处理的事件所对应的方法。

【例 11-18】处理 WindowEvent 事件。

编程实现：当窗口打开、关闭、缩小为图标和由图标转换成一般状态时，在屏幕上显示相应信息。

```java
import java.awt.*;
import java.awt.event.*;
public class WinEvent extends Frame implements WindowListener
{   static WinEvent frm=new WinEvent();
    public static void main(String args[])
    {   frm.setTitle("MouEvent");
        frm.setSize(240,200);
        frm.addWindowListener(frm);
        frm.setVisible(true);
    }
    public void windowClosing(WindowEvent e)
    {   System.out.println("windowClosing() method");
        System.exit(0);
    }
    public void windowClosed(WindowEvent e)
    {
    }
    public void windowActivated(WindowEvent e)
    {
    }
    public void windowDeactivated(WindowEvent e)
    {
```

```
    }
    public void windowIconified(WindowEvent e)
    {   System.out.println("windowIconified() method");
    }
    public void windowDeiconified(WindowEvent e)
    {   System.out.println("windowDeiconified() method");
    }
    public void windowOpened(WindowEvent e)
    {   System.out.println("windowOpened() method");
    }
}
```

【程序解析】因为选择 WinEvent 的类对象 frm 作为事件监听器,所以 WinEvent 必须实现 WindowListener 接口,实现 WindowListener 接口中声明的 7 个抽象方法。

windowClosing( )方法除在屏幕上显示"windowClosing( ) method"信息外,还调用 System.exit(0)方法结束程序运行;windowIconified( )方法仅在屏幕上显示"windowIconified( ) method"信息;window Deiconified( )方法仅在屏幕上显示"windowDeiconified( ) method"信息;Window Opened( )方法仅在屏幕上显示"WindowOpened( ) method"信息;其他方法不执行任何功能。

程序运行过程中,单击最小化按钮使窗口缩小成图标,再单击缩小成图标的窗口,使其恢复到一般状态,最后再单击关闭按钮将窗口关闭,屏幕上的显示信息如图 11-17 所示。

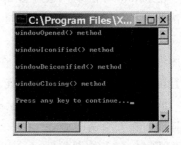

图 11-17 处理 WindowEvent 事件

11.4 绘 图

Java 提供了绘图类 Graphics,用来在组件上绘图。通过调用 Graphics 类的方法可以绘制直线、圆、圆弧、任意曲线等图形。

1. Graphics 类

Graphics 类提供了很多绘图方法,绘图所使用的坐标系与屏幕、窗口相同。水平方向是 X 轴,向右为正,垂直方向是 Y 轴,向下为正,坐标原点(0, 0)位于屏幕的左上角。任一点(x,y)的 x 表示该点距坐标原点在水平方向的像素,y 表示距坐标原点在垂直方向的像素。Graphics 类中常用的成员方法如表 11-22 所示。

表 11-22 Graphics 类的成员方法

成 员 方 法	功 能 说 明
void drawLine(int x1, int y1, int x2, int y2)	在点(x1, y1)和点(x2, y2)之间绘制一条直线
void drawOval(int x, int y, int w, int h)	在左上角位于点(x1, y1)、宽度和宽度分别为 w 和 h 的矩形内绘制一个内切椭圆
void drawRect(int x, int y, int w, int h)	绘制左上角位于点(x, y)、宽度和宽度分别为 w 和 h 的一个矩形

续表

成 员 方 法	功 能 说 明
abstract void drawString(String str, int x, int y)	从点(x, y)处开始输出字符串 str
void fillRect(int x, int y, int w, int h)	绘制左上角位于点(x, y)、宽度和宽度分别为 w 和 h 的一个矩形，并用前景色填充
abstract Color getColor( )	返回绘图的颜色
abstract Font getFont( )	返回绘图的字体
abstract void setColor(Color c)	设置绘图的颜色为 c
abstract void setFont(Font font)	设置绘图的字体为 font

2. 在组件上绘图

在 java.awt.Component 类中声明了绘图方法 paint( )，其声明如下：

```
public void paint(Graphics g)
```

在 paint( )方法中，通过 Graphics 对象 g 调用绘图方法，在组件上绘制图形。paint( )方法的执行方式与普通方法不同，它不是由用户编写代码调用执行，而是由系统自动执行。程序运行过程中，当创建一个组件时，系统自动执行该组件的 paint( )方法，绘制相应图形。因此，一个类如果需要在组件上绘图，则该类必须声明为继承某个 Java 组件类，并且覆盖 paint( )方法，否则不能自动执行 paint( )方法。

虽然在任何组件上都可以绘制图形，但由于很多组件上都有标题等信息，通常只在窗口或面板上绘制图形。

【例 11-19】绘图举例。

编程实现：在窗口中绘制一条直线和一个矩形，并在矩形内显示字符串"Painting"。

```
import java.awt.*;
public class Painting extends Frame
{  public Painting()
   {  super("Painting");
      setSize(200,150);
      setVisible(true);
   }
   public static void main(String args[])
   {  Painting app=new Painting();
   }
   public void paint(Graphics g)
   {  g.setColor(Color.black);
      g.drawLine(50,50,150,50);
      g.drawRect(50,70,100,50);
      Font fnt=new Font("dialog",Font.ITALIC+Font.BOLD,15);
      g.setFont(fnt);
      g.drawString("Painting",70,100);
   }
}
```

【程序解析】通过 super("Painting")调用父类的构造方法，使窗口具有标题 Painting。由于 Painting 类继承了 Frame 类，当在 main( )方法中通过 new Painting( )实例化 Painting 对象 app 时，系统自动执行 paint( )方法。

在 paint( )方法中，通过 setColor(Color.black)将前景色设置为黑色，将采用黑色绘制图形和输出字符。通过 drawLine(50,50,150,50)在点(50,50)和点(150,50)之间绘制一条直线黑色。通过 drawRect(50,70,100,50)绘制一个左上角位于(50,70)、长度和宽度分别为 100 和 50 的矩形。通过 new Font("dialog", Font.ITALIC+ Font.BOLD, 15)实例化 Font 对象 fnt，再通过 setFont(fnt)设置文字显示的字形为 dialog，斜体和粗体修饰，字号为 15 磅。通过 drawString("Painting",70,100)从点(70,100)开始、采用刚设置的字体显示字符串"Painting"。

程序运行时，显示窗口如图 11-18 所示。

图 11-18　绘图

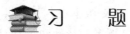

1. 制作图形界面需要引入哪些包？
2. 简述事件处理机制。
3. 设计程序实现：一个窗口包含文本行和标签，在文本行中输入一段文字并按【Enter】键后，这段文字将显示在标签上。
4. 请说明 FlowLayout 布局方式的特点。
5. 编程实现：有一个标题为"计算"的窗口，窗口的布局为 FlowLayout；有 4 个按钮，分别为"加"、"减"、"乘"和"除"；另外，窗口中还有 3 个文本行，单击任一按钮，将前两个文本行的数字进行相应的运算，在第三个文本行中显示结果。
6. 编写应用程序，有一个标题为"改变颜色"的窗口，窗口布局为 null，在窗口中有 3 个按钮和 1 个文本行，3 个按钮的标题分别是"红"、"绿"和"蓝"，单击任一按钮，文本行的背景色更改为相应的颜色。
7. 文本区可以使用 getSelectedText( )方法获得通过鼠标拖动选中的文本。编写应用程序，有一个标题为"挑单词"的窗口，窗口的布局为 BorderLayout。在窗口中添加 2 个文本区和 1 个按钮，文本区分别位于窗口的西部和东部区域，按钮位于窗口的南部区域，当单击按钮时，程序将西部文本区中鼠标选中的内容添加到东部文本区的末尾。
8. 编写一个简单的屏幕变色程序。当用户单击"变色"按钮时，窗口颜色就自动地变成另外一种颜色。
9. 编写一个温度转换程序。用户在文本行中输入华氏温度（θ，单位为℉），并按【Enter】键，自动在两个文本中分别显示对应的摄氏温度（t，单位为℃）和开氏温度（T，单位为 K）。要求给文本行和标签添加相应的提示信息。具体的计算公式为：

$$\frac{t}{℃}=\frac{5}{9}\left(\frac{\theta}{℉}-32\right)$$

$$T(K)=t(℃)+273$$

第 12 章 Swing 组件

早期的 JDK 版本中提供了 AWT，其目的是为程序员创建图形用户界面提供支持，但是 AWT 功能有限，因此在后来的 JDK 版本中，又提供了功能更强的 Swing 类库。Swing 库是 AWT 库的扩展，提供了比 AWT 更多的特性和工具，用于建立更复杂的图形用户界面。

12.1 Swing 组件概述

Swing 包含大部分与 AWT 对应的组件，例如标签和按钮，在 java.awt 包中分别用 Label 和 Button 表示，而在 javax.swing 包中，则用 JLabel 和 JButton 表示，多数 Swing 组件类以字母 J 开头。Swing 组件的用法与 AWT 组件基本相同，大多数 AWT 组件只要在其类名前加 J 即可转换成 Swing 组件。java.swing 中类的继承关系如图 12-1 所示。

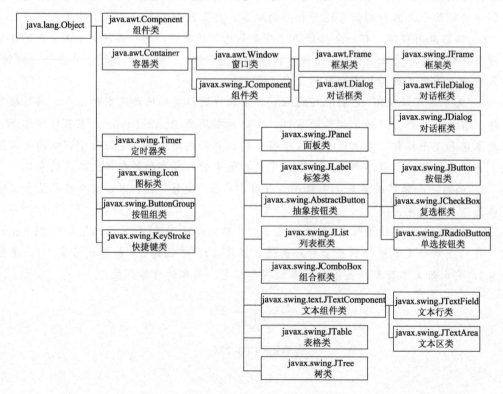

图 12-1 java.swing 中类的继承关系图

Swing 组件与 AWT 组件最大的不同是，Swing 组件在实现时不包含任何本地代码，因此 Swing 组件可以不受硬件平台的限制，而具有更多的功能。不包含本地代码的 Swing 组件被称为"轻量级"组件，而包含本地代码的 AWT 组件被称为"重量级"组件。在 Java2 平台上推荐使用 Swing 组件。

Swing 组件比 AWT 组件拥有更多的功能，例如，Swing 中的按钮和标签不仅可以显示文本信息，还可以显示图标，或同时显示文本和图标；大多数 Swing 组件都可以添加和修改边框；Swing 组件的形状是任意的，而不仅局限于长方形。

AWT 已经不再扩充了，未来发展方向是 Swing 组件。但 AWT 并不会因此消失，因为 Swing 是基于 AWT 而发展的，所有 Swing 组件均是以 AWT 的 Container 类为基础开发的，因此 Swing 的关键技术还是 AWT，要了解 Swing 技术，需要先了解 AWT 技术。在将 AWT 技术搞清楚之后，很容易开发基于 Swing 的图形界面程序。本教材正是基于这种考虑，在第 11 章用较大的篇幅介绍 AWT。

12.2 窗　　口

基于 Swing 组件的图形用户界面，采用 JFrame 框架作为容器。JFrame 类是从 Frame 类派生的，其构造方法及成员方法如表 12-1 和表 12-2 所示。

表 12-1　JFrame 类的构造方法

构 造 方 法	主 要 功 能
JFrame( )	创建没有标题的窗口
JFrame(String title)	创建以 title 为标题的窗口

表 12-2　JFrame 类的成员方法

成 员 方 法	主 要 功 能
Container getContentPane( )	返回窗口的 ContentPane 组件
int getDefaultCloseOperation( )	当用户关闭窗口时的默认处理方法
int setDefaultCloseOperation( )	设置用户关闭窗口时所执行的操作
void update(Graphics g)	调用 paint( )方法重绘窗口
void remove(Component component)	将窗口中的 component 组件删除
JMenuBar getMenuBar( )	返回窗口中的菜单栏组件
void setLayout(LayoutManager manager)	设置窗口的布局

每个 JFrame 窗口都有一个内容窗格（content panel），窗口中除菜单之外的所有组件都放在其内容窗格中。要将组件添加到其内容窗格中，首先用 JFrame 类的 getContentPane( ) 方法获得其默认的内容窗格，getContentPane( )方法的返回类型是 java.awt.Container，然后使用 add( )方法将组件添加到其内容窗格中。这与在 Frame 窗口中直接使用 add( )方法添加组件明显不同。

12.3 标签

Swing 中的标签组件类 JLabel 与 AWT 中的标签组件类 Label 相似，可以显示文本。但 JLabel 组件还可以显示图标，当鼠标的指针移动到标签上时，还会显示一段提示信息。JLabel 类的构造方法和成员方法如表 12-3 和表 12-4 所示。

表 12-3 JLabel 类的构造方法

构造方法	功能说明
JLabel( )	创建一个空标签
JLabel(Icon icon)	创建一个图标为 icon 的标签
JLabel(Icon icon,int alignment)	创建一个图标为 icon 的标签并指定它的水平对齐方式为 alignment
JLabel(String str)	创建一个标题为 str 的标签
JLabel(String str,int alignment)	创建一个标题为 str 的标签并指定标签的水平对齐方式为 alignment
JLabel(String str,Icon icon,int alignment)	创建一个图标为 icon、标题为 str 的标签，并指定它的水平对齐方式

表 12-4 JLabel 类的成员方法

成员方法	功能说明
Icon getIcon( )	返回标签的图标
void setIcon(Icon icon)	设置标签的图标为 icon
String getText( )	返回标签的标题
void setText(String str)	设置标签的标题为 str
void setHorizontalAlignment(int alignemt)	设置标签的水平对齐方式为 alignemt
void setVerticalAlignment(int alignment)	设置标签的垂直对齐方式为 alignemt
void setHorizontalTextPosition(int ps)	设置标签标题的水平位置为 ps
void setVerticalTextPosition(int ps)	设置标签标题的垂直位置为 ps

12.4 按钮

在 Swing 中，所有按钮都是由 AbstractButton 类派生的。Swing 中按钮的功能较 AWT 中的按钮功能更加强大，包括给按钮添加图像、使用快捷键以及设置按钮的对齐方式，还可以将多个图像分配给一个按钮以处理鼠标在按钮上的停留等。JButton 类的构造方法如表 12-5 所示。

表 12-5 JButton 类的构造方法

构造方法	功能说明
JButton( )	创建一个没有标题和图标的按钮
JButton(Icon icon)	创建一个图标为 icon 的按钮
JButton(String str)	创建一个标题为 str 的按钮
JButton(String str,Icon icon)	创建一个标题为 str、图标为 icon 的按钮

12.5 单选按钮和复选框

在 Swing 中，单选按钮 JRadioButton 用来显示一组互斥的选项。在同一组单选按钮中，任何时候最多只能有一个按钮被选中。一旦选中一个单选按钮，以前选中的按钮自动变成未选中状态。

要让多个单选按钮位于同一组，必须使用按钮组类 ButtonGroup。ButtonGroup 是 javax.swing 包中的类，但不是 JComponent 的子类。调用 ButtonGroup 类的 add( )方法可以将一个按钮添加到一个 ButtonGroup 对象中。

JRadioButton 类的构造方法如表 12-6 所示。

表 12-6　JRadioButton 类的构造方法

构 造 方 法	功 能 说 明
JRadioButton( )	创建一个无标题的单选按钮
JRadioButton(Icon icon)	创建一个图标为 icon 的单选按钮
JRadioButton(Icon icon,boolean sele)	创建一个图标为 icon 的单选按钮，且初始状态为 sele
JRadioButton(String str)	创建一个标题为 str 的单选按钮
JRadioButton(String str,boolean sele)	创建一个标题为 str 的单选按钮，且初始状态为 sele
JRadioButton(String str,Icon icon)	创建一个标题为 str、图标为 icon 的单选按钮
JRadioButton(String str,Icon icon,boolean sele)	创建一个标题为 str、图标为 icon 的单选按钮，且初始状态为 sele

【例 12-1】Swing 单选按钮举例。

编程实现：窗口中有标题为 Plain、Bold 和 Italic 的 3 个单选按钮和 1 个标签，当选择任意一个单选按钮时，标签中显示该单选按钮被选中的信息。

```
import java.awt.*;
import java.awt.event.*;
import javax.swing.*;
public class JRadio extends JFrame
{   private JLabel lbl;
    private JRadioButton pla,bol,ita;
    private ButtonGroup buttonG;
    public JRadio()
    {   super("JRadioButton");
        Container c=getContentPane();
        c.setLayout(new FlowLayout());
        lbl=new JLabel("Plain is selected");
        pla=new JRadioButton("Plain",true);
        bol=new JRadioButton("Bold",false);
        ita=new JRadioButton("Italic",false);
        c.add(pla);
        c.add(bol);
        c.add(ita);
        c.add(lbl);
        pla.addItemListener(new Handler1());
```

```
        bol.addItemListener(new Handler1());
        ita.addItemListener(new Handler1());
        buttonG=new ButtonGroup();
        buttonG.add(pla);
        buttonG.add(bol);
        buttonG.add(ita);
        setSize(200,150);
        setVisible(true);
    }
    public static void main(String args[])
    {   JRadio app=new JRadio();
        app.addWindowListener(new Handler2());
    }
    class Handler1 implements ItemListener
    {   public void itemStateChanged(ItemEvent e)
        {   if(e.getSource()==pla)  lbl.setText("Plain is selected");
            else if(e.getSource()==bol)  lbl.setText("Bold is selected");
            else  lbl.setText("Italic is selected");
        }
    }
    static class Handler2 extends WindowAdapter
    {   public void windowClosing(WindowEvent e)
        {   System.exit(0);
        }
    }
}
```

【程序解析】 由于要创建 Swing 组件，需要导入 javax.swing 包中的类。要创建 JFrame 窗口，JRadio 类需要继承 JFrame 类。

通过 super("JRadioButton")调用父类的构造方法，使窗口具有标题 JRadioButton。调用 JFrame 类的 getContentPane()方法获得窗口的内容窗格，其返回类型是 Container 类，将其赋予 Container 类对象 c，通过 c 可以向窗口中添加组件。通过 new JLabel("Plain is selected") 实例化 lbl 标签，使其具有标题 Plain is selected；通过 new JRadioButton("Plain",true) 实例化 pla 单选按钮，使其具有标题 Plain，并处于选中状态；通过 new JRadioButton("Bold",false) 实例化 bol 单选按钮，使其具有标题 Bold，并处于未选状态；通过 new JRadioButton("Italic",false) 实例化 ita 单选按钮，使其具有标题 Italic，并处于未选状态。调用 add()方法将 pla、bol、ita 和 lbl 添加到窗口中。

选择内部类 Handler1 的对象对 ItemEvent 事件进行监听，所以 Handler1 必须实现 ItemListener 接口，实现 ItemListener 接口中声明的抽象方法 itemStateChanged()。在 itemStateChanged()中，通过参数获得 ItemEvent 对象 e，调用 getSource()方法得到触发该事件的事件源。如果事件源是 pla，在标签上显示"Plain is selected"；如果事件源是 bol，在标签上显示"Bold is selected"；否则显示"Italic is selected"。

通过 new ButtonGroup()实例化 ButtonGroup 对象 buttonG，调用 add()方法分别将 pla、bol 和 ita 加入 buttonG，使 pla、bol 和 ita 成为一组单选按钮，任何时候只能从中选择一项。

在 main()方法中，通过 new JRadio()实例化 JRadio 对象 app，使程序运行。由于要选择内部类 Handler2 的对象对 WindowEvent 事件进行监听，所以 Handler2 需要继承 WindowAdapter 类，覆盖其中的 windowClosing()方法，终止程序的运行。

程序运行时，显示窗口如图 12-2（a）所示。如果选中 Bold 单选按钮，那么窗口显示如图 12-2（b）所示。

（a）初始界面　　　　　　　　　（b）选中 Bold 后的界面

图 12-2　单选按钮

在 Swing 中，复选框 JCheckBox 用来显示一组选项。在一组复选框中，可以同时选中多个复选框，也可以不选中任何复选框。JCheckBox 类的构造方法如表 12-7 所示。

表 12-7　JCheckBox 类的构造方法

构造方法	功能说明
JCheckBox()	创建一个无标题的复选框
JCheckBox(Icon icon)	创建一个图标为 icon 的复选框
JCheckBox(Icon icon,boolean sele)	创建一个图标为 icon 的复选框，且初始状态为 sele
JCheckBox(String str)	创建一个标题为 str 的复选框
JCheckBox(String str,boolean sele)	创建一个标题为 str 的复选框，且初始状态为 sele
JCheckBox(String str,Icon icon)	创建一个标题为 str、图标为 icon 的复选框
JCheckBox(String str,Icon icon,boolean sele)	创建一个标题为 str、图标为 icon 的复选框，且初始状态为 sele

【例 12-2】Swing 复选框举例。

编程实现：窗口中有标题为 Plain 和 Bold 的两个复选框及两个标签，在第一个标签中显示 Plain 复选框是否被选中的信息，在第二个标签中显示 Bold 复选框是否被选中的信息。

```
import java.awt.*;
import java.awt.event.*;
import javax.swing.*;
public class JCheck extends JFrame
{ private JLabel lblp,lblb;
  private JCheckBox pla,bol;
  public JCheck()
  { super("JCheckBox");
    Container c=getContentPane();
    c.setLayout(new FlowLayout());
    pla=new JCheckBox("Plain",true);
    bol=new JCheckBox("Bold",false);
    lblp=new JLabel("Plain is selected");
```

```
            lblb=new JLabel("Bold is not selected");
            c.add(pla);
            c.add(bol);
            c.add(lblp);
            c.add(lblb);
            pla.addItemListener(new Handler1());
            bol.addItemListener(new Handler1());
            setSize(200,150);
            setVisible(true);
        }
    public static void main(String args[])
    {   JCheck app=new JCheck();
        app.addWindowListener(new Handler2());
    }
    class Handler1 implements ItemListener
    {   public void itemStateChanged(ItemEvent e)
        {   if(e.getSource()==pla)
              if(e.getStateChange()==ItemEvent.SELECTED)
                lblp.setText("Plain is selected");
              else  lblp.setText("Plain is not selected");
            if(e.getSource()==bol)
              if(e.getStateChange()==ItemEvent.SELECTED)
                lblb.setText("Bold is selected");
              else  lblb.setText("Italic is selected");
        }
    }
    static class Handler2 extends WindowAdapter
    {   public void windowClosing(WindowEvent e)
        {   System.exit(0);
        }
    }
}
```

【程序解析】由于要创建 Swing 组件，需要导入 javax.swing 包中的类；要创建 JFrame 窗口，JCheck 类需要继承 JFrame 类。

通过 super("JCheckBox")调用父类的构造方法，使窗口具有标题 JCheckBox。调用 JFrame 类的 getContentPane()方法获得窗口的内容窗格，将其赋予 Container 类对象 c，通过 c 可以向窗口中添加组件。通过 new JCheckBox("Plain",true)实例化 pla 复选框，使其具有标题 Plain，并处于选中状态；通过 new JCheckBox("Bold",false)实例化 bol 复选框，使其具有标题 Bold，并处于未选中状态；通过 new JLabel("Plain is selected")实例化 lblp 标签，使其具有标题 Plain is selected；通过 new JLabel("Bold is not selected ")实例化 lblb 标签，使其具有标题 Bold is selected。调用 add()方法将 pla、bol、lblp 和 lblb 添加到窗口中。

选择内部类 Handler1 的对象对 pla 和 bol 的 ItemEvent 事件进行监听，所以 Handler1 必须实现 ItemListener 接口，实现 ItemListener 接口中声明的抽象方法 itemStateChanged()。在 itemStateChanged()中，通过参数获得 ItemEvent 对象 e，调用 getSource()方法得到触发该事件的事件源。如果事件源是 pla，再调用 getStateChange()方法判断 pla 是否被选中，

如果被选中，getStateChange()的返回值是 ItemEvent.SELECTED，通过 setText("Plain is selected")使 lblp 的标题变为 Plain is selected；否则使 lblp 的标题变为 Plain is not selected。如果事件源是 bol，再调用 getStateChange()方法判断 bol 是否被选中，如果被选中，getStateChange()的返回值是 ItemEvent.SELECTED，通过 setText("Bold is selected")使 lblb 的标题变为 Bold is selected；否则使 lblb 的标题变为 Bold is not selected。

在 main()方法中，通过 new JCheck()实例化 JCheck 对象 app，使程序运行。由于要选择内部类 Handler2 的对象对 WindowEvent 事件进行监听，所以 Handler2 需要继承 WindowAdapter 类，覆盖其中的 WindowClosing()方法，终止程序的运行。

程序运行时，显示窗口如图 12-3（a）所示。如果选中 Bold 复选框，执行 itemStateChanged()方法，lblb 显示 Bold is selected，窗口显示如图 12-3（b）所示。如果再单击，使 Plain 和 Bold 取消选中，窗口显示如图 12-3（c）所示。

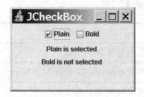 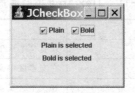 

（a）初始界面　　　　　（b）选中 Bold 后的界面　　　（c）Plain 和 Bold 都未选中时的界面

图 12-3　复选框

12.6　文本编辑组件

Swing 文本编辑组件有文本行、密码行和文本区。

文本行 JTextField 是一个单行文本编辑框，用于输入一行文字，用法与 TextField 相同。文本行由 javax.swing 包中的 JTextField 类来创建。JTextField 类的构造方法和其他成员方法分别在表 12-8 和表 12-9 中列出。

表 12-8　JTextField 类的构造方法

构造方法	功能说明
JTextField()	创建一个空的文本行
JTextField(int n)	创建一个列宽为 n 的文本行
JTextField(String str)	创建一个文本为 str 的文本行
JTextField((String str, int n)	创建一个列宽为 n、文本为 str 的文本行

表 12-9　JTextField 类的成员方法

成员方法	功能说明
void addActionListener(ActionListener e)	给文本行注册监听器
int getColumns()	返回文本行的列数
void setColumns(int n)	设置文本行的列数为 n
void setFont(Font font)	设置文本行的字体为 font
void setHorizontalAlignment(int align)	设置文本行中文本的水平对齐方式为 align

密码行 JPasswordField 是 JTextField 的子类，用于编辑作为密码的一行文本。在其中输入字符时，不显示原字符，而显示"*"。

文本区 JTextArea 是一个多行文本编辑框，其基本操作与 JTextField 类似，但增加了滚动条功能。JTextArea 类的构造方法和其他成员方法如表 12-10 和表 12-11 所示。

表 12-10　JTextArea 类的构造方法

构造方法	功能说明
JTextArea( )	创建一个空的文本区
JTexArea(int m,int n)	创建一个有 m 行 n 列的文本区
JTextArea(String str)	创建一个文本为 str 的文本区
JTextArea((String str, int m,int n)	创建一个有 m 行 n 列、文本为 str 的文本区

表 12-11　JTextArea 类的成员方法

成员方法	功能说明
void setFont(Font font)	设置文本区中文本的字体为 font
void insert(String str,int position)	在文本区中文本的 position 位置插入文本 str
void append(String str)	在文本区文本的末尾添加文本 str
void replaceRange(String str, int start, int end)	将文本区文本中 start~end 之间的文本用 str 替换
int getLineCount( )	返回文本区的文本行数
int getRows( )	返回文本区的行数
void setRows(int rows)	设置文本区的行数为 rows
int getColumns( )	返回文本区的列数
void setColumns (int columns)	设置文本区的列数为 columns

当用户修改文本行 JTextField 和文本区 JTextArea 中的文本时，将触发 TextEvent 事件。JTextField 和 JTextArea 对象需要调用 addTextListener( )方法注册 TextEvent 事件监听器。TextEvent 监听器所属类应该实现 TextListener 接口，实现其中声明的抽象方法 textValueChanged( )。

在 JTextField 组件中，由于只允许输入一行文本，当用户按【Enter】键时，将触发 ActionEvent 事件。在 JTextArea 组件中，由于允许输入多行文本，当用户按【Enter】键时，将换行，不会触发事件。如果要在 JTextArea 组件中完成输入后，要对其中的文本进行处理，可以添加按钮，通过按钮的 ActionEvent 事件进行相应处理。

12.7　列表框和组合框

当供选择的选项较少时，通常使用单选按钮和复选框。但当选项很多时，可以使用列表框 JList 或组合框 JComboBox。

列表框 JList 能容纳并显示一组选项，从中可以选择一项或多项。JList 类的构造方法和其他成员方法分别如表 12-12 和表 12-13 所示。

表 12-12　JList 类的构造方法

构 造 方 法	功 能 说 明
JList( )	创建一个没有选项的列表框
JList(Vector vect)	创建一个列表框，其中的选项由向量表 vect 决定
JList(Object items[])	创建一个列表框，其中的选项由对象数组 items 决定

表 12-13　JList 类的成员方法

成 员 方 法	功 能 说 明
void addListSelectionListener(ListSelectionListener e)	向列表框注册 ListSelectionEvent 事件监听器
int getSelectedIndex(int i)	返回列表框中第 i 个被选中的选项序号，没有选中项时，返回 -1
int getSelectedIndices(int[ ] I)	获得列表框中选取的多个选项的序号
void setVisibleRowCount(int num)	设置列表框中可见的行数为 num
int getVisibleRowCount( )	返回列表框中可见的行数

　　组合框 JComboBox 由一个文本行和一个列表框组成。组合框通常的显示形式是右边带有下拉箭头的文本行，列表框是隐藏的，单击右边的下拉箭头才可以显示列表框。既可以在组合框的文本行中直接输入数据，也可以从其列表框中选择数据项，被选择的数据项显示在文本行中。

　　JComboBox 类的构造方法及其他成员方法分别如表 12-14 和表 12-15 所示。

表 12-14　JComboBox 类的构造方法

构 造 方 法	功 能 说 明
JComboBox( )	创建一个没有选项的组合框
JComboBox(Vector vect)	创建一个组合框，其中的选项由向量表 vect 决定
JComboBox(Object items[])	创建一个组合框，其中的选项由对象数组 items 决定

表 12-15　JComboBox 类的成员方法

成 员 方 法	功 能 说 明
void addActionListener(ActionListener e)	向组合框注册 ActionEvent 事件监听器
void addItemListener(ItemListener a)	向组合框注册 ItemEvent 事件监听器
void addItem(Object object)	为组合框添加选项 object
Object getItemAt(int index)	返回组合框中下标为 index 的选项
int getItemCount( )	返回组合框中的选项数
Object getSelectedItem( )	返回组合框中当前选中的选项
int getSelectedIndex( )	返回组合框中当前选中选项的下标

　　当选择组合框中某个选项时，触发 ItemEvent 事件。响应 ItemEvent 事件的监听器必须实现 ItemListener 接口，实现其中声明的 itemStsteChanged( )方法：

　　　public void itemStateChanged(ItemEvent e)

　　向文本行中输入文本并按【Enter】键时，触发 ActionEvent 事件。响应 ActionEvent

事件的监听器必须实现 ActionListener 接口，实现其中声明的 actionPerformed( )方法：
```
public void actionPerformed(ActionEvent e)
```
【例12-3】Swing 组合框举例。

编程实现：窗口中有一个组合框和一个标签，当选择组合框中某选项时，在标签中显示所选中的选项信息。

```java
import java.awt.*;
import java.awt.event.*;
import javax.swing.*;
import javax.swing.event.*;
public class JCom extends JFrame
{   private JComboBox lst;
    private JLabel lbl;
    private Object cities[]={"北京市","上海市","天津市","重庆市","郑州市","太原市","石家庄市"};
    public JCom()
    {   super("JComboBox");
        Container c=getContentPane();
        c.setLayout(new FlowLayout());
        lst=new JComboBox(cities);
        lst.setMaximumRowCount(4);
        lbl=new JLabel("请从组合框中选择");
        c.add(lst);
        c.add(lbl);
        lst.addItemListener( new Handler1());
        setSize(300,150);
        setVisible(true);
    }
    public static void main(String args[])
    {   JCom app=new JCom();
        app.addWindowListener(new Handler2());
    }
    class Handler1 implements ItemListener
    {   public void itemStateChanged(ItemEvent e)
        {   lbl.setText("您选中了: "+lst.getSelectedItem());}
    }
    static class Handler2 extends WindowAdapter
    {   public void windowClosing(WindowEvent e)
        {   System.exit(0);
        }
    }
}
```

【程序解析】通过 super("JComboBox")调用父类的构造方法，使窗口具有标题 JComboBox。调用 JFrame 类的 getContentPane()方法获得窗口的内容窗格，将其赋予 Container 类对象 c，通过 c 可以向窗口中添加组件。通过 new JComboBox(cities)实例化 JComboBox 对象 lts,并使其中的数据项取 Object 数组 cities 中的元素。通过 setMaximumRowCount(4)使 lst 列表框中仅显示 4 个数据项，其他数据项可以通过拖动滚动条来显示。通过 new JLabel("请从组合框中选择 ")实例化 lbl 标签，使其具有标题"请从组合框中选择"。

选择内部类 Handler1 的对象对 lst 的 ItemEvent 事件进行监听，所以 Handler1 必须实现 ItemListener 接口，实现 ItemListener 接口中声明的抽象方法 itemStateChanged()。在 itemStateChanged()中，调用 getSelectedItem()方法得到选中的数据项，通过 setText()在标签上显示选中的数据项信息。

在 main()方法中，通过 new JCom()实例化 JCom 对象 app，使程序运行。由于要选择内部类 Handler2 的对象对 WindowEvent 事件进行监听，所以 Handler2 需要继承 WindowAdapter 类，覆盖其中的 windowClosing()方法，终止程序的运行。

程序运行时，显示图 12-4（a）所示的窗口。如果单击文本行中下拉箭头按钮，可显示列表框，如图 12-4（b）所示，如果选中"天津市"，窗口显示如图 12-4（c）所示。

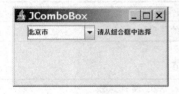
（a）初始界面

（b）选中"北京市"时的界面

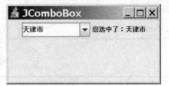
（c）选中"天津市"后的界面

图 12-4　组合框

12.8　菜　　单

菜单中的选项是对窗口的一系列操作命令，几乎所有的大型程序均设有菜单。在 Java 中，一个完整的菜单由 3 种菜单类创建：菜单栏类 JMenuBar、菜单类 JMenu 和菜单项类 JMenuItem。图 12-5 所示为由这 3 个类创建的对象在菜单栏中所扮演的角色。

图 12-5　3 种菜单类对象

菜单栏（JMenuBar 类对象）是窗口中用于容纳菜单（JMenu 类对象）的容器。JMenuBar 类提供的 add()方法用来添加菜单，一个菜单栏通常可以添加多个菜单。菜单栏不支持事件监听器，在菜单栏区域所产生的所有事件都会被菜单栏自动处理。

JFrame 类提供的 setJMenuBar()方法用来将菜单栏放置于框架窗口（JFrame 类对象）上方，其声明如下：

```
public void setJMenuBar(JMenuBar menubar)
```

JMenuBar 类的构造方法和常用成员方法如表 12-16 所示。

菜单（JMenu 类对象）是一组菜单项（JMenuItem 类对象）的容器或另一个菜单的容器，每个菜单有一个标题。JMenu 类提供的 add()方法用来添加菜单项或另一个菜单。如果一个菜单中加入了另一个菜单,则构成二级子菜单。JMenu 类的构造方法和常用成员方法分别如表 12-17 和表 12-18 所示。

表 12-16 JMenuBar 类的成员方法

成 员 方 法	功 能 说 明
JMenuBar( )	创建菜单栏
JMenu add(JMenu c)	将菜单 c 添加到菜单栏中

表 12-17 JMenu 类的构造方法

构 造 方 法	功 能 说 明
JMenu( )	创建没有标题的菜单
JMenu(String str)	创建标题为 str 的菜单

表 12-18 JMenu 类的成员方法

成 员 方 法	功 能 说 明
JMenuItem add(JMenuItem menuitem)	将菜单项 menuitem 添加到菜单中
void addSeparator( )	在菜单中添加一条分隔线

菜单项(JMenuItem 类对象)是组成菜单的最小单位,在菜单项上可以注册 ActionEvent 事件监听器。当单击菜单项时,执行 actionPerformed( )方法。

JMenuItem 类的构造方法如表 12-19 所示。

表 12-19 JMenuItem 类的构造方法

构 造 方 法	功 能 说 明
JMenuItem( )	创建没有标题的菜单项
JMenuItem(String str)	创建标题为 str 的菜单项
JMenuItem(Icon icon)	创建图标为 icon 的菜单项
JMenuItem(String str,Icon icon)	创建标题为 str、图标为 icon 的菜单项

【例12-4】Swing 菜单举例。

编程实现:窗口中有一个菜单栏和一个标签,菜单栏中包含 color 和 exit 两个菜单。在 color 菜单中包含 green、yellow 和 blue 菜单项,当选择某一菜单项时,使标签标题更改为所选择的颜色。在 exit 菜单中仅包含一个菜单项 close window,当选择该菜单项时,结束程序运行。

```
import javax.swing.*;
import java.awt.event.*;
import java.awt.*;
public class MyMenu extends JFrame
{   private JLabel lbl;
    private JMenuBar mb;
    private JMenu col,ext;
    private JMenuItem gre,yel,blu,clo;
    public MyMenu()
```

```java
    {   super("MyMenu");
        Container c=getContentPane();
        mb=new JMenuBar();
        col=new JMenu("color");
        ext=new JMenu("exit");
        gre=new JMenuItem("green");
        yel=new JMenuItem("yellow");
        blu=new JMenuItem("blue");
        clo=new JMenuItem("close window");
        gre.addActionListener(new Handler1());
        yel.addActionListener(new Handler1());
        blu.addActionListener(new Handler1());
        clo.addActionListener(new Handler1());
        mb.add(col);
        mb.add(ext);
        col.add(gre);
        col.add(yel);
        col.add(blu);
        ext.add(clo);
        setJMenuBar(mb);
        lbl=new JLabel("Menu Example");
        add(lbl);
        setSize(200,150);
        setVisible(true);
    }
    public static void main(String args[])
    {   MyMenu app=new MyMenu();
    }
    class Handler1 implements ActionListener
    {   public void actionPerformed(ActionEvent e)
        {   JMenuItem mi=(JMenuItem) e.getSource();
            if(mi==gre)  lbl.setForeground(Color.green);
            if(mi==yel)  lbl.setForeground(Color.yellow);
            if(mi==blu)  lbl.setForeground(Color.blue);
            if(mi==clo)  System.exit(0);
        }
    }
}
```

【程序解析】通过 super("MyMenu")调用父类的构造方法，使窗口具有标题 MyMenu。调用 JFrame 类的 getContentPane( )方法获得窗口的内容窗格，将其赋予 Container 类对象 c，通过 c 可以向窗口中添加组件。

通过 new JMenuBar()实例化菜单栏 mb。通过 new JMenu("color")实例化菜单 col，使其具有标题 color，通过 new JMenu("exit")实例化菜单 ext，使其具有标题 exit。通过 "new JMenuItem("yellow")"实例化菜单项 yel,使其具有标题 yellow,通过 new JMenuItem("green")实例化菜单项 gre，使其具有标题 green，通过 new JMenuItem("blue")实例化菜单项 blu，使其具有标题 blue，通过 new JMenuItem("close window")实例化菜单项 clo，使其具有标题 close window。

选择内部类 Handler1 的对象对 4 个菜单项 yel、gre、blu 和 clo 的 ActionEvent 事件进行监听，所以 Handler1 必须实现 ActionListener 接口，实现 ActionListener 接口中声明的抽象方法 actionPerformed( )。在 actionPerformed( )中，调用 getSource( )方法得到触发 ActionEvent 事件的事件源（被选择的菜单项）。根据不同的事件源，通过 setForeground( )方法将标签 lab 的前景色（标题文字的颜色）设置成所选择的颜色，或通过 System.exit(0) 终止程序的运行。

在 main( )方法中，通过 new MyMenu( )实例化 MyMenu 对象 app，使程序运行。程序运行时，显示图 12-6（a）所示的界面。如果单击菜单 col 的标题 color，显示其菜单，如图 12-6（b）所示；如果再单击菜单项 gre 的标题 green，将执行 actionPerformed( )方法，使标签 lbl 的标题 Menu Example 显示为绿色。如果单击菜单 ext 的标题 exit，将显示其菜单；如果再单击其菜单项 clo 的标题 close window，将关闭窗口，结束程序的运行。

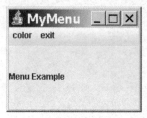
（a）初始界面

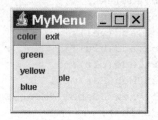
（b）color 菜单

图 12-6 菜单

习 题

1. 简述 AWT 组件和 Swing 组件的异同。
2. 简述 JCheckBox 和 JRadioButton 的异同。
3. 简述 JTextField 和 JTextArea 的异同。
4. 编制程序实现：在 JTextField 中输入文本，单击按钮后，将所输文本添加到 JTextArea 中。
5. 编写应用程序实现：窗口取默认布局——BorderLayout 布局，上方添加 JComboBox 组件，该组件有 6 个选项，分别表示 6 种书名。在中心添加一个文本区，当选择 JComboBox 组件中的某个选项后，文本区显示该书的价格和出版社等信息。
6. 编写"猜数游戏"程序。系统自动生成一个 1~200 之间的随机整数，并在屏幕显示"有一个数，在 1~200 之间。猜猜看，这个数是多少？"

用户在 JTextField 输入一个数，并按【Enter】键。如果输入的数过大，JLabel 背景变红，同时显示"太大"；如果输入的数过小，JLabel 背景变蓝，同时显示"太小"；如果输入的数正好，JLabel 背景变白，同时显示"恭喜你！答对了！"。

7. 编写一个简单的个人简历程序。可以通过文本行输入姓名，通过单选按钮选择性别，通过组合框选择籍贯，通过列表框选择文化程度。请自行安排版面，使其美观。

第 13 章

Applet 程序

Java 程序有两种：独立应用程序和 Applet 程序。前面学习的程序都属于独立应用程序，简称应用程序。应用程序是能独立运行的程序单位，而 Applet 程序不能独立运行，必须依附在网页上，借助浏览器才能运行，所以 Applet 程序也常称为 Applet 小程序。

13.1 Applet 简介

13.1.1 Applet 类

Applet 程序继承自 java.applet.Applet 类，嵌入 HTML 文档中，通常置于服务器端，下载到本地机后，通过浏览器在用户端执行。

Applet 类提供了 Applet 程序与所执行环境间的标准接口，同时还提供了 Applet 程序在浏览器上执行的架构，包括 init()、start()、stop()和 destroy()方法。

① init()方法：其功能是进行初始化操作，如获取 Applet 的运行参数、加载图像或图片、初始化全程变量、建立新线程等。当 Applet 所在网页第一次被加载或重新加载时调用，所以 init()方法仅执行一次。

② start()方法：当 Applet 所在网页第一次被加载或重新加载时，在执行完 init()方法后，执行 start()方法；或者当用户离开 Applet 所在网页一段时间后，又重新回到其所在网页（重新激活该网页）时，再次执行 start()方法。

③ stop()方法：每当用户离开 Applet 所在网页，使该网页变成不活动状态或最小化浏览器时执行。

④ destroy()方法：当用户关闭浏览器时执行。该方法在 stop()方法之后执行，可以使用 destroy()方法清除 Applet 占用的资源。在实际应用中，这个方法很少被重载，因为一旦 Applet 运行结束，Java 系统会自动清除它所占用的变量空间等资源。

Applet 程序运行时，会出现一个窗口界面。为了绘制窗口，Applet 类还定义了 paint()方法。每当窗口大小或其中内容发生变化需要重绘窗口时，调用该方法。

除了 Applet 类外，Java 类库还提供了 JApplet 类。JApplet 类继承自 Applet 类，其跨平台性能比 Applet 类更优越，所以新开发的 Applet 程序大都直接继承 JApplet 类。

13.1.2 Applet 程序的运行过程

当浏览器装载带有 Applet 程序的网页时，首先为 Applet 及其全程变量分配存储空间，然后运行 Applet 的 init()方法，接着调用 start()方法，之后调用 paint()方法。如果用户离开该网页，使该页成为不活动状态或最小化浏览器窗口，stop()方法被调用。当用户离开 Applet 所在网页一段时间后，又重新回到其所在网页（重新激活该网页）时，再次执行 start()方法及 paint()方法。当用户关闭浏览器时，先执行 stop()方法，再执行 destroy()方法。

13.1.3　Applet 程序的建立和运行

Applet 小程序的建立方法与 Java 程序类似，如首先通过文本编辑器（如写字板）输入源程序，源程序的扩展名为.java，再通过 javac.exe 程序对源文件进行编译，产生扩展名为.class 的字节码文件，即类文件。也可以直接在 Eclipse 等集成开发环境中方便建立、编译并运行 Applet 程序。

Applet 程序不能独立运行，必须嵌入到 HTML 文件（网页）中。在浏览器中加载 HTML 文件时，才开始执行其中的 Applet 程序。

内嵌有小程序的 HTML 文件的基本组成如下所示：

```
<HTML>
<APPLET CODE="applet 类名.class" WIDTH=窗口宽度 HEIGHT=窗口高度>
</APPLET>
</HTML>
```

其中，"applet 类名"代表要嵌入的 Applet 字节码文件名，"窗口宽度"和"窗口高度"分别表示 Applet 程序运行时窗口的初始尺寸。窗口尺寸以像素为单位。

1．利用浏览器运行 Applet 程序

在 IE 浏览器上可以直接运行内嵌 Applet 程序的 HTML 文件，只要在地址栏输入 HTML 文件名即可。

2．利用 appletviewer 运行 Applet 程序

除了使用浏览器外，JDK 还提供了应用程序 appletviewer.exe，专用于执行嵌有 Applet 程序的 HTML 文件。用 appletviewer 运行嵌有 Applet 程序的 HTML 文件的命令如下：

```
appletviewer  HTML 文件名.htm
```

3．利用 Eclipse 建立和运行 Applet 程序

在 Eclipse IDE 中，建立 Applet 程序的步骤如下：

① 在 Project Explorer 窗格中，右击要在其中建立 Applet 类的包名称（例如 mypackage），在出现的菜单中选择 New 菜单项，在子菜单中选择 class 命令，出现 New Java Class 对话框，让用户输入类名称并选择父类。

② 在 Name 文本框中输入类名称（例如 SimpleApplet），单击 Superclass 右边的 Browse 按钮，出现 Superclass Selection 对话框，在 Choose a Type 文本框中输入 JApplet，单击 OK 按钮，回到 New Java Class 对话框，并选择 javax.swing.JApplet 作为父类。

③ 单击 Finish 按钮，完成类 Applet 类的创建，回到 Eclipse IDE 主窗口，所建立的 Applet 类（例如 SimpleApplet）显示在 Project Explorer 窗格中所属包(如 mypackage)之下，并在以类名（如 SimpleApplet）为标题的编辑窗口显示所建 Applet 类的框架，让用户在框架中增加类的内容，完成 Applet 程序的建立。

在 Eclipse IDE 中，运行 Applet 程序的步骤如下：

选择 Run 菜单中的 Run As 菜单项，在子菜单中选择 Java Applet 命令，即可运行 Applet 程序。

可见，在 Eclipse IDE 中建立和运行 Applet 程序非常方便，不用手动建立 HTML 文件。为了叙述方便，本章将在应用实例中采用 Appletviewer 程序运行 Applet 程序。

13.2 Applet 程序举例

【例 13-1】基本的 Applet 程序。

Applet 程序源文件 SimpleApplet.java 的内容如下：

```
import java.awt.Graphics;
import javax.swing.JApplet;
public class SimpleApplet extends JApplet
{   public void paint(Graphics g)
    {   g.drawString("Hello applet!",50,60);
    }
}
```

将该源程序文件编译，生成字节码文件 SimpleApplet.class，再建立如下的 HTML 文件 Simple Applet.html。

```
<HTML>
<APPLET CODE="SimpleApplet.class"WIDTH=250 HEIGHT=100>
</APPLET>
</HTML>
```

在 DOS 命令行输入以下命令：

`appletviewer SimpleApplet.html`

运行网页文件 SimpleApplet.html，出现图 13-1 所示的窗口。

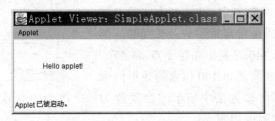

图 13-1　SimpleApplet.html 运行结果

【程序解析】通过语句 import java.awt.Graphics 导入类 Graphics，供 paint(Graphics g) 方法使用。类 SimpleApplet 继承 JApplet，因而继承该类中的成员变量和方法，包括方法 paint()。本例中，paint()方法中只包含一条语句"g.drawString("Hello applet!",50,60);"，其功能是在窗口中显示字符串"Hello applet!"。字符串的显示位置距离窗口左上角水平向右 50 像素，垂直向下 60 像素。以后为叙述方便，将该位置用坐标(50,60)描述。

【例 13-2】绘制图形。

Applet 源程序文件 DrawingApplet.java 的内容如下：

```
import java.awt.Graphics;
import javax.swing.JApplet;
public class DrawingApplet extends JApplet
{   public void paint(Graphics g)
    {   g.drawLine(40,30,200,30);
        g.drawRect(40,50,160,150);
        g.drawOval(45,55,150,140);
        g.drawLine(40,220,200,220);
        g.drawString("Drawing!",100,130);
    }
}
```

将该源程序文件编译，生成字节码文件 DrawingApplet.class。再建立如下的 HTML 文件 Drawing Applet.html：

```
<HTML>
<APPLET CODE="DrawingApplet.class" WIDTH=250 HEIGHT=300>
</APPLET>
</HTML>
```

在 DOS 命令行输入以下命令：

`appletviewer DrawingApplet.html`

运行网页文件 DrawingApplet.html，出现图 13-2 所示的窗口。

【**程序解析**】在 paint( )方法中，调用 drawLine(40,30,200,30)方法画一条从点(40,30)到点(200,30)的直线。由于两点竖直方向的坐标相同，所以画出的是一条水平直线。

调用 drawRect(40,50,160,150)方法画一个矩形。矩形的左上角坐标为(40,50)，宽度为 160 像素，高度为 150 像素。如果将该语句中矩形的高度改为 160，将画出边长为 160 的正方形。

调用 drawOval(45,55,150,140)方法画出一个椭圆。drawOval( )方法的参数和 drawRect( )方法的参数形式相同，所画的椭圆是指定矩形的内切椭圆。调用 drawOval(45,55,150,140)在左上角位于点(45,55)、宽度和高度分别为 150 像素和 140 像素的矩形内画一个内切椭圆。如果将该方法中矩形的高度改为 150，将是在正方形内画内切圆。

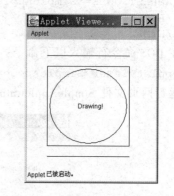

图 13-2　DrawingApplet.html 运行结果

调用 drawLine(40,220, 200,220)方法画一条从点(40,220)到点(200,220)的水平直线。

调用 drawString("Drawing!",100,130)方法从点(100,130)开始输出字符串"Drawing!"。

【**例 13-3**】覆盖 init( )方法的 Applet 程序。

前面介绍过，JApplet 类提供了进行初始化的方法 init( )，用户可以对该方法进行覆盖，实现为变量赋初值等初始化功能。例 13-1 和例 13-2 中没有覆盖该方法，执行系统的默认功能。

本例对 init( )方法进行覆盖，功能是通过语句"String nStr=JOptionPane. showInputDialog

("输入一个正整数");"显示一个对话框，供用户输入一个整数，并将输入的整数以字符串形式存放在变量 nStr 中；调用 Integer.parseInt(nStr)方法将 nStr 的值转换成整数类型，存放在变量 n 中；利用循环语句计算 n 的阶乘，存放在变量 s 中。

Applet 源程序文件 ComputationApplet.java 的内容如下：

```
import java.awt.Graphics;
import javax.swing.*;
public class ComputationApplet extends JApplet
{   int n;
    long s=1;
    public void init()
    {   String nStr=JOptionPane.showInputDialog("输入一个正整数");
        n=Integer.parseInt(nStr);
        for(int i=1;i<=n;i++)    s=s*i;
    }
    public void paint(Graphics g)
    {   g.drawRect(40,30,150,55);
        g.drawString(n+"!="+s,60,50);
    }
}
```

将该源文件编译，生成字节码文件 ComputationApplet.class，再建立如下的 HTML 文件 ComputationApplet.html：

```
<HTML>
<APPLET CODE="ComputationApplet.class"WIDTH=250 HEIGHT=100>
</APPLET>
</HTML>
```

用 appletviewer 运行网页文件 ComputationApplet.html，调用 Applet 程序 ComputationApplet，首先执行初始化方法 init()，出现图 13-3 所示的窗口，供用户输入一个整数。如果输入 5，并单击"确定"按钮，将该窗口关闭。接着计算 5 的阶乘，放置于变量 s 中。当 init()方法运行结束后，执行 paint()方法。在 paint()方法中，首先绘制左上角在点(40,30)、宽度和高度分别为 150 和 55 的矩形，接着从位置(60,50)开始输出 5 的阶乘等信息。显示结果如图 13-4 所示。

图 13-3　运行 init()方法产生的窗口

图 13-4　运行 paint()方法产生的窗口

从前面几个例子可以看到，Applet 程序继承自 Applet 类或 JApplet 类，用户可以对其中预定义的方法进行覆盖，以实现程序所要求的功能。Applet 程序要嵌入网页文件中才能执行，执行时会出现一个窗口。其中 paint()方法用来绘制窗口，即要在窗口内显示的内容应该在该方法中"描绘"，其他处理任务可以在别的方法中完成。在 Java 应用程序中可以使用的大部分程序功能在 Applet 程序中都可以使用。

【例13-4】 Applet 类各方法功能展现。

Applet 类提供了 init()、start()、paint()、stop()和 destroy()方法。init()方法仅在 Applet 程序被初次装载或被用户重新启动时调用。当 init()运行完毕，调用 start()方法，或当用户离开 Applet 程序所在网页、使该网页成为不活动状态后，再重新回到该网页时，再次调用 start()方法。只要窗口需要重新绘制，如窗口的大小发生变化，由不活动状态再次变为活动状态等，paint()方法被调用。当用户离开 Applet 程序所在网页、使该网页成为不活动状态时，调用 stop()方法。仅当用户关闭浏览器时，才调用 destroy()方法，该方法在 stop()方法之后调用。

本例展现 Applet 类各方法的调用时机。Applet 源程序文件 HelloApplet.java 的内容如下：

```java
import java.awt.Graphics;
import javax.swing.JApplet;
public class HelloApplet extends JApplet
{   int initCount=0,stopCount=0,startCount=0,paintCount=0,destroyCount=0;
    public void init()
    {   initCount++;
    }
    public void stop()
    {   stopCount++;
    }
    public void start()
    {   startCount++;
    }
    public void destroy()
    {   destroyCount++;
    }
    public void paint(Graphics g)
    {   paintCount++;
        String outString="init: "+initCount+"  start:"+startCount+" paint:"+paintCount+"  stop:"+stopCount+"  destroy:"+destroyCount;
        g.drawString(outString,50,50);
    }
}
```

【程序解析】 该程序定义了 5 个整型变量 initCount、startCount、stopCount、paintCount 和 destroyCount，分别用来记录 init()、start()、stop()、paint()和 destroy()方法的执行次数。只要某一方法被调用，对应变量的值加 1。

在 paint()方法中，除了给变量 paintCount 值加 1 外，还显示各变量的目前值。

将该源程序文件编译，生成字节码文件 HelloApplet.class。再建立如下的 HTML 文件 HelloApplet.html：

```html
<HTML> <!--HelloApplet.html-->
<APPLET CODE="HelloApplet.class" WIDTH=400 HEIGHT=100>
</APPLET>
</HTML>
```

用 appletviewer 运行网页文件 HelloApplet.html，调用 Applet 程序 HelloApplet，首先执行初始化方法 init()，之后分别执行 start()和 paint()方法，出现图 13-5 所示的窗口。

从图 13-5 中可以看到,init( )、start( )和 paint( )方法各执行了一次,而 stop( )和 destroy( )方法还没有执行。

如果改变该窗口大小一次,显示结果如图 13-6 所示。

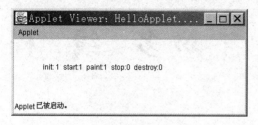

图 13-5　初始窗口

图 13-6　改变窗口大小后

从图 13-6 中可以看到,init( )和 start( )的执行次数仍然为 1,但 paint( )已经执行了 2 次,而 stop( )和 destroy( )方法还没有执行。再改变窗口大小,paint( )的执行次数又加 1,变为 3。

如果将该窗口最小化后再放大,显示结果如图 13-7 所示。

由于用户将窗口最小化,使该网页变为非活动状态,所以 stop( )方法被调用,执行次数变为 1。当再放大该网页时,网页又变为活动状态,start( )方法再次被调用,执行次数变为 2。放大该网页时,窗口又被重绘,paint( )方法的执行次数由 3 变为 4。destroy( )仍然未执行。

当用户选择 Applet 菜单中的重新启动命令,再次启动 Applet 程序时,执行过程是:首先执行 stop( )方法,再执行 destroy( )方法,结束 Applet 程序的执行;然后启动 Applet 程序,分别执行 init( )方法、start( )方法和 paint( )方法。所以各方法的执行次数均增加 1。显示结果如图 13-8 所示。

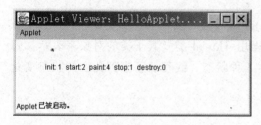

图 13-7　最小化窗口后

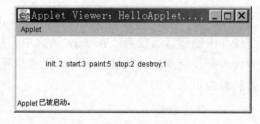

图 13-8　重新启动 Applet

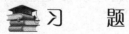

习　题

1. 哪些情况发生时,paint( )方法会被自动调用?
2. Applet 类中,方法 init( )、start( )、stop( )和 destroy( )何时被调用?
3. 编写一个 Applet 程序,使其在窗口中以红色显示以下内容:
This is my applet.
4. 编写一个 Applet 程序,使其在窗口中以红色、蓝色、绿色循环显示以下内容:
Applet program.

第 14 章

多 线 程

许多程序都包含一些独立的代码段，如果让这些代码段的执行时间彼此重叠，就可以获得更高的执行效率。线程就是为了实现这种重叠执行而引入的一个概念。线程是可以独立、并发执行的程序单元。多线程指程序中同时存在多个执行体，它们按照自己的执行路线并发工作，独立完成各自的功能，互不干扰。例如，在个人计算机上，我们在听音乐的同时，还可以用键盘输入文本、用打印机打印文件、从网络上接收电子邮件，这便利用了操作系统的多线程并发机制。

14.1 Java 的多线程机制

多线程机制是 Java 语言的又一重要特征，使用多线程技术可以使系统同时运行多个执行体，这样可以加快程序的响应时间，提高计算机资源的利用率。使用多线程技术可以提高整个应用系统的性能。

14.1.1 线程的生命周期

每个 Java 程序都有一个主线程，即 main( )方法对应的线程。要实现多线程，必须在主线程中创建新的线程。在 Java 语言中，线程用 Thread 类及其子类的对象来表示。每个线程要经历新生、就绪、运行、阻塞和死亡 5 种状态，线程从新生到死亡的状态变化过程称为生命周期。

1．新生状态

用 new 运算符和 Thread 类或其子类建立一个线程对象后，该线程对象就处于新生状态。处于新生状态的线程有自己的内存空间，通过调用 start( )方法进入就绪状态。

2．就绪状态

处于就绪状态的线程已经具备了运行条件，但还没有分配到 CPU，因而将进入线程队列，等待系统为其分配 CPU。一旦获得 CPU，线程就进入运行状态并自动调用自己的run( )方法。

3．运行状态

在运行状态的线程执行自己的 run( )方法中代码，直到调用其他方法而终止，或等待某资源而阻塞，或完成任务而死亡。

4. 阻塞状态

处于运行状态的线程在某些情况下，如执行了 sleep()（睡眠）方法，或等待 I/O 设备等资源，让出 CPU 并暂时终止自己的运行，进入阻塞状态。

在阻塞状态的线程不能进入就绪队列。只有当引起阻塞的原因消除时，如睡眠时间已到，或等待的 I/O 设备空闲下来，线程便转入就绪状态，重新到就绪队列中排队等待 CPU。当再次获得 CPU 时，便从原来中止位置开始继续运行。

5. 死亡状态

死亡状态是线程生命周期中的最后一个阶段。线程死亡的原因有两个：一个是正常运行的线程完成了它的全部工作；一个是线程被强制性地终止，如通过执行 stop()或 destroy()方法来终止一个线程。

14.1.2 多线程的实现方法

在 Java 中，创建线程的方式有两种：一种是通过创建 Thread 类的子类来实现；一种是通过实现 Runnable 接口的类来实现。

用继承 Thread 类的子类或实现 Runnable 接口的类来创建线程无本质区别，但是由于 Java 语言不允许多重继承，所以如果一个类必须要继承另一个非 Thread 类，此时要实现多线程只能通过实现 Runnable 接口的方式。例如，Applet 程序必须继承 Applet 类，要实现多线程，只能通过实现 Runnable 接口的方式。

14.2 通过 Thread 类实现多线程

通过继承 Thread 类实现多线程的方式是首先设计 Thread 类的子类,然后根据工作需要重新设计线程的 run()方法，再使用 start()方法启动线程，将执行权转交给 run()方法。

【例 14-1】通过继承 Thread 类实现多线程。

```java
class Thread1 extends Thread
{  String s;
   int m,count=0;
   Thread1(String ss,int mm)
   {  s=ss;
      m=mm;
   }
   public void run()
   {  try
      {  while(true)
         {  System.out.print(s);
            sleep(m);
            count++;
            if(count>=20) break;
         }
         System.out.println(s+"finished !");
      }
      catch(InterruptedException e)
```

```
        { return;
        }
    }
    public static void main(String args[])
    { Thread1 threadA=new Thread1("A  ",50);
      Thread1 threadB=new Thread1("B  ",100);
      threadA.start();
      threadB.start();
    }
}
```

【程序解析】声明 Thread 类的子类 Thread1。在其 run()方法中，调用 sleep(m)方法和 System.out.print(s)方法，每隔 m（成员变量）毫秒输出成员变量 s 的值，直到输出 20 次后调用 break 方法退出循环语句；执行 System.out.println(s+"finished !")方法，在屏幕显示"s finished !"，完成 run()方法的功能。

程序运行时，首先建立 Thread1 的两个对象 threadA 和 threadB，再分别调用其 start()方法启动两个线程，即执行其 run()方法。threadA 的 run()方法是输出 20 次"A "，相邻两次相隔 50 毫秒，在输出"A finished!"后，threadA 线程运行结束。threadB 的 run()方法是输出 20 次"B "，相邻两次相隔 100 毫秒，在输出"B finished!"后，threadB 线程运行结束。当两个线程都结束后，整个程序运行结束。运行该程序的输出结果如下：

```
A B A B A A B A A B A A B A A B A A B A A B
A  A  B  A  A  B  A  finished !
B  B  B  B  B  B  B  B  B  finished !
```

从运行结果可以看到，两个线程并发执行。由于 threadA 线程每隔 50 毫秒就输出一次"A "，而 threadB 线程每隔 100 毫秒才输出一次"B "，所以每输出两个"A "才输出一次"B "，从而使 threadB 结束时间远落后于 threadA。

14.3 通过 Runnable 接口实现多线程

通过 Runnable 接口实现多线程的方式是首先设计一个实现 Runnable 接口的类，然后根据工作需要重新设计线程的 run()方法；再建立该类的对象，以此对象为参数建立 Thread 类的对象；调用 Thread 类对象的 start()方法启动线程，将执行权转交给 run()方法。

【例14-2】通过 Runnable 接口实现多线程。

```
class Thread2 implements Runnable
{ String s;
  int m,count=0;
  Thread2(String ss,int mm)
  { s=ss;
    m=mm;
  }
  public void run()
  { try
    { while(true)
      { System.out.print(s);
```

```
            Thread.sleep(m);
            if(++count>=20) break;
        }
        System.out.println(s+"has finished !");
    }
    catch(InterruptedException e) {return;}
    }
    public static void main(String args[])
    {   Thread2 threadA=new Thread2("A ",50);
        Thread2 threadB=new Thread2("B ",100);
        Thread threadC=new Thread(threadA);
        Thread threadD=new Thread(threadB);
        threadC.start();
        threadD.start();
    }
}
```

【程序解析】首先声明实现 Runnable 接口的类 Thread2，在其 run( )方法中，调用 sleep(m)方法和 System.out.print(s)方法，每隔 m（成员变量）毫秒输出成员变量 s 的值，直到输出 20 次后调用 break 方法退出循环语句，执行 System.out.println(s+"has finished !")方法，在屏幕显示 "s has finished !"，完成 run( )方法的功能。

程序运行时，首先创建 Thread2 的两个对象 threadA 和 threadB，再分别以 threadA 和 threadB 为参数创建 Thread 类的两个对象 threadC 和 threadD，接着调用其 start( )方法启动两个线程，即执行其 run( )方法。threadC 的 run( )方法是输出 20 次"A "，相邻两次相隔 50 毫秒，在输出 "A has finished!" 后，threadC 线程运行结束。threadD 的 run( ) 方法是输出 20 次"B "，相邻两次相隔 100 毫秒，在输出 "B has finished!" 后，threadD 线程运行结束。当两个线程都结束后，整个程序运行结束。运行该程序的输出结果如下：

```
A B A B A A B A A B A A B A A B A A B A A B
A  A B  A A B  A has finished !
B   B   B   B   B   B   B   B   B   B has finished !
```

14.4 线程等待

Java 程序中的线程并发运行，共同争抢 CPU 资源。哪个线程抢夺到 CPU 后，就开始运行。例 14-3 演示 main( )方法线程和其他线程的并发运行情况。

【例 14-3】各线程的并发执行。

```
class Thread3 extends Thread
{   String s;
    int m,i=0;
    Thread3(String ss)
    {   s=ss;
    }
    public void run()
    {   try
        {   for(i=0;i<6;i++)
```

```
      {  sleep((int)(500*Math.random()));
         System.out.println(s);
      }
      System.out.println(s+"finished !");
    }
    catch(InterruptedException e)
    { return;
    }
  }
  public static void main(String args[])
  { Thread3 threadA=new Thread3("A  ");
    Thread3 threadB=new Thread3("B  ");
    threadA.start();
    threadB.start();
    System.out.println("main is finished");
  }
}
```

【程序解析】该程序和例 14-1 程序的不同之处有两点：其一是线程每次睡眠的时间为一个随机值；其二是在 main()方法的后面添加了一个输出语句。运行该程序的输出结果如下：

```
main is finished
B
A
A
B
A
B
A
B
B
A
B
B
A
B  finished !
A
A  finished !
```

如果各语句严格按照排列次序顺序执行，只有两个线程运行结束后，main()中的输出语句才能执行。但从输出结果可以明显看到，main()中的输出语句最先执行。这是由于 threadA、threadB 和 main()方法线程并发执行。而 threadA 和 threadB 每次循环要睡眠一定的时间，所以 main()中的输出语句最先执行。同时可以看到 threadA 和 threadB 的并发执行情况。由于各线程每次循环的睡眠时间是一个随机值，所以两个线程的输出信息并不是严格交叉。

如果希望一个线程运行结束之后，再运行其他线程，可以调用 join()方法。例 14-4 演示 join()方法的功能。

【例 14-4】join()方法的功能。
```
class Thread4 extends Thread
{  String s;
```

```java
    int m,i=0;
    Thread4(String ss)
    { s=ss;
    }
    public void run()
    { try
        { for(i=0;i<6;i++)
            { sleep((int)(500*Math.random()));
                System.out.println(s);
            }
            System.out.println(s+"finished !");
        }
        catch(InterruptedException e)
        { return;
        }
    }
    public static void main(String args[])
    { Thread4 threadA=new Thread4("A  ");
        Thread4 threadB=new Thread4("B  ");
        threadA.start();
        try
        { threadA.join();
        }
        catch(InterruptedException e)
        {}
        threadB.start();
        System.out.println("main is finished");
    }
}
```

运行该程序的输出结果如下：
A
A
A
A
A
A finished !
main is finished
B
B
B
B
B
B
B finished !

从运行结果可以看到，由于调用了 threadA 线程的 join()方法，只有当 threadA 线程运行结束后，threadB 线程和 main()方法的线程才能运行。在 threadA 线程运行结束后，由于 threadB 线程每次循环要睡眠一定时间，所以 main()方法中的输出语句首先执行。

14.5 线程同步

Java提供了多线程机制，通过多线程的并发运行可以提高系统资源利用率，改善系统性能。但在有些情况下，一个线程必须和其他线程合作才能共同完成任务。线程可以共享内存，利用这个特点可以在线程之间传递信息。然而如果处理不当，对内存空间的共享可能会造成程序运行的不确定性和其他错误。

【例14-5】 线程并发引起的不确定性。

```
class Cbank
{   private static int s=2000;
    public   static void sub(int m)
    {   int temp=s;
        temp=temp-m;
        try
        {   Thread.sleep((int)(1000*Math.random()));
        }
        catch(InterruptedException e)
        {}
        s=temp;
        System.out.println("s="+s);
    }
}
class Customer extends Thread
{   public void run()
    {   for(int  i=1;i<=4;i++)   Cbank.sub(100);
    }
}
public class Thread5
{   public static void main(String args[])
    {   Customer customer1=new Customer();
        Customer customer2=new Customer();
        customer1.start();
        customer2.start();
    }
}
```

【程序解析】 该程序的本意是通过两个线程分多次从一个共享变量中减去一定量值，模拟从银行账户的取款操作。

类Cbank用来模拟银行账户，其中静态变量s表示账户的现有存款额，静态方法sub()表示取款操作。sub()方法的参数m表示每次的取款额。每次取款的操作过程是首先将账户中的现有存款额s的值暂时放到临时变量temp中，再从temp中减去取款值m。为了模拟银行取款过程中的网上阻塞，让系统睡眠一随机时间段，再将temp的值返回给s，最后显示最新存款额s。

类Customer继承Thread类，以实现多线程功能。在其run()方法中，通过循环4次调用Cbank类的静态方法sub()，从而实现分4次从存款额中取出400元的功能。

在Thread5类的main()方法中，启动了Customer类的两个对象（线程）customer1和

customer2，其目的是模拟两个人分别从同一银行账户中各取出 400 元的操作。

存款额 s 的初始值是 2 000，如果每个人各取出 400 元，最后的存款额应该是 1 200 元。但程序的运行结果却并非如此，并且每次运行结果是随机的，互不相同。下面给出其中一次运行的显示结果：

s=1900
s=1800
s=1900
s=1700
s=1800
s=1700
s=1600
s=1600

之所以会出现这种结果，是由于线程 customer1 和 customer2 的并行运行引起的。例如，当 customer1 读取 s 时，如果其值是 2 000，customer1 中临时变量 temp 的初始值是 2 000，然后将 temp 的值改变为 1 900，在将 temp 的新值写回 s 之前，customer1 睡眠了一段时间。正在 customer1 睡眠的时间内，customer2 也读取 s 的值，其值仍然是 2 000，customer2 中临时变量 temp 的初始值是 2 000，然后将其 temp 的值改变为 1 900，在将其 temp 的新值写回 s 之前，customer2 睡眠了一段时间。正在该时间段内，customer1 睡眠结束，将 s 更改为其 temp 的值 1 900，并输出 1 900；接着读取 s 的新值 1 900 进行下一次循环，将 s 的值改为 1 800，并输出；接着再读入 s 的新值 1 800，继续循环，在将其 temp 更改为 1 700 之后，还未来得及将其 temp 的新值写入 s 之前，customer1 进入睡眠状态。正在此时 customer2 睡眠结束，将它的 temp 的新值 1 900 写入 s 中，并输出 s 的现在值 1 900；接着读取 s 的新值 1 900 进行下一次循环。在 customer2 的睡眠期间，customer1 睡眠结束，将 s 更改为其 temp 的值 1 700，并输出 1 700，如此进行，直到每个线程结束，出现了和原来设想不符合的结果。

通过对该程序的分析，发现出现错误结果的根本原因是并发线程同时存取同一内存变量所引起的。后一线程对变量的更改结果覆盖了前一线程对变量的更改结果，引起了混乱。解决此类问题的方法是当一个线程存取共享变量时，系统为该变量加锁，使其他线程无法存取该变量。只有当该线程结束对共享变量的存取后，再将所加的锁打开，其他线程才能存取该变量，实现线程的同步操作。

在 Java 中，实现同步操作的方式是在共享内存变量的方法前加 synchronized 修饰符。在程序运行过程中，如果某一线程调用经 synchronized 修饰的方法，在该线程结束此方法的运行之前，其他所有线程都不能运行该方法，只有等该线程完成此方法的运行后，其他线程才能运行该方法。

【例14-6】线程的同步。

```
class Cbank
{   private static int s=2000;
    public synchronized static void sub(int m)
    {   int temp=s;
        temp=temp-m;
        try
```

```
            {   Thread.sleep((int)(1000*Math.random()));
            }
            catch(InterruptedException e)
            {}
            s=temp;
            System.out.println("s="+s);
        }
    }
    class Customer extends Thread
    {   public void run()
        {   for(int  i=1;i<=4;i++)   Cbank.sub(100);
        }
    }
    public class Thread6
    {   public static void main(String args[])
        {   Customer customer1=new Customer();
            Customer customer2=new Customer();
            customer1.start();
            customer2.start();
        }
    }
```

【**程序解析**】该程序和例 14-5 的唯一区别是给 Cbank 类中的 sub( )方法前加了同步限制修饰符 synchronized。由于对 sub( )方法加了同步限制，所以在 customer1 线程结束 sub( )方法运行之前，customer2 线程无法进入 sub( )方法；同理，在 customer2 线程结束 sub( )方法运行之前，customer1 线程无法进入 sub( )方法，从而避免了一个线程对 s 变量的更改结果覆盖另一线程对 s 变量的更改结果，避免不该发生的错误。该程序的运行结果如下：

s=1900
s=1800
s=1700
s=1600
s=1500
s=1400
s=1300
s=1200

习　　题

1. 何为线程和多线程？怎样激活线程？
2. 如何建立多线程？
3. 线程的生命周期有哪几种状态？各状态之间分别用哪些方法切换？
4. 编写具有两个线程的程序，第一个线程用来计算 2～100 000 之间的素数及个数，第二个线程用来计算 100 000～200 000 之间的素数及个数。

第15章

数据库编程

数据库是长期存储在计算机内的、有组织的、可共享的数据集合。在当今的信息时代，数据库无处不在。许多计算机应用系统都涉及有关数据库的操作，其中相当一部分还是以数据库为核心来组织整个系统，因此 Java 程序对数据库的访问与操作成为其很重要的功能，本章介绍 Java 的数据库操作功能。

15.1 数据库简介

15.1.1 关系型数据库

数据库是管理和组织信息和数据的综合系统，关系型数据库是目前使用最为广泛的数据库系统，在各领域中得到了广泛使用。目前，广泛使用的大型关系型数据库产品有 Oracle、Sybase、DB2 和 SQL Server。除此之外，小型关系型数据库产品 Access 和 Visual FoxPro、MySQL 也使用得较多。

目前，大型数据库应用系统多采用基于网络的客户机/服务器（Client/Server，C/S）两层结构或浏览器/服务器（Browser/Server，B/S）三层结构体系，这就将数据库系统的开发工作划分为服务器端开发和客户机端开发两部分。服务器端开发的主要任务是设计数据逻辑结构和物理结构，研究如何更有效地存储和组织信息，而客户机端开发的主要任务是实现具有友好用户界面和完善的数据访问操作功能的应用程序，使得远离存储于服务器中数据的用户可以通过客户机端的应用程序来方便地使用这些数据。服务器端的开发又称后端开发，它超出了本书的讨论范围，有兴趣的读者可以查阅有关数据库设计方面的资料。客户机端的开发又称前端开发，前端开发可以选择多种工具，如 PowerBuilder、Delphi 等。Java 也是这些可选工具中最具吸引力的一种，尤其是在开发基于 B/S 结构的数据库应用系统时，由于 Java 的跨平台可移植性，使得使用 Java 开发的数据库系统可以充分利用 Internet 上的各种软、硬件资源，从而大大扩展了适用性，并降低了升级和维护的费用。

关系型数据库中以表为单位来组织数据，表是由行和列组成的二维表格。表 15-1 为存放职工信息的样例表。

表由结构和记录两部分组成：表结构对应表头信息，包括表所包含的列名、数据类型和数据长度等信息；列也称字段。表 15-1 中所示职工信息表的结构如表 15-2 所示。

表 15-1　职 工 信 息

no	sname	sex	salary
1001	张强	男	675.20
1004	李香	女	842.00
1007	王大山	男	765.00
1010	赵玉花	女	690.00

表 15-2　职工信息表结构

字 段 名	类 型	字 段 宽 度
no	文本	4
sname	文本	8
sex	文本	2
salary	数字	单精度浮点数类型

记录是表中除结构外的各行数据。每一行称为一条记录，每条记录由若干域组成。一个域对应表中的一列。每个域的数据要符合所在列数据类型的规定，如 salary 域的值只能为数值型数据，而不允许是字符类型数据。

15.1.2　SQL 简介

结构化查询语言（Structured Query Language，SQL）是所有关系型数据库都支持的一种统一的数据库语言，在 Java 中对数据库操作是通过 SQL 来实现的。首先对 SQL 的常用语句做一简单介绍，利用 SQL 可以非常方便地建立数据库表、查询数据、给数据库中输入新数据、修改数据及删除数据等。

1. 定义表

要建立表，首先需要建立表结构。建立数据库中表结构的语句如下：

表名(列名 1 数据类型 1 [条件 1],列名 2 数据类型 2 [条件 2],…)

其中，表名代表要建立的表名称；列名 1、列名 2 等表示表中各列（字段）的名称，数据类型 1、数据类型 2 等表示表中各列（字段）的数据类型，如 char(6)表示存放 6 个字符的字符型数据，int 表示存放整型数据；条件 1、条件 2 等表示该列数据所满足的条件，如 not null 表示非空。

> **注意**
> SQL 语句不区分字母的大写和小写，如 CREATE TABLE 和 Create Table 完全等价。

如建立表 15-1 所对应的职工信息表 employee 的结构，可以使用如下的 SQL 语句：
CREATE　　TABLE　employee (no char(4) not null,sname char(8),sex char(2),salary float)

2. 查询

利用 SELECT 语句从数据库中查询信息，其语法如下：
SELECT 列名 1,列名 2,…
FROM 表名 1,表名 2,…
[WHERE 条件]

其中，列名 1、列名 2 等表示要查询的列名称，表名 1、表名 2 等表示要在其中进行查询的表名称。条件表示查询条件，例如查询表 employee 中男性职员的信息，使用语句：

```
SELECT no,sname,sex,salary
FROM employee
WHERE sex='男'
```

得到表中的两个男职员信息，即表中的第一和第三条记录。

要查询表中所有列的信息，可以用"*"代替列名。如上述查询语句可以改为：

```
SELECT *
FROM employee
WHERE sex='男'
```

如要查询 salary 在 700 以上职员的 no 和 sname 信息，可使用语句：

```
SELECT no,name
FROM employee
WHERE salary>700
```

查询结果包括第二和第三条记录的 no 和 sname 列的数据。

3．插入

利用 INSERT 语句向表中插入记录，INSERT 语句的格式如下：

```
INSERT INTO 表名(列名1,列名2,…)
VALUES(列1值,列2值,…)
```

其中，表名表示要向其中插入记录的表名称，列 1 值、列 2 值等表示插入记录中第一和第二列的数据，(列名1,列名2,…)可以省略。

如要向表 employee 中插入一条记录，其 no、sname、sex、salary 的值分别为：1020、孙红军、男、575.50 则可使用如下的 INSERT 语句：

```
INSERT INTO employee
VALUES('1020','孙红军','男',575.50)
```

4．删除

要删除表中的一条或多条记录，可以使用 DELETE 语句，其格式如下：

```
DELETE FROM 表名
WHERE 条件
```

其中，表名表示要从中删除记录的表名称，条件表示要删除的记录所满足的条件。

例如，要删除表 employee 中 no 值为 1004 的记录，语句如下：

```
DELETE FROM employee  WHERE no='1004'
```

5．修改

要修改表中的记录，可以使用 UPDATE 语句，其格式如下：

```
UPDATE 表名
SET 列名1=值1,列名2=值2,…
WHERE 条件
```

其中，表名表示要修改其记录的表名称，条件表示要修改的记录所满足的条件，其功能是：将满足条件的记录中列名 1 对应列中的值用值 1 替换，列名 2 对应列中的值用值 2 替换，依此类推。例如，要将 employee 中，no 为 1004 职员的 sname 改为"王大海"，salary 改为 800，其语句如下：

211

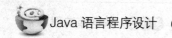

```
UPDATE employee
SET sname="王大海",salary=800
WHERE no="1004"
```

15.2 使用 JDBC 连接数据库

15.2.1 JDBC 简介

在 Java 程序中，连接数据库采用 JDBC（Java DataBase Connectivity）技术。JDBC 是由 Sun 公司提供的与平台无关的数据库连接标准，它将数据库访问封装在少数几个方法内，使用户可以极其方便地查询数据库、插入新数据、更改数据。JDBC 是一种规范，目前各大数据库厂商基本都提供 JDBC 驱动程序，使得 Java 程序能独立运行于各种数据库之上。

JDBC 提供的主要接口有：

① java.sql.DriverManager：用于驱动程序的调入。
② java.sql.Connection：与特定数据库建立连接。
③ java.sql.Statement：用于 SQL 语句的执行，包括查询语句、更新语句、创建数据库语句等。
④ java.sql.ResultSet：用于保存查询所得的结果。

15.2.2 JDBC 驱动程序

JDBC 驱动程序有以下 4 类：

1. JDBC-ODBC 桥驱动程序

Sun 公司在 Java 2 中免费提供 JDBC-ODBC 桥驱动程序，供存取标准的 ODBC（Open Database Connectivity）数据源，如用来存取 Microsoft Access 数据库、Visual FoxPro 数据库等。然而，Sun 公司建议除了开发规模很小的应用程序外，一般不要使用这种驱动程序，尤其对于服务器端的 Servlet 程序，因为 JDBC-ODBC 桥驱动程序中的任何错误都可能让服务器死机。

2. 原生 API 结合 Java 驱动程序

原生 API 结合 Java 驱动程序将 JDBC 的调用转换成个别数据库系统的原生码调用，由于使用原生码，任何错误都可能使服务器死机。

3. 网络协议搭配完整的 Java 驱动程序

网络协议搭配完整的 Java 驱动程序将 JDBC 调用转换成个别数据库系统的独立网络协议，再转换成个别数据库系统的原生码调用。这类驱动程序最具弹性，最适合 Applet 程序的开发，不过要考虑安全性及防火墙等额外负担。

4. 原生协议搭配完整的 Java 驱动程序

原生协议搭配完整的 Java 驱动程序全由 Java 写成，利用随数据库而异的原生协议直接与数据库沟通，不用通过中介软件，它属于专用的驱动程序，要靠厂商直接提供。

第三和第四类驱动程序较理想，第一和第二类的驱动程序是在无法获得第三和第四类驱动程序的情况下的一种暂时解决方式。

考虑到广大读者可能不具备其他种类的驱动程序和数据库软件，本章将使用第一类驱动程序和 Microsoft Access 2010 数据库为例，介绍 Java 的数据库编程。但其思想和方法与采用其他驱动程序和数据库相同。

15.3 建立数据库和数据源

使用第一类驱动程序连接数据库，首先需要建立数据源。本节以使用较为广泛的 Windows 7 操作系统和 Microsoft Access 2010 数据库为例，说明数据源的建立方法。

15.3.1 建立数据库

数据源是连接到数据库的接口，建立数据源前先要建立数据库。

1．创建数据库

下面通过在 Access 2010 中建立数据库 myDB.mdb，说明在 Access 中建立数据库的方法。建立数据库的步骤如下：

① 单击"开始"按钮，选择"所有程序"→Microsoft Access 2010 命令，进入 Access 的主窗口。

② 选择"文件"→"新建"命令，在"可用模板"列表框中选中"空数据库"，并单击该窗口右侧的"创建"按钮，如图 15-1 所示。弹出"文件新建数据库"对话框，让用户选择数据库所存放的位置和数据库的名称，如图 15-2 所示。

图 15-1　选择"文件"→"新建"命令　　　　图 15-2　"文件新建数据库"对话框

③ 选择数据库的存放磁盘和文件夹，在"文件名"文本框中输入数据库名，在"保存类型"下拉列表框中选择数据库类型。

本例中选择文件夹 d:\java\database；在"文件名"文本框中输入 myDB。

④ 单击"确定"按钮，回到主窗口；单击"确定"按钮，将建立所指定的数据库，

并出现数据库窗口。所建立的数据库名出现在数据库窗口的标题栏，如图 15-3 所示。

图 15-3 数据库窗口

所建立的数据库保存在 d:\java\database 文件夹下的 myDB.mdb 文件中。

2．建立表结构

表由结构和记录两部分组成。结构指明表中每列的名称、数据类型和宽度。记录是表中所包含的一行一行的数据。

下面通过在 myDB 数据库中建立 employee 表的操作，说明在 Access 中建立表的方法。employee 表中包含表 15-1 中的数据。操作步骤如下：

① 在数据库窗口的左侧窗格中单击"表"标签在"创建"选项卡中选择"表设计"，出现设计视图，让用户设计表结构，如图 15-4 所示。

② 在"字段名称"框中输入每个字段的名称，在"数据类型"框中选择每个字段的数据类型，并在下面的字段大小框中输入字段的宽度（所占的字符数）。对数字型字段，指定字段宽度的方法是在字段大小列表框中选择整型、长整型、单精度型等。

本例中，4 个字段的类型和宽度如表 15-2 所示。

③ 选择"文件"→"保存"命令，弹出"另存为"对话框，如图 15-5 所示，输入表的名称。本例中输入 employee。

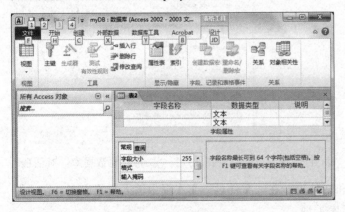

图 15-4 设计视图   图 15-5 "另存为"对话框

④ 单击"确定"按钮，将所建立的表结构保存在数据库中，回到数据库窗口。此时，数据库中将出现所建立的 employee 表条目。

3．输入记录

在 Access 中输入表中记录的方法是：

① 在数据库窗口中，双击表名，出现表窗口，便可输入表中的记录。

在本例中双击 employee，出现表窗口，如图 15-6 所示，表名 employee 出现在表窗口的标题栏，输入表 15-2 中的 4 条记录。

图 15-6　employee 表窗口

② 输入完毕后，单击"保存"按钮，将所输入的记录存盘。

③ 如果要回到数据库窗口，将表窗口关闭。

15.3.2　建立数据源

下面通过为数据库 myDB.mdb 建立数据源 myDB 的操作步骤，说明建立数据源的方法。操作步骤如下：

① 单击"开始"按钮，选择"控制面板"命令，打开"控制面板"窗口。

② 在"控制面板"窗口中双击"系统和安全"选项，打开"系统和安全"窗口，再双击"管理工具"选项，打开"管理工具"窗口。

③ 在"管理工具"窗口中双击"数据源（ODBC）"图标，打开"ODBC 数据源管理器"窗口，选择"系统 DSN"选项卡，如图 15-7 所示。

④ 单击"添加"按钮，弹出"创建新数据源"对话框，如图 15-8 所示，选择数据源的驱动程序。

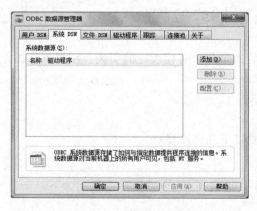
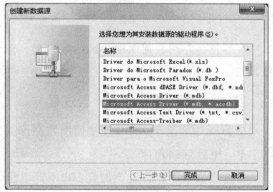

图 15-7　"系统 DSN"选项卡　　　　图 15-8　"创建新数据源"对话框

⑤ 选择 Microsoft Access Driver（*.mdb，*.accdb）选项，单击"完成"按钮，弹出"ODBC Microsoft Access 安装"对话框，如图 15-9 所示。

⑥ 在"数据源名"文本框中输入数据源的名称，在"说明"文本框中输入对数据源的简短说明。本例中，分别输入 myDB 和"职员数据库"。

⑦ 单击"选择"按钮，弹出"选择数据库"对话框，让用户选择数据库的存放位置和名称。

⑧ 在"驱动器"下拉列表框中选择数据库所在的驱动器，在"目录"下拉列表框中选择数据库所在的文件夹，在"数据库名"列表框中选择数据库的名称。

本例中选择 d:\java\database 文件夹，数据库名选择 myDB.mdb。

⑨ 单击"确定"按钮，完成数据库的选择，回到"ODBC Microsoft Access 安装"对话框。

⑩ 如果要设置数据库的用户名和密码，则单击"高级"按钮，弹出"设置高级选项"对话框，如图 15-10 所示。在"登录名"和"密码"文本框中分别输入用户名称和密码。本例中分别输入 li 和 1234。

图 15-9 "ODBC Microsoft Access 安装"对话框

图 15-10 "设置高级选项"对话框

⑪ 单击"确定"按钮，完成数据源的建立。

15.4 Java 数据库编程

本节首先介绍数据库编程的一般过程，然后通过几个有代表性的实例介绍数据库编程方法。

15.4.1 数据库编程的一般过程

在 Java 中，基于 JDBC 连接使用数据库需要以下几个步骤：

1. 加载驱动程序

要连接数据库，首先要加载 JDBC 驱动程序。加载 JDBC 驱动程序的语句如下：

```
Class.forName(JDBC 驱动程序名);
```

例如，要加载 JDBC-ODBC 桥驱动程序，使用以下语句：
`Class.forName("sun.jdbc.odbc.JdbcOdbcDriver");`
使用 JDBC-ODBC 桥驱动程序，可以通过 ODBC 数据源连接数据库。

2．连接数据库

加载了 JDBC 驱动程序后，便可以连接数据库了。连接数据库使用以下语句：

`Connection 对象名=DriverManager.getConnection(数据库 URL,用户账号,用户密码);`

如果连接成功，将返回一个 Connection 类对象，以后所有对数据库的操作都可以使用这个对象来进行。例如，加载了 JDBC-ODBC 桥驱动程序后，就可以使用以下语句连接数据源 myDB 所对应的数据库：

`Connection conn=DriverManager.getConnection("jdbc:odbc:myDB","li","1234");`

其中，li 表示用户账号，1234 表示用户密码。

如果连接成功，对 myDB 所对应的数据库的任何操作就可以通过 conn 对象来进行了。

3．执行 SQL

要对连接的数据库进行查询、更改或添加数据，需要执行 SQL 语句。执行 SQL 语句需要建立 Statement 类对象。建立 Statement 类对象的语句如下：

`Statement 对象名=Connection 类对象名.createStatement();`

如已经建立了 Connection 类对象 conn，可以用下面的语句建立 Statement 类对象 stmt：

`Statement stmt=conn.CreateStatement();`

建立了 Statement 类对象，便可以执行 SQL 语句。要执行查询数据的 SELECT 语句，可以通过 executeQuery()方法来实现。要执行插入、更改或删除记录的 SQL 语句，可以通过 executeUpdate()方法来实现。执行 executeQuery()方法，查询所得到的结果（记录集合）存放在 ResultSet 类对象中。

ResultSet 类对象以类似表中记录的组织方式来组织查询到的结果。表中包含了由 SQL 查询语句返回的列名和相应的值，表中还维持了一个指向当前行（记录）的指针。在 ResultSet 类对象中，通过 getXXX()方法，如 getString()、getObject()、getInt()等可以得到当前行（记录）的各个列的值。

如对数据源 myDB 代表的数据库建立了 Connection 类对象 conn 和 Statement 类对象 stmt 后，要执行查询语句"SELECT * FROM employee WHERE sex='男'"，使用下列语句：

`rs=stmt.executeQuery("SELECT * FROM employee WHERE sex='男'");`

查询到的记录（所有男性职员）保存在 ResultSetl 类对象 rs 中。

ResultSet 类中定义了 next()方法，其功能是将查询结果集中下一条记录变成当前记录，即将记录指针移到下一条记录。执行 executeQuery()方法后，记录指针位于首条记录之前。如要对 rs 中所保存的查询结果逐条处理，可以使用下列的循环语句：

```
while(rs.next())
{   对当前记录进行处理
}
```

4. 关闭连接

对数据库操作完成后,调用 close()方法,将与数据库的连接关闭,包括关闭 Connection 类对象、Statement 类对象和 ResultSet 类对象。

15.4.2 数据库编程实例

1. 查询数据库

【例15-1】假定对数据库 myDB.mdb 已经建立了数据源 myDB,myDB.mdb 中有 employee 表。该实例利用 JDBC-ODBC 桥驱动程序,访问 Access 数据库 myDB.mdb,显示表中所有职员的 no(编号)、sname(姓名)、sex(性别)和 salary(工资)。

```java
import java.sql.*;
class Query
{   public static void main(String args[])
    {   try
        {   Class.forName("sun.jdbc.odbc.JdbcOdbcDriver");
        }
        catch(ClassNotFoundException ce)
        {   System.out.println("SQLException:"+ce.getMessage());
        }
        try
        {   Connection con=DriverManager.getConnection("jdbc:odbc:myDB","li","1234");
            Statement stmt=con.createStatement();
            ResultSet rs=stmt.executeQuery("select * from employee");
            while(rs.next())
            {   System.out.println(
                "编号"+rs.getString(no)+"\t"+
                "姓名"+rs.getString(sname)+"\t"+
                "性别"+rs.getString(sex)+"\t"+
                "工资"+rs.getFloat(salary));
            }
            con.close();
            rs.close();
            stmt.close();
        }
        catch(SQLException e)
        {   System.out.println("SQLException:"+e.getMessage());
        }
    }
}
```

【程序解析】首先引入包 java.sql 中的所有类,接着加载 JDBC-ODBC 桥驱动程序,再连接数据源 myDB。其中,li 和 1234 分别是用户账号名和密码,stmt 是 Statement 类对象。对 employee 表中所有职员进行查询,查询结果存放于 ResultSet 类对象 rs 中。

通过循环,可以将 ResultSet 类对象 rs(查询结果集)中的每行数据取出并显示在屏幕上。

从以上程序可以看出,在取 ResultSet 类对象中各列的值时,使用方法 getXXX(列名)。XXX 的确切值取决于当前列的数据类型,如 getString()取字符串型值、getInt()取整型值、

getFloat()取实型值等。如果不知道该列数据的确切类型，可以通过 getObject()取出，然后再进行类型转换。

在获取 ResultSet 类对象中各列的数据时，可以使用列的名称如 no、sname、sex 和 salary，也可以使用列的序号。如要取出 no 列的数据，也可以使用 rs.getString(1)；要取出 salary 列的数据，也可以使用 rs.getFloat(4)。

最后关闭 Connection 类对象 con、Statement 类对象 stmt 和 ResultSet 类对象 rs。

可以看到，大部分程序代码都是放置在 try...catch 块内，并捕捉两类异常。一类是 ClassNotFoundException，它是当 Class.forName()无法载入 JDBC 驱动程序时触发；另一类是 SQLException，它是当 JDBC 在执行过程中发生问题时产生，如所执行的 SQL 语句存在错误等。

该程序的运行结果如下：

```
编号 1001       姓名 张  强      性别 男 工资 675.2
编号 1004       姓名 李  香      性别 女 工资 842.0
编号 1007       姓名 王大山      性别 男 工资 765.0
编号 1010       姓名 赵玉花      性别 女 工资 690.0
```

2．插入记录

【例15-2】假定对数据库 myDB.mdb 已经建立了数据源 myDB，myDB.mdb 中有 employee 表，该实例利用 JDBC-ODBC 桥驱动程序，访问 Access 数据库 myDB.mdb，在表中插入两条记录，其数据分别为：2001，邢雪花，女，650 和 2020，翟建设，男，746。

```java
import java.sql.*;
class Insert1
{ public static void main(String args[])
  { try
    { Class.forName("sun.jdbc.odbc.JdbcOdbcDriver");
    }
    catch(ClassNotFoundException ce)
    { System.out.println("SQLException:"+ce.getMessage());
    }
    try
    { Connection con=DriverManager.getConnection("jdbc:odbc:myDB","li","1234");
      Statement stmt=con.createStatement();
      String sqlstr="insert into employee values('2001','邢雪花','女',650)";
      stmt.executeUpdate(sqlstr);
      stmt.executeUpdate("insert into employee values('2020','翟建设','男',746)");
      stmt.close();
      con.close();
    }
    catch(SQLException e)
    { System.out.println("SQLException:"+e.getMessage());
    }
  }
}
```

【程序解析】通过 String sqlstr = "insert into employee values('2001','邢雪花','女',650)"

建立 String 型变量 sqlstr，其值为要执行的 SQL 语句。

通过 stmt.executeUpdate(sqlstr)执行 sqlstr 所代表的 SQL 语句,给表中插入第一条记录。

> **注意**
>
> 执行 SQL INSERT 语句时,调用 Statement 类的 executeUpdate( )方法,而不是 executeQuery( )方法。

通过 stmt.executeUpdate ("insert into employee values('2020','翟建设','男',746) ")插入第二条记录。本例与例 15-1 的不同之处在于给表中插入记录，与执行查询的方法 executeQuery( )不同，executeUpdate( )方法不产生结果集 ResultSet 类对象。

3. 修改记录

【例15-3】利用 JDBC-ODBC 桥驱动程序访问 Access 数据库 myDB.mdb，修改表中的两条记录，将 name 为翟建设的记录的 no 改为 3 000，将 no 值为 2 001 记录中的 salary 改为 900。

```java
import java.sql.*;
class Update1
{ public static void main(String args[])
   { try
      { Class.forName("sun.jdbc.odbc.JdbcOdbcDriver");
      }
      catch(ClassNotFoundException ce)
      { System.out.println("SQLException:"+ce.getMessage());
      }
      try
      { Connection con=DriverManager.getConnection("jdbc:odbc:myDB","li", "1234");
        Statement stmt=con.createStatement();
        String sql="update employee set no='3000'"+"where sname='翟建设'";
        stmt.executeUpdate(sql);
        sql="update employee set salary=900"+"where no='2001'";
        stmt.executeUpdate(sql);
        stmt.close();
        con.close();
      }
      catch(SQLException e)
      { System.out.println("SQLException:"+e.getMessage());
      }
   }
}
```

【程序解析】通过 String sql = "update employee set no= '3000'" + "where sname= '翟建设'"将修改记录的第一条 SQL 语句放入 String 型变量 sql 中。

通过 stmt.executeUpdate(sql)执行第一条 SQL 语句，再用同样的方法执行第二条 SQL 语句。

> **注意**
>
> 执行修改记录的 SQL 语句需要调用 Statement 类的 executeUpdate( )方法，不产生 ResultSet 类对象。

4. 删除记录

【例15-4】利用 JDBC-ODBC 桥驱动程序，访问 Access 数据库 mdDB.mdb，删除 employee 表中 no 值为 1 004 的记录。

```java
import java.sql.*;
class Delete
{ public static void main(String args[])
    { try
        { Class.forName("sun.jdbc.odbc.JdbcOdbcDriver");
        }
      catch(ClassNotFoundException ce)
        { System.out.println("SQLException:"+ce.getMessage());
        }
      try
        { Connection con=DriverManager.getConnection("jdbc:odbc:myDB","li","1234");
          Statement stmt=con.createStatement();
          String sql="delete from employee where no='1004'";
          stmt.executeUpdate(sql);
          stmt.close();
          con.close();
        }
      catch(SQLException e)
        { System.out.println("SQLException:"+e.getMessage());
        }
    }
}
```

【程序解析】通过 String sql = "delete from employee"+"where no='1004'"将删除记录的 SQL 语句放入 String 型变量 sql 中，通过 stmt.executeUpdate(sql)执行删除记录的命令。

5. 建立表

【例15-5】利用 JDBC-ODBC 桥驱动程序访问 Access 数据库 mdDB.mdb，建立 student 表，其中有 s_num（学号）、s_name（姓名）和 score（成绩）3 列数据。给表中输入一条记录，其数据为：9901，张学军，85。

```java
import java.sql.*;
class Create
{ public static void main(String args[])
    { try
        { Class.forName("sun.jdbc.odbc.JdbcOdbcDriver");
        }
      catch (ClassNotFoundException ce)
        { System.out.println("SQLException:"+ce.getMessage());
        }
      try
        { Connection con=DriverManager.getConnection("jdbc:odbc:myDB","li","1234");
          Statement stmt=con.createStatement();
          String sql="create table student(s_num char(4),s_name char(8) null,
          score int)";
          stmt.executeUpdate(sql);
```

```
            sql="insert into student(s_num,s_name,score)values('9901','
    张学军',85)";
            stmt.executeUpdate(sql);
            stmt.close();
            con.close();
        }
        catch(SQLException e)
        { System.out.println("SQLException:1"+e.getMessage());
        }
    }
}
```

【程序解析】首先将要建立表的 SQL 语句放入变量 sql，执行 stmt.executeUpdate(sql) 建立表 student；再将要插入记录的语句放入变量 sql，再执行 stmt.executeUpdate(sql) 插入记录。

6．删除表

【例15-6】利用 JDBC-ODBC 桥驱动程序访问 Access 数据库 myDB.mdb，删除 student 表。

```
import java.sql.*;
class Drop
{ public static void main(String args[])
    { try
        { Class.forName("sun.jdbc.odbc.JdbcOdbcDriver");
        }
        catch(ClassNotFoundException ce)
        { System.out.println("SQLException:"+ce.getMessage());
        }
        try
        { Connection con=DriverManager.getConnection("jdbc:odbc:myDB","li","1234");
            Statement stmt=con.createStatement();
            String sql="drop table student";
            stmt.executeUpdate(sql);
            stmt.close();
            con.close();
        }
        catch(SQLException e)
        { System.out.println("SQLException:1"+e.getMessage());
        }
    }
}
```

【程序解析】将要删除表的 SQL 语句放入变量 sql，通过 stmt.executeUpdate(sql) 删除表 student。

7．取表中各列名称

【例15-7】利用 JDBC-ODBC 桥驱动程序访问 Access 数据库 myDB.mdb，取 student 表中各列名称。

```
import java.sql.*;
class Meta
```

```
{ public static void main(String args[])
    { try
      { Class.forName("sun.jdbc.odbc.JdbcOdbcDriver");
      }
      catch(ClassNotFoundException ce)
      { System.out.println("SQLException:"+ce.getMessage());
      }
      try
      { Connection con=DriverManager.getConnection("jdbc:odbc:myDB","li","1234");
        Statement stmt=con.createStatement();
        ResultSet rs=stmt.executeQuery ("SELECT * FROM student");
        ResultSetMetaData rsmd=rs.getMetaData();
        for(int i=1;i<=rsmd.getColumnCount();i++)
        { if(i==1)  System.out.print(rsmd.getColumnName(i));
          else   System.out.print(","+ rsmd.getColumnName(i));
        }
        rs.close();
        stmt.close();
        con.close();
      }
      catch(SQLException e)
      { System.out.println("SQLException:1"+e.getMessage());
      }
    }
}
```

【程序解析】 将对 student 表的查询结果放入 ResultSet 类对象 rs 中，其中包含各列的名称以及数据。

在 ResultSet 类中，定义了 getMetaData()方法，该方法从 ResultSet 类对象获取 ResultSetMetaData 类对象，这个对象中包含 ResultSet 类对象中各列的名称、类型等属性。通过 ResultSetMetaData 类的 getColumnCount()方法可以获得 ResultSet 类对象中列的个数，通过 getColumnName(i)可以获得 ResultSet 类对象中第 i 列的名称。所以，本例中将 rs 所包含的列的个数、列名，即表 student 中列的个数、列名等信息存放于 rsmd 中。通过 rsmd.getColumnCount()可获得 student 表中列的个数。

在 for 循环语句中，通过 rsmd.getColumnName(i)获得 student 表中各列的名称，再显示在屏幕上。程序运行结果如下：

s_num,s_name,score

习　　题

1. 解释下列名词：数据库、关系型数据库、记录、SQL、JDBC。
2. 简述 JDBC 的功能和特点。
3. 什么是数据库前端开发工具？其主要作用和任务是什么？
4. 简述使用 JDBC 完成数据库操作的基本步骤。
5. 编程实现以下功能：

（1）在数据库中建立一个表，表名为学生，其结构为：学号、姓名、性别、年龄、成绩。
（2）在学生表中输入4条记录（自己设计具体数据）。
（3）将每个人的成绩增加10%。
（4）将每条记录按照成绩由高到低的顺序显示到屏幕上。
（5）删除成绩不及格的学生记录。

第 16 章

网络编程

Internet 的迅速发展与普及为网络程序带来无限活力和广阔天地,越来越多的创新型应用都依赖于网络通信。Java 语言之所以能在短时间内迅速崛起,很大程度上得益于其强大的网络功能。Java 提供了用于网络编程的多个类,便于开发基于 TCP 和 UDP 网络层协议及 HTTP 和 FTP 等应用层协议的应用程序。

16.1 网络基础

16.1.1 通信协议

计算机网络是通过电缆、电话线或无线通信设备将地理位置不同、功能独立的多个计算机相互连接起来,以实现资源共享和信息交换的系统体系。Internet 是世界上最大的互连网络,它把全世界各个地方的各种网络互连起来,组成一个跨越国界范围的庞大的互连网络。随着 Internet 的发展,人类社会的生活模式发生了巨大变化,Internet 是人类文明史上的一个重要里程碑。

计算机网络形式多样,内容繁杂。网络上的计算机要相互通信,必须遵循一定的规则和约定,即通信协议。网络通信的核心问题是通信协议,仅当通信双方严格遵循通信协议的约定,才可能实现安全、可靠和高效的网络通信。例如,通信双方需要约定通信设备何时以及如何访问共享的传输介质,发送端与接收端如何进行联络与同步,如何指定传输的目的地,提供何种差错检测和恢复手段,如何确保通信双方互相理解等。通信协议就是这些规则的集合,它规定了网络传输的信息格式与控制方式,从而保证网络中的计算机彼此之间能够互相通信。为满足网络通信服务的各种不同需求,网络协议被设计成层次结构,将通信过程中出现的复杂问题进行分层隔离,以简化处理过程。

1. ISO/OSI 参考模型

最具影响力的网络体系结构是国际标准化组织(International Organization for Standards)在 1979 年提出的开放系统互连参考模型(Open System Interconnection Reference Model),简称 ISO/OSI 参考模型。该模型将网络通信自底向上划分为 7 个层次:物理层、数据链路层、网络层、传输层、会话层、表示层和应用层,故称为 7 层模型,如图 16-1 所示。

| 应用层 |
| 表示层 |
| 会话层 |
| 传输层 |
| 网络层 |
| 数据链路层 |
| 物理层 |

图 16-1 ISO/OSI 参考模型

在 ISO/OSI 参考模型中，每一层负责特定的工作。要传送的数据（称为报文）由发送端的最上层（应用程序）产生，从上往下逐层传送。每经过一层，报文的前端被增加一些该层的专用信息。每层加的信息称为报头。报文传送到底层时，已经加了 7 层报头，再通过网线、电话线、光纤等介质，传输到接收端。

报文传输到接收端后，从底层向上逐层传送。每经过一层，报文前端的对应报头被去除。传送到最上层时，报文就恢复成发送端最上层所产生数据的原貌。

2．TCP/IP 协议

Internet 采用的是 TCP/IP 协议集。该协议集有两个最重要的协议：TCP（Transmission Control Protocol）和 IP（Internet Protocol），故 TCP/IP 协议集也简称 TCP/IP 协议。目前，TCP/IP 已经成为计算机网络事实上的工业标准协议。TCP/IP 支持 Internet，能为跨越不同操作系统、不同硬件体系结构的互连网络提供通信服务。如果要建立与 Internet 相连接的网络，必须选择 TCP/IP 协议。

TCP/IP 协议集采用 4 层结构模型，如图 16-2 所示。

| 应用层（HTTP、FTP、Telnet、SNMP、SMTP 等） |
| 传输层（TCP、UDP） |
| 网际层（IP 等） |
| 网络接口层 |

图 16-2　TCP/IP 模型

TCP/IP 模型的应用层覆盖了 ISO/OSI 参考模型的会话层、表示层和应用层，提供一组常用的应用程序，为用户提供直接的服务。应用层提供的服务包括 Web 浏览（采用 HTTP）、文件传输（采用 FTP）、远程登录（采用 Telnet）、网络管理（采用 SNMP）和电子邮件（采用 SMTP）等。

TCP/IP 模型的传输层对应 ISO/OSI 参考模型的传输层，解决进程之间的通信问题。传输层提供的协议包括 TCP 和 UDP（User Datagram Protocol）。TCP 的主要功能是将来自应用层进程的数据流分解为一系列的数据段，并为每个段附加一个段头，以记录发送端（源）端口号、接收端（目标）端口号、序列号、应答号、校验和等控制信息，形成 TCP 数据段。TCP 利用段头中的控制信息管理数据段的传送，保证所有数据段按顺序收发，并且避免重复发送和遗漏，从而为发送端和接收端提供一种可靠的通信服务。UDP 比较简单，仅提供基本的传输层功能。UDP 不负责数据的到达次序和重复等控制工作，而将此控制任务交给应用层的应用程序去完成。

TCP/IP 模型的网际层主要使用 IP 解决计算机之间的数据传输问题，以路由控制或数据分割和重组为主要功能。

TCP/IP 模型的网络接口层主要由操作系统中的设备驱动程序、计算机中的网络类型、网络电缆和其他传输介质等组成。

16.1.2　TCP 和 UDP

虽然 TCP 和 UDP 都位于传输层，都使用网络层协议 IP，但它们却为应用层提供不同性质的服务。

TCP 是基于连接的协议，可为两台不同计算机上的应用程序提供可靠的数据传输。使用 TCP 协议的两个应用程序在传输数据之前，必须先建立连接；连接成功后，再传输数据；数据传输完毕，关断连接。使用 TCP 通信类似于打电话，一方先拨对方的电话号码，拨通并听到对方应答后，再开口讲话，讲完话后挂机。

当应用程序使用 TCP 传输数据时，数据被分割为数据段形式。TCP 保证所传输的数据段都能到达接收端（如果发现某数据段丢失，则重发一次该数据段），并且仍保持原来发送时的顺序，为需要可靠通信的应用程序提供了一种点对点的通信机制。在应用层，FTP、Telnet 和 SMTP 等协议使用传输层的 TCP。

UDP 不需要建立连接，为两台计算机上的应用程序提供了一种高效、简单的数据传输服务。当应用程序使用 UDP 发送数据时，数据以独立的数据报形式传输，不能保证所有数据报都能安全到达目的计算机，而且数据报的到达顺序也不能保证与原来发送顺序相一致。使用 UDP 通信时，任何必要的可靠性要求交给应用层程序去完成。

UPD 适用于对通信可靠性要求不高，但对通信及时性要求较高的场合，例如应用层的域名系统（DNS）和 SNMP 等协议使用 UPD。

虽然 UDP 通信的可靠性不能保证，但在某些应用场合 UDP 可更高效地发挥其特长。例如，在一个 TCP 连接中，仅允许两方参与通信，所以广播方式不能应用 TCP，但 UDP 却能有效地用于广播通信。再如，对于播发时间的应用程序，重发丢失的数据（时间）已经毫无意义。因为当知道数据丢失时，原来播发的时间已经过去，已经变得无效了。

16.1.3 URL

Internet 上的文件等资源可用 URL（Uniform Resource Locator）唯一标识。通过 URL，应用程序可以定位 Internet 上的资源，如 Web 服务器上的一个网页或 FTP 服务器上的一个文件。URL 包含协议、主机 IP 地址或域名、端口号、文件路径等。

1．IP 地址

连接在 Internet 中的每台主机都分配了一个 32 位二进制数的地址（IPv4 中为 32 位，而 IPv6 中为 128 位），称为 IP 地址。每台主机都有唯一的 IP 地址。主机之间相互通信时，利用 IP 地址描述信息的目的地（主机）。为了方便使用，将 IP 地址分割成 4 段，每段包含 8 位二进制数（1 B），并将每段用十进制数表示。每个十进制数的范围为 0～255。为直观描述 IP 地址，将其中的 4 个十进制数字用"."隔开。例如，西安交通大学 Web 网站所用主机的 IP 地址为 202.117.1.13。北京大学 Web 网站所用主机的 IP 地址为 162.105.131.113。

2．域名

由于 IP 地址采用数字表示，不便于用户记忆。为了方便用户访问 Internet 中主机的资源，在 Internet 中引进了域名服务（Domain Name Service，DNS），给每台主机起一个用字符串表示的别名，称为域名。为了方便管理和直观描述，域名采用层次结构，每一层构成一个子域名，子域名之间用"."隔开，自左至右分别为：计算机名、网络名、机构名、顶级域名。例如，西安交通大学 Web 网站所用主机的域名为 www.xjtu.edu.cn，北京大学 Web 网站所用主机的域名为 www.pku.edu.cn。

Internet 中设有将域名翻译成 IP 地址的服务器（主机），称为域名解析服务器。当用户在 IE 浏览器地址栏输入某个主机域名时，域名解析服务器便将此域名翻译为相应主机的 IP 地址。

3．端口

网络通信的主体是主机上运行的进程。由于一台主机上可同时运行多个应用程序（进程），所以利用端口号区别一台主机上运行的不同进程。端口号用 16 位二进制数表示，其取值范围是 0～65 535。编号为 0～1 023 的端口预留给系统进程使用。例如，Web（采用 HTTP）使用端口号 80，文件传输（采用 FTP）使用端口号 21，电子邮件（采用 SMTP）使用端口号 25。用户开发的网络程序只能使用 1 024～65 535 之间的端口号。

4．URL 格式

URL 的格式如下：

协议名：//主机 IP 地址或域名[:端口号]/文件路径/文件名

其中，端口号是可选项。协议默认的端口号可以省略。例如，使用 HTTP 时，默认的端口号 80 可以省略。

例如，西安交通大学 Web 网站主页的 URL 是 http://www.xjtu.edu.cn/index.html。该 URL 使用默认的端口号 80，因此将其省略了。再如，北京大学 Web 网站主页的 URL 是 http://www.pku.edu.cn/index.html，西安交通大学 Web 网站图书馆主页的 URL 是 http://www.xjtu.edu.cn/zzjg/307.html。

16.1.4　Java 的网络功能

Java 提供了用于开发网络程序的多个预定义类，这些类支持 Java 程序发送和接收 TCP 数据段和 UDP 数据报，或更直接地使用建立在 TCP 协议之上的应用层协议 HTTP 和 FTP 等。

通过这些类，用户可轻松地开发基于 TCP 和 UDP 的网络程序，也可在程序中直接访问基于 HTTP 和 FTP 等协议的 URL 网络资源。

Java 用于网络编程的类存放在 JDK 的 java.net 包中，开发基于 TCP 的应用程序可使用 Socket、ServerSocket 等类，开发基于 UDP 的应用程序可以使用 DatagramPacket、DatagramSocket 等类，开发直接访问 URL 资源的应用程序可使用 URL 和 URLConnection 类。

16.2　基于 URL 的网络程序

16.2.1　URL 类

为了访问 Internet 中的文件等网络资源，Java 提供了 URL 类。给网络资源建立了 URL 类对象后，就可以方便地访问该资源，如读取其内容或改写其内容。

1．URL 类的构造方法

下面介绍 URL 类提供的用于创建 URL 对象的构造方法。

（1）URL(String str)方法

URL(String str)方法使用表示资源的 URL 字符串来创建 URL 类对象。例如：
```
URL myurl=new URL("http://www.xjtu.edu.cn:80/index.html");
URL yoururl=new URL("http://www.xjtu.edu.cn/zzjg/z307.html");
```

（2）URL(String protocol, String host, String file)方法

URL(String protocol, String host, String file)方法要求分别指定协议名 protocol、主机域名 host、文件名 file，端口号使用默认值。例如：
```
URL myurl=new URL("http","www.xjtu.edu.cn","index.html");
URL yoururl=new URL("http","www.xjtu.edu.cn","zzjg/z307.html");
```

（3）URL(String protocol, String host, int port, String file)方法

URL(String protocol, String host, int port, String file)方法要求分别指定协议名 protocol、主机域名 host、端口号 port 和文件名 file。例如：
```
URL myurl=new URL("http","www.xjtu.edu.cn",80,"index.html");
URL yoururl=new URL("http","www.xjtu.edu.cn",80,"zzjg/z307.html");
```

（4）URL(URL content, String str)方法

URL(URL content, String str)方法要求指定基 URL 类对象 content 和相对 URL 字符串 str。例如：
```
URL url1=new URL("http://www.xjtu.edu.cn");
URL url2=new URL(url1,"zzjg/z307.html");
```
url2 所描述资源的 URL（地址）为：
```
http://www.xjtu.edu.cn/zzjg/z307.html
```

2．URL 类的常用方法

创建 URL 类对象后，就可以使用 URL 类的成员方法对 URL 类对象进行处理，表 16-1 给出了该类的常用成员方法。

表 16-1 URL 类的常用成员方法

成员方法	功能说明
int getPort( )	获得 URL 类对象的端口号，如果端口号没有设置，则返回-1
String getProtocol( )	获得 URL 类对象的协议名
String getHost( )	获得 URL 类对象的主机域名
String getFile( )	获得 URL 类对象的文件名
Boolean equals(Object obj)	将 URL 类对象与指定的 obj 进行比较，如果相同返回 true，否则返回 false
final InputStream OpenStream( )	为 URL 类对象建立 InputStream 流类对象。通过该流类对象可以读取 URL 类对象所描述的网络资源（如文件）中内容。若建立流类对象失败，则触发 java.io.Exception 类异常
String toString( )	将此 URL 类对象转换为字符串形式

通过 URL 类的 OpenStream( )方法建立 InputStream 类对象后，就可以使用有关流的处理方法读取 URL 类对象所描述的网络资源（如文件）中内容。

【例16-1】获取网络资源的属性。
```
import java.net.*;
public class ParseURL
```

```
{ public static void main(String args[]) throws Exception
  { URL url1=new URL("http://www.xjtu.edu.cn:80/index.html");
    System.out.println("Protocol:"+url1.getProtocol());
    System.out.println("Host:"+url1.getHost());
    System.out.println("File Name:"+url1.getFile());
    System.out.println("Port:"+url1.getPort());
  }
}
```

【程序解析】程序首先为主机 www.xjtu.edu.cn 上的文件 index.html 创建 URL 类对象 url1，接着分别调用 url1 的方法 getProtocol()、getHost()、getFile()和 getPort()，分别返回 url1 所表示的网络资源 http://www.xjtu.edu.cn:80/index.html 使用的协议名 http、所在的主机域名 www.xjtu.edu.cn、文件名 index.html 和端口号 80。

由于调用 URL 类的构造方法可能触发 MalformedURLException 类异常，所以 main()方法需要抛出异常。URL 类定义位于 java.net 包中，所以在程序中需导入该包中的类。

程序运行结果如下：
```
Protocol: http
Host: www.xjtu.edu.cn
File Name: /index.html
Port: 80
```

【例 16-2】读取网络文件内容。
```
import java.net.*;
import java.io.*;
public class URLRead
{ public static void main(String args[]) throws Exception
  { URL url1=new URL("http://www.xjtu.edu.cn:80/index.html");
    InputStream inStream=url1.openStream();
    BufferedReader in=new BufferedReader(new InputStreamReader(inStream));
    String line;
    while((line=in.readLine())!=null)  System.out.println(line);
    in.close();
  }
}
```

【程序解析】程序首先为主机 www.xjtu.edu.cn 上的文件 index.html 创建 URL 类对象 url1，接着调用 url1 的方法 openStream()为该文件建立 InputStream（字节流）类对象 inStream，再为 inStream 建立具有缓冲功能的 BufferedReader（字符流）类对象 in。

在循环语句中，首先调用 in 的方法 readLine()，每次读取文件 index.html 中的一行字符串，存放在 String 型变量 line 中，接着将 line 中存放的一行字符串显示在屏幕上，循环进行直到将文件 index.html 中全部内容读取出来并显示在屏幕上为止。

调用 in 的 close()方法，将 in 关闭。

程序运行时，将在屏幕上显示网页文件 index.html 的原始内容，显示结果如下：
```
<!DOCTYPE html PUBLIC "-//W3C//DTD XHTML 1.0 Transitional//EN"
"http://www.w3.org
...
</body>
```

```
</html>
```

对于本地计算机（运行程序的计算机）上的文件，其 URL 使用协议 FILE。例如，本地计算机上目录 c:\java 中文件 URLRead.java（例 16-2 程序的源文件）的 URL 地址为 file:///c:/java/URLRead.java。由于普通用户对 Internet 上的其他主机的操作权限受限，利用此方法可以非常方便地在本地计算机上练习网络程序开发。

【例 16-3】 读取本地文件内容。

```
import java.net.*;
import java.io.*;
public class URLReader
{ public static void main(String args[]) throws Exception
  { URL url=new URL("file:///c:/java/URLRead.java");
    InputStream inStream=url.openStream();
    BufferedReader in=new BufferedReader(new InputStreamReader(inStream));
    String line;
    while((line=in.readLine())!=null)  System.out.println(line);
    in.close();
  }
}
```

【程序解析】 程序首先为本地计算机文件 c:/java/URLRead.java 创建 URL 类对象 url，接着调用 url 的方法 openStream()为该文件建立 InputStream 类对象 inStream，再为 inStream 建立具有缓冲功能的 BufferedReader 类对象 in。

在循环语句中，首先调用 in 的方法 readLine()，每次读取文件 URLRead.java 中的一行字符串，存放在 String 型变量 line 中，接着将 line 中存放的一行字符串显示在屏幕上，循环进行直到将文件 URLRead.java 中全部内容读取出来并显示在屏幕上为止。

程序运行结果如下

```
import java.net.*;
import java.io.*;
public class URLRead
{ public static void main(String args[]) throws Exception
  { URL url1=new URL("http://www.xjtu.edu.cn:80/index.html");
    InputStream inStream=url1.openStream();
    BufferedReader in=new BufferedReader(new InputStreamReader(inStream));
    String line;
    while((line=in.readLine())!=null)    System.out.println(line);
    in.close();
  }
}
```

16.2.2 URLConnection 类

利用 URL 类的 openStream()方法为网络文件建立 InputStream 类对象后，借助该流类对象只能从对应的网络文件读取信息，而不能向其写入信息。为了既能从网络文件读取信息，又能向其写入信息，Java 提供了 URLConnection 类。

利用 URLConnection 类操作网络资源的步骤如下：

1. 建立 URLConnection 类对象

通过调用 URL 类对象的 openConnection()方法，为网络资源建立 URLConnection 类对象。

例如，要为网络文件 http://www.xjtu.edu.cn:80/index.html 建立 URLConnection 类对象 conn，采用如下语句序列：

```
URL url=new URL("http://www.xjtu.edu.cn:80/index.html");
URLConnection conn= url.openConnection();
```

建立 URLConnection 类对象可能会触发 IOException 类异常，在程序中需要进行捕获或抛出处理。

2. 建立流对象

调用 URLConnection 类对象的 getInputStream()方法和 getOutputStream()方法，分别为网络资源建立 InputStream 类对象和 OutputStream 类对象。

例如，要为 URLConnection 类对象 conn 建立 InputStream 类对象 inStream 和 OutputStream 类对象 outStream，采用如下的语句序列：

```
InputStream inStream=conn.getInputStream();
OutputStream outStream=conn.getOutputStream();
```

3. 利用流对象操作网络资源

利用 InputStream 和 OutputStream 类对象分别对网络资源进行读取操作和写入操作。

【例16-4】利用 URLConnection 类读取网络文件内容。

```
import java.net.*;
import java.io.*;
public class ConnectionRead
{ public static void main(String args[]) throws Exception
  { URL url=new URL("http://www.xjtu.edu.cn:80/index.html");
    URLConnection conn=url.openConnection();
    InputStream inStream=conn.getInputStream();
    BufferedReader in=new BufferedReader(new InputStreamReader(inStream));
    String line;
    while((line=in.readLine())!=null)  System.out.println(line);
    in.close();
  }
}
```

【程序解析】程序为主机 www.xjtu.edu.cn 上的文件 index.html 创建 URL 类对象 url，调用 url 的 openConnection()方法为该文件建立 URLConnection 类对象 conn，调用 conn 的方法 getInputStream()为该文件建立 InputStream 类对象 inStream，再为 inStream 建立具有缓冲功能的 BufferedReader 类对象 in。

在循环语句中，首先调用 in 的方法 readLine()，每次读取文件 index.html 中的一行字符串，存放在 String 型变量 line 中，接着将 line 中存放的一行字符串显示在屏幕上，循环进行直到将文件 index.html 中全部内容读取出来并显示在屏幕上为止。

调用 in 的 close()方法，将 in 关闭。该程序实现的功能与例 16-2 相同。

程序运行时，将在屏幕上显示网页文件 index.html 的原始内容，显示结果如下：

```
<!DOCTYPE html PUBLIC "-//W3C//DTD XHTML 1.0 Transitional//EN"
"http://www.w3.org
...
</body>
</html>
```

【例16-5】利用 URLConnection 类向网络文件中写入信息。

```
import java.net.*;
import java.io.*;
public class ConnectionWrite
{ public static void main(String args[]) throws Exception
  { URL url=new URL("http://www.xjtu.edu.cn:80/index1.html");
    URLConnection conn=url.openConnection();
    conn.setDoOutput(true);
    OutputStream outStream=conn.getOutputStream();
    PrintStream out=new PrintStream(outStream);
    String line="This is the first line";
    out.println(line);
    line="This is the second line";
    out.println(line);
    out.close();
  }
}
```

【程序解析】程序为主机 www.xjtu.edu.cn 上的文件 index1.html 创建 URL 类对象 url，调用 url 的 openConnection( )方法为该文件建立 URLConnection 类对象 conn，调用 conn 的 getOutputStream( )方法为该文件建立 OutputStream 类对象 outStream，再为 outStream 建立 PrintStream 类对象 out。PrintStream 类的 println( )方法可以非常方便地输出各类数据。程序中两次调用 out 的 println( )方法，分别将 line 中存放的"This is the first line"和"This is the second line"写入网络文件 index1.html。最后调用 out 的 close( )方法，将 out 关闭。

> **注意**
> 要向网络文件中写入数据，必须调用 URLConnection 类的 setDoOutput( )方法，将其 DoOutput 参数设置为 true；要使数据能成功地写入网络文件，必须拥有写权限。

16.3 InetAddress 类

Java 提供了 InetAddress 类用以描述主机的域名和 IP 地址。该类有两个成员变量：String 类型的 hostName 和 int 类型的 address，分别用以表示主机的域名和 IP 地址。但用户不能直接访问这两个属性，只能通过 InetAddress 类提供的方法获取域名和 IP 地址。

16.3.1 创建 InetAddress 类对象

InetAddress 类没有构造方法。要创建该类对象，需调用该类的以下方法。

1. getByName( )方法

getByName( )方法的声明如下：

```
public static InetAddress getByName(String host)
```

其功能是为域名 host 对应的主机生成 InetAddress 类对象。如果找不到主机，将触发 UnknowHostException 类异常。因此，在程序中要对该类异常或其父类异常进行捕获或抛出处理。例如，为西安交通大学的 Web 服务器 www.xjtu.edu.cn 建立 InetAddress 类对象 inet，可使用以下语句序列：

```
String host="www.xjtu.edu.cn";
InetAddress inet=InetAddress.getByName(host);
```

为本地计算机（域名为）localhost 建立 InetAddress 类对象 inet1，可使用以下语句：

```
InetAddress inet1=InetAddress.getByName("localhost");
```

2. getByAddress()方法

getByAddress()方法的声明如下：

```
public static InetAddress getByAddress(byte address[])
```

其功能是为 IP 地址 address 对应的主机生成 InetAddress 类对象。如果找不到主机，将触发 UnknowHostException 类异常。因此，在程序中要对该类异常或其父类异常进行捕获或抛出处理。例如，为 IP 地址 202.117.1.13 对应的主机建立 InetAddress 类对象 inet，可使用以下语句序列：

```
byte ip[]={(byte)202,(byte)117,(byte)1,(byte)13};
InetAddress inet=InetAddress.getByAddress(ip);
```

由于方法 getByAddress()的参数是 byte 型的数组，所以需采用强制类型转换操作符（byte）将 202 等转换成 byte 型数据。

为本地计算机（IP 地址 127.0.0.1）建立 InetAddress 类对象 inet1，可使用以下语句序列：

```
byte ip[]={(byte)127,(byte)0,(byte)0,(byte)1};
InetAddress inet1=InetAddress.getByAddress(ip);
```

3. getLocalHost()方法

getLocalHost()方法的声明如下：

```
public static InetAddress getLocalHost()
```

其功能是为本地计算机生成 InetAddress 类对象。如果找不到主机，将触发 UnknowHostException 类异常。因此，在程序中要对该类异常或其父类异常进行捕获或抛出处理。可使用以下的语句为本地计算机建立 InetAddress 类对象 inet：

```
InetAddress inet=InetAddress.getLocalHost();
```

16.3.2 获取域名和 IP 地址

InetAddress 类中表示主机域名和 IP 地址的成员变量 hostName 和 address 不能直接访问，只能通过 InetAddress 类的 getHostName()和 getAddress()方法分别获取主机域名和 IP 地址。

1. getHostName()方法

getHostName()方法的声明如下：

```
public String getHostName()
```

其功能是返回 InetAddress 类对象所表示的主机域名。

例如，为了获取 IP 地址 202.117.1.13 对应的主机域名 dName，可使用以下语句序列：
```
byte ip[]={(byte)202,(byte)117,(byte)1,(byte)13};
InetAddress inet1=InetAddress.getByAddress(ip);
String dName=inet1.getHostName();
```
为了获取本地主机的域名 lName，可使用以下语句序列：
```
InetAddress inet1=InetAddress.getLocalHost();
String lName=inet1.getHostName();
```

2. getAddress()方法

getAddress()方法的声明如下：
```
public byte[] getAddress()
```
其功能是返回 InetAddress 类对象所表示的主机 IP 地址。返回的 IP 地址是包含 4 个元素的 byte 型数组。

例如，为了获取域名 www.baidu.com 对应主机的 IP 地址 ip，可使用以下语句序列：
```
String hostName="www.baidu.com";
InetAddress inet=InetAddress.getByName(hostName);
byte ip[]=inet.getAddress();
```

3. toString()方法

toString()方法的声明如下：
```
public String toString()
```
其功能是返回 InetAddress 类对象所表示的主机域名及 IP 地址，返回值的格式为"域名/点分割的 IP 地址"。例如，对于百度 Web 服务器对应的 InetAddress 类对象，其 toString()方法返回的值为字符串 "www.baidu.com/119.75.217.109"。

【例 16-6】应用 InetAddress 类获取域名和 IP 地址。
```
import java.net.*;
public class IPAddress
{ public static void main(String args[]) throws Exception
  { InetAddress address=null;
    byte ip[]={(byte)202,(byte)117,(byte)1,(byte)13};
    address=InetAddress.getByAddress(ip);
    String name=address.getHostName();
    System.out.println("Host Name:"+name);
    String hostName="www.baidu.com";
    InetAddress inet=InetAddress.getByName(hostName);
    System.out.println(inet.toString());
  }
}
```

【程序解析】通过操作符（byte）将 202、117、1 和 13 强制转换成 byte 型，并存放在 byte 型数组 ip 中；调用 InetAddress 类 getByAddress(ip)方法，为 ip 中存放的 IP 地址 202.117.1.13 对应主机创建 InetAddress 类对象 address；调用 address 的 getHostName()方法，返回 address 所表示主机的域名 www.xjtu.edu.cn，并将此域名存放在 name 中；调用 InetAddress 类 getByName(hostName)方法，为 hostName 中存放的域名 www.baidu.com 对应主机创建 InetAddress 类对象 inet；调用 inet 的 toString()方法，返回 inet 表示主机的域名和 IP 地址的字符串描述 www.baidu.com/119.75.217.109。

InetAddress 类定义包含在 java.net 包中，所以在程序中需导入该包中的类。

程序的运行结果如下：

```
Host Name: www.xjtu.edu.cn
www.baidu.com/119.75.217.109
```

【例16-7】获取本地计算机的 IP 地址。

```java
import java.net.*;
public class LocalMachine
{ public static void main(String args[]) throws Exception
  { InetAddress address=null;
    address=InetAddress.getByName("localhost");
    byte ip[]=address.getAddress();
    int m=ip.length;
    for(int i=0;i<m-1;i++)  System.out.print(ip[i]+".");
    System.out.println(ip[m-1]);
    System.out.println(address.toString());
  }
}
```

【程序解析】通过调用 InetAddress 类的 getByName("localhost")方法，为本地计算机创建 InetAddress 对象 address；调用 address 的 getAddress()方法，返回本地计算机的 IP 地址 127.0.0.1，并存放在 byte 型数组 ip 中；通过 for 循环语句及其后面的一条输出语句将存放在 ip 中的 IP 地址 127.0.0.1 显示在屏幕上；调用 address 的 toString()方法，返回本地计算机的域名和 IP 地址的字符串描述 localhost/127.0.0.1。

程序运行结果如下：

```
127.0.0.1
localhost/127.0.0.1
```

16.4 基于 Socket 的程序

Java 中提供了 URL 类和 URLConnection 类，便于应用程序使用应用层的 HTTP、FTP 和 FILE 等协议访问网络资源。除此之外，Java 也提供了在较低层进行网络通信的机制，即基于 Socket 的通信机制。Socket 被翻译为套接字，是网络通信的一种底层编程接口。

进行网络通信的应用程序普遍采用客户机/服务器（Client/Server，C/S）模型。请求对方提供信息等服务的一方称为客户机，其上运行的应用程序称为客户机程序；提供服务的一方称为服务器，其上运行的程序称为服务器程序。客户机是通信的发起方，而服务器通常处于无限循环中，一直在等待客户机程序的请求；服务器一旦接收到客户机的服务请求，就根据请求提供相应的服务。

应用 Socket 机制的网络通信又分为基于 TCP 的流式通信和基于 UDP 的数据报通信。

16.4.1 TCP 流式 Socket

TCP 是 TCP/IP 体系结构中位于传输层的面向连接的协议，提供可靠的字节流传输。通信双方需要建立连接，发送端的所有数据段按顺序发送，接收端按顺序接收。

Java 提供了 ServerSocket 类和 Socket 类用于基于 TCP 流式 Socket 的网络通信。ServerSocket 类用于服务器，监听来自客户机的连接请求。Socket 类用于客户机及服务器，建立客户机和服务器的连接。客户机和服务器建立起连接后，就可以基于此连接进行流式通信。

1．服务器程序

服务器程序的流程如下：

（1）监听请求

在服务器程序中建立 ServerSocket 类对象，在某一端口监听来自客户机的连接请求。ServerSocket 类的构造方法如下：

```
Public ServerSocket(int port)
```

其中，int 表示监听连接请求的端口号。

创建 ServerSocket 类对象时，可能触发 IOException 类异常，在程序中需要进行抛出或捕获处理。

例如，建立 ServerSocket 类对象 server1，使服务器在 5 000 号端口监听连接请求的语句如下：

```
ServerSocket server1=new ServerSocket(5000);
```

（2）捕获请求

在服务器程序中调用 ServerSocket 类的 accept()方法，捕获客户机的连接请求。accept()方法使服务器程序处于阻塞状态，直到捕获到来自某一客户机的连接请求。当捕获到来自某一客户机通过其 Socket 类对象发送来的连接请求时，accept()方法返回（创建）与该请求对应的 Socket 类对象，建立起与客户机的连接。

当在服务器创建了 Socket 类对象后，就可以通过该类对象与所连接的客户机进行流式通信。

accept()方法的声明如下：

```
public Socket accept();
```

例如，为了让服务器在 5 000 号端口监听连接请求，并当捕获到客户机的连接请求时，创建对应的 Socket 类对象 ssocket，建立起与客户机的连接，可以使用以下语句序列：

```
ServerSocket server1=new ServerSocket(5000);
Socket ssocket=server1.accept();
```

（3）流式通信

Socket 类提供了 getInputStream()方法和 getOutputStream()方法，生成对应的 InputStream 类对象和 OutputStream 类对象。通过 InputStream 类对象从所连接的客户机获取信息，通过 OutputStream 类对象向所连接的客户机发送信息。

创建 Socket 类对象时，可能触发 IOException 类异常，在程序中需要进行抛出或捕获处理。

为了便于输入（获取）和输出（发送）信息，可以在生成的 InputStream 和 OutputStream 类对象的基础上，创建 DataInputStream、DataOutputStream 或 PrintStream 类对象；对于文本流通信，可以创建 InputStreamReader、OutputStreamReader 或 PrintWriter 等类对象进行通信处理。

例如，为 Socket 类对象 ssocket 建立 DataInputStream 类对象 is 和 PrintStream 类对象 ps，可使用以下语句序列：

```
DataInputStream is=new DataInputStream(ssocket.getInputStream());
PrintStream ps=new PrintStream( new BufferedOutputStream
            (ssocket.getOutputStream()));
```

（4）结束通信

通信任务完成后，应该将 Socket 类对象关闭，切断与客户机的连接，并关闭对应的流对象，以释放所占资源。

关闭 Socket 类对象要使用 Socket 类的 close()方法。

close()方法的声明如下：

```
public void close();
```

> **注意**
>
> 先关闭流对象，后再关闭 Socket 类对象。

例如，要关闭上面创建的 Socket 类对象 ssocket 及创建的 DataInputStream 类对象 is 和 PrintStream 类对象 ps 可使用下面的语句序列：

```
is.close();
ps.close();
ssocket.close();
```

2．客户机程序

客户机程序的流程如下：

（1）建立连接

在客户机程序中创建 Socket 类对象，向指定服务器的某一端口发送连接请求。Socket 类的构造方法如下：

```
public Socket(InetAddress addr,int port);
public Socket(String host,int port);
```

其中，addr 表示服务器的 InetAddress 类对象，host 表示服务器的域名或 IP 地址，port 表示服务器端口号。

创建 Socket 类对象时，可能触发 IOException 类异常，在程序中需要进行抛出或捕获处理。

当在客户机创建了 Socket 类对象，与指定的服务器建立起连接后，就可以通过该类对象与所连接的服务器进行流式通信。

例如，百度 Web 服务器的域名为 www.baidu.com，IP 地址为 119.75.217.109。客户机向该服务器 80 号端口发送连接请求，建立 Socket 类对象 soc，可以采用以下两条语句中的任一条：

```
Socket soc=new Socket("www.baidu.com",80);
Socket soc=new Socket("119.75.217.109",80);
```

（2）流式通信

调用 Socket 类对象的 getInputStream()方法和 getOutputStream()方法，生成对应的 InputStream 类对象和 OutputStream 类对象。通过 InputStream 类对象从所连接的服务器获取信息，通过 OutputStream 类对象向所连接的服务器发送信息。

（3）结束通信

通信任务完成后，应该将 Socket 类对象关闭，切断与服务器的连接，并关闭对应的流对象，以释放所占资源。

【例16-8】客户机从服务器获取信息。

服务器程序 server0.java 内容如下：

```java
import java.net.*;
import java.io.*;
public class Server0
{ public static void main(String args[])
  { ServerSocket serverSocket=null;
    Socket ssocket=null;
    PrintWriter sockOut;
    try
    { serverSocket=new ServerSocket(8800);
      ssocket=serverSocket.accept();
      sockOut=new PrintWriter(ssocket.getOutputStream());
      sockOut.println("This is from Server!");
      sockOut.close();
      ssocket.close();
      serverSocket.close();
    }
    catch(Exception e)
    {   System.out.println(e.toString());
    }
  }
}
```

客户机程序 Client0.java 内容如下：

```java
import java.net.*;
import java.io.*;
public class Client0
{ public static void main(String args[])
  { Socket csocket=null;
    BufferedReader sockIn;
    try
    { csocket=new Socket("127.0.0.1", 8800);
      sockIn=new BufferedReader(new InputStreamReader
            (csocket.getInputStream()));
      String s=sockIn.readLine();
      System.out.println("Client receiving: "+s);
      sockIn.close();
      csocket.close();
    }
    catch(Exception e)
    { System.out.println(e.toString());}
  }
}
```

【程序解析】在服务器程序 Server0.java 中，通过调用 ServerSocket 类的构造方法

ServerSocket(8800)创建对象 serverSocket，在 8 800 号端口监听来自客户机的连接请求；通过调用 serverSocket 的 accept()方法，捕获来自客户机的连接请求，并为捕获到的请求建立连接，生成 Socket 类对象 ssocket；调用 ssocket 的方法 getOutputStream()，生成与 ssocket 对应的 OutputStream 类对象；调用 PrintWriter 类的构造方法生成 PrintWriter 类对象 sockOut；调用 sockOut 的 println("This is from Server!")，将信息"This is from Server!"发送给所连接的客户机；调用 close()方法将 sockOut、ssocket 和 serverSocket 关闭。调用 ServerSocket 和 Socket 的构造方法时，可能触发 IOException 类异常，程序中对其超类 Exception 类异常进行捕获处理。

ServerSocket 类和 Socket 类定义包含在 java.net 包中，所以在程序中需要导入该包中的类。

在客户机程序 Client0.java 中，通过调用 Socket 类的构造方法 Socket("127.0.0.1", 8800)创建对象 csocket，向 IP 地址为 127.0.0.1 的主机 8 800 号端口发送连接请求；调用 csocket 的 getInputStream()方法，生成与 csocket 对应的 IntputStream 类对象，再分别调用 InputStreamReader 和 BufferedReader 类的构造方法，最终生成 BufferedReader 类对象 sockIn；调用 sockIn 的 readLine()方法，从 IP 地址为 127.0.0.1 的服务器读取一行信息，即"This is from Server!"，并将其存放在 String 型变量 s 中；将 s 中存放的信息"This is from Server!"显示在屏幕上；最后调用 close()方法关闭 sockIn 和 csocket。

运行 Socket 的构造方法时，可能触发 IOException 类异常，程序中对其超类 Exception 类异常进行捕获处理。

Socket 类定义包含在 java.net 包中，所以在程序中需导入该包中的类。

> **注意**
>
> 在客户机程序 Client0.java 中，服务器的 IP 地址是 127.0.0.1，即本地计算机。所以本例程序用一台计算机模拟客户机和服务器，客户机和服务器程序是运行在同一台计算机上。只要将服务器地址更改为网络上其他主机的 IP 地址，本例程序就可以在网络中任意两台主机之间进行 TCP 流式通信。

运行本例程序需要启动两个 DOS 命令行窗口，分别运行服务器程序 Server0.exe 和客户机程序 Client0.exe。

运行本例程序时，在客户机程序的运行窗口将显示以下信息：

```
Client receiving: This is from Server!
```

【例16-9】客户机和服务器交互信息。

服务器程序 Server1.java 的内容如下：

```java
import java.net.*;
import java.io.*;
public class Server1
{ public static void main(String args[]) throws IOException
    { ServerSocket serverSocket=null;
      Socket ssocket=null;
      BufferedReader ssockIn;
      PrintWriter ssockOut;
      serverSocket=new ServerSocket(8800);
```

```
        ssocket=serverSocket.accept();
        ssockIn=new BufferedReader(new InputStreamReader
                (ssocket.getInputStream()));
        ssockOut=new PrintWriter(ssocket.getOutputStream());
        ssockOut.println("This is from Server!");
        ssockOut.flush();
        String s=ssockIn.readLine();
        System.out.println("Server receiving: "+s);
        ssockOut.close();
        ssockIn.close();
        ssocket.close();
        serverSocket.close();
    }
}
```

客户机程序 Client1.java 内容如下：

```
import java.net.*;
import java.io.*;
public class Client1
{ public static void main(String args[])
    { Socket csocket=null;
      BufferedReader csockIn;
      PrintWriter csockOut;
      try
      { csocket=new Socket("127.0.0.1", 8800);
        csockIn=new BufferedReader(new InputStreamReader
                (csocket.getInputStream()));
        csockOut=new PrintWriter(csocket.getOutputStream());
        csockOut.println("Hello, I am Client!");
        csockOut.flush();
        String s=csockIn.readLine();
        System.out.println("Client receiving: "+s);
        csockOut.close();
        csockIn.close();
        csocket.close();
      }
      catch(Exception e)
      { System.out.println(e.toString());
      }
    }
}
```

【程序解析】在服务器程序 Server1.java 中，调用 ServerSocket 类的构造方法 ServerSocket(8800)创建对象 serverSocket，在 8 800 号端口监听来自客户机的连接请求；调用 serverSocket 的 accept()方法，捕获来自客户机的连接请求，并为捕获到的请求建立连接，生成 Socket 类对象 ssocket；调用 ssocket 的 getInputStream()方法，生成与 ssocket 对应的 InputStream 类对象，再分别调用 InputStreamReader 和 BufferedReader 类的构造方法生成与 ssocket 对应的 BufferedReader 类对象 ssockIn，以便从客户机获取（读取）信息；调用 ssocket 的 getOutputStream()方法，生成与 ssocket 对应的 OutputStream 类对象，

再调用 PrintWriter 类的构造方法产生 PrintWriter 类对象 ssockOut，以便对客户机发送（写入）信息；调用 ssockOut 的 println("This is from Server !")，将信息"This is from server!"发送给所连接的客户机；调用 ssockOut 的 flush()方法，将输出缓冲区中的数据清空，即将输出缓冲区中的所有数据发送给客户机；调用 ssockIn 的 readLine()方法，从所连接的客户机读取一行信息，即 Client1.java 中通过语句 csockOut.println("Hello, I am Client!")发送的"Hello, I am Client!"，并存放在 String 型变量 s 中；将 s 中存放的信息"Hello, I am Client!"在屏幕上显示。调用 close()方法将 ssockOut、ssockIn、ssocket 和 serverSocket 关闭。

运行 ServerSocket 和 Socket 类的构造方法时，可能触发 IOException 类异常，程序中对其进行了抛出处理。

在客户机程序 Client1.java 中，通过调用 Socket 类的构造方法 Socket("127.0.0.1", 8800) 创建对象 csocket，向 IP 地址为 127.0.0.1 的计算机 8 800 号端口发送连接请求；调用 csocket 的 getInputStream()方法，生成与 csocket 对应的 IntputStream 类对象，再分别调用 InputStreamReader 和 BufferedReader 类的构造方法，最终生成 BufferedReader 类对象 csockIn，以便从所连接的服务器获取信息；调用 csocket 的 getOutputStream()方法，生成与 csocket 对应的 OutputStream 类对象，再调用 PrintWriter 类的构造方法产生 PrintWriter 类对象 csockOut，以便对所连接的服务器发送信息；调用 csockOut 的 println("Hello, I am Client!")，将信息"Hello, I am Client!"发送给服务器；调用 csockOut 的 flush()方法，将输出缓冲区中的数据清空，即将输出缓冲区中的所有数据发送给服务器；调用 csockIn 的 readLine()方法，通过 csocket 从服务器读取一行信息，即 Server1.java 中通过语句 ssockOut.println("This is from Server!")发送的"This is from Server!"，并存放在 String 型变量 s 中；将 s 中存放的信息"This is from Server!"在屏幕上显示。调用 close()方法将 csockOut、csockIn 和 csocket 关闭。

运行 Socket 的构造方法时，可能触发 IOException 类异常，程序中对其超类 Exception 类异常进行了捕获处理。

> **注意**
>
> 在客户机程序 Client1.java 中，服务器的 IP 地址是 127.0.0.1，即本地计算机。所以本例程序用一台计算机模拟客户机和服务器，客户机和服务器程序是运行在同一台计算机上。只要将服务器地址更改为网络上其他主机 IP 地址，本例程序就可以在网络中任意两台主机之间进行 TCP 通信。

运行本例程序需要启动两个 DOS 命令行窗口，分别运行服务器程序 Server1.exe 和客户机程序 Client1.exe。

运行本例程序时，在客户机程序的运行窗口将显示以下信息：
Client receiving: This is from Server!
在服务器程序的运行窗口显示以下信息：
Server receiving: Hello,I am Client!

16.4.2 UDP 数据报 Socket

基于 UDP 的数据报通信不需要在两个主机之间建立连接，通信速度快，但不能保证所有数据报都能传输到目的地。UDP 数据报通信一般用于传输非关键性的数据。Java 提供了 DatagramSocket 类和 DatagramPacket 类，用于开发基于 UDP 数据报的网络程序。

使用 UDP 数据报通信时，两台主机是对等的，都要使用 DatagramSocket 类和 DatagramPacket 类。

1．DatagramPacket 类的构造方法

DatagramPacket 类用于描述 UDP 数据报，包括数据的存放位置和长度及发送端或接收端的主机地址和端口号。下面介绍其常用的构造方法。

（1）发送端数据报

发送端发送数据报时，不仅要指定待发送数据的存放位置和数据长度，还要指定接收端的主机地址和端口号。用于在发送端创建数据报的 DatagramPacket 类的构造方法声明如下：

```
DatagramPacket(byte buff[],int length,InetAddress address,int port)
```

其中，buff 表示存放待发送数据的 byte 型数组，length 表示待发送的字节数，address 表示接收数据报的主机地址（InetAddress 类对象），port 表示接收数据报的主机端口号。

例如，要向 IP 地址为 127.35.42.2 的计算机 2 080 号端口发送信息"This message is from Client A!"，可以使用以下的语句序列创建 DatagramPacket 类对象 packet1：

```
byte ip[]={(byte)127,(byte)35,(byte)42,(byte)2};
address=InetAddress.getByAddress(ip);
String s="This is from client A!";
byte buf[]=new byte[256];
buf=s.getBytes();
DatagramPacket packet1=new DatagramPacket(buf,buf.length,address,2080);
```

> **说明**
>
> getBytes()方法的功能是将字符串转换成 byte 型数组。

（2）接收端数据包

发送端发送数据报时，在数据报中已经描述了接收端的主机地址和端口号。所以，接收端创建数据报时，只需要指定数据报的数据存放位置和接收长度。用于在接收端创建数据报的 DatagramPacket 类的构造方法如下：

```
DatagramPacket(byte buff[],int length)
```

其中，buff 表示存放接收数据的 byte 型数组，length 表示接收的字节数。

例如，要在端口 2 080 接收数据报，可以使用以下的语句序列创建 DatagramPacket 类对象 packet2：

```
byte buf2[]=new byte[256];
DatagramPacket packet2=new DatagramPacket(buf2,buf2.length);
```

2．DatagramSocket 类的构造方法

DatagramSocket 类用于发送或接收数据报，下面介绍其常用的构造方法。

（1）绑定端口

创建 DatagramSocket 类对象时，可以指定用于接收或发送数据报的端口号，指定了端口号后，接收端接收数据报或发送端发送数据报时，就采用指定的端口，称为绑定了

该端口。绑定端口的 DatagramSocket 类构造方法如下：
```
DatagramSocket(int port)
```
其中，port 表示绑定的端口号。

因为发送端在创建 DatagramPacket 类对象时，需要指定接收端的端口号，所以接收端程序创建 DatagramSocket 类对象时，必须绑定一个端口号，并将绑定的端口号通知发送端的编程人员。发送端程序创建 DatagramPacket 类对象（数据报）时，就将接收端的端口号指定为所绑定的端口号。

例如，要创建绑定 2 080 号端口的 DatagramSocket 类对象 socket，可使用以下语句：
```
DatagramSocket socket=new DatagramSocket(2080);
```
（2）不绑定端口

在发送端创建 DatagramSocket 类对象时，也可以不指定端口号，即不绑定端口。如果发送端创建 DatagramSocket 类对象时不绑定端口号，那么它在发送数据报时就随机选用一个端口号。不绑定端口的 DatagramSocket 类构造方法如下：
```
DatagramSocket()
```
创建 DatagramSocket 类对象时，可能触发 SocketException 类异常，在程序中需要进行捕获或抛出处理。

例如，要创建不绑定端口的 DatagramSocket 类对象 socket，可使用以下语句：
```
DatagramSocket socket=new DatagramSocket();
```

3．发送和接收方法

除构造方法外，DatagramSocket 和 DatagramPacket 类还提供了一些用于发送和接收数据报的方法。

（1）send()方法

send()方法是 DatagramSocket 类的成员方法。该方法用在发送端的程序中，其功能是将数据报发送到接收端。send()方法的声明如下：
```
public void send(DatagramPacket packet)
```
其中，DatagramPacket 类对象 packet 表示要发送的数据报，包含数据的存放位置、发送长度、接收端地址和端口号。

调用 send()方法可能触发 IOException 类异常，在程序中需要进行捕获或抛出处理。

例如，要发送 DatagramPacket 类对象 packet1 描述的数据报，可使用以下语句序列：
```
DatagramSocket socket1=new DatagramSocket();
socket1.send(packet1);
```
（2）receive()方法

receive()方法是 DatagramSocket 类的成员方法。该方法用在接收端的程序中，其功能是接收数据报。receive()方法的声明如下：
```
public synchronized void receive(DatagramPacket packet)
```
其中，DatagramPacket 类对象 packet 用来存放接收到的数据报。参数 packet 只需要指定数据的存放位置和接收长度。

调用 receive()方法可能触发 IOException 类异常，在程序中需要进行捕获或抛出处理。

例如，将接收到的数据报存放在 DatagramPacket 类对象 packet2 中，可使用以下语句：

```
socket2.receive(packet2);
```
（3）getData()方法

getData()方法是 DatagramPacket 类的成员方法，其功能是获取 DatagramPacket 类对象所包含的数据。getData()方法的声明如下：

```
public void byte[] getData()
```

在接收端接收到一个数据报后，调用该方法获取数据报中所接收到的数据。getData()方法的返回值是 byte 型数组。

（4）getAddress()方法

getAddress()方法是 DatagramPacket 类的成员方法，其功能是获取 DatagramPacket 类对象所包含的主机地址（InetAddress 类对象）。getAddress()方法的声明如下：

```
public synchronized InetAddress getAddress()
```

在接收端调用该方法，其返回值是接收到的数据报的源主机地址（发送端的主机地址）。在发送端调用该方法，其返回值是待发送数据报的目标主机地址（接收端的主机地址）；

例如，在接收端通过以下语句可获取已接收到的数据报 packet2 的发送端地址，并存放在 InetAddress 类对象 address2 中：

```
address2=packet2.getAddress();
```

再如，在发送端通过以下语句可获取待发送数据报 packet1 的接收端地址，并存放在 InetAddress 类对象 address1 中：

```
address1=packet1.getAddress();
```

（5）getPort()方法

getPort()方法是 DatagramPacket 类的成员方法，其功能是获取 DatagramPacket 类对象所包含的主机端口号。getPort()方法的声明如下：

```
public synchronized int getPort()
```

在接收端调用该方法，其返回值是接收到的数据报的源主机端口号（发送端的端口号）。在发送端调用该方法，其返回值是待发送数据报的目标主机端口号（接收端的端口号）。

例如，在接收端通过以下语句可获取已接收到的数据报 packet2 的发送端主机端口号，并存放在 int 型变量 port2 中：

```
port2=packet2.getPort();
```

再如，在发送端通过以下语句可获取待发送数据报 packet1 的接收端主机端口号，并存放在 int 型变量 port1 中：

```
port1=packet1.getPort();
```

基于 UDP 的数据报通信经常应用在 C/S 模式，服务器提供服务（信息），客户端请求服务，服务器的地址和端口号向各客户机公开。客户机首先调用 send()方法向服务器发送一个数据报，请求服务器提供某类服务；服务器调用 receive()方法接收到客户机的数据报后，分析数据报中的数据以了解客户机请求的服务，分别调用 getAddress()方法和 getPort()方法获取客户机的地址和端口号，利用应答的服务信息和客户机的地址和端口号形成应答数据报，最后调用 send()方法将应答数据报发送给客户机。

（6）close()方法

close()方法是 DatagramSocket 类的成员方法，用于关闭 DatagramSocket 类对象，结束 UDP 数据报通信。close()方法的声明如下：

public void close()

4．C/S 模式发送和接收流程

虽然在基于 UDP 的数据报通信模式中，发送端主机和接收端主机处于对等地位，形成了点对点的通信模式，任一端的主机既可以随时向对方发送数据报，也可以随时接收对方发送的数据报。但该通信模式常常应用在 C/S 模式，服务器向所有客户机提供服务（信息），客户机请求服务器为其服务。

开发基于 C/S 模式的 UDP 数据报通信程序时，服务器的地址和端口号向各客户机公开。

在服务器程序中，创建绑定端口的 DatagramSocket 类对象，并创建不需指定主机地址和端口号的 DatagramPacket 类对象，调用 DatagramSocket 类的 receive()方法接收客户机数据报。

在客户机程序中，创建不绑定端口的 DatagramSocket 类对象，并创建指定主机地址（服务器地址）和端口号（服务器端口号）的 DatagramPacket 类对象，调用 DatagramSocket 类的 send()方法向服务器发送数据报，请求服务。

服务器调用 receive()方法接收到客户机的数据报后，通过数据报中的数据分析客户机的服务请求，分别调用 getAddress()方法和 getPort()方法获取客户机的地址和端口号，组合应答的服务信息、信息长度、客户机地址和客户机端口号生成应答数据报（DatagramPacket 类对象），再调用 send()方法将应答数据报发送给客户机。

【例 16-10】基于 UDP 数据报的单向通信。

发送端程序 UDPA.java 内容如下：

```java
import java.net.*;
import java.io.*;
public class UDPA
{ public static void main(String args[])
  { DatagramSocket socket=null;
    DatagramPacket packet=null;
    InetAddress address=null;
    String s="This is from Client A!";
    byte buf[]=new byte[256];
    buf=s.getBytes();
    byte ip[]={(byte)127,(byte)0,(byte)0,(byte)1};
    try
    { address=InetAddress.getByAddress(ip);
      socket=new DatagramSocket();
      packet=new DatagramPacket(buf,buf.length,address,1080);
      socket.send(packet);
      Thread.sleep(2000);
    }
    catch(Exception e)
    { System.out.println(e.toString());
```

```
    socket.close();
  }
}
```

接收端程序 UDPB.java 内容如下：
```
import java.net.*;
import java.io.*;
public class UDPB
{ public static void main(String args[])
  { DatagramSocket socket1=null;
    DatagramPacket packet1=null;
    String s1;
    byte buf1[]=new byte[256];
    try
    {   socket1=new DatagramSocket(1080);
        packet1=new DatagramPacket(buf1,buf1.length);
        socket1.receive(packet1);
        s1=new String(packet1.getData());
        System.out.println("Received data:"+s1);
    }
    catch(Exception e)
    {   System.out.println(e.toString());
    }
    socket1.close();
  }
}
```

【程序解析】在发送端程序 UDPA.java 中，导入了 java.net 包中定义的所有类，使得程序中可以使用其中的 DatagramSocket 类和 DatagramPacket 类；定义了具有 256 个元素的 byte 型数组 buf，用于存放要发送的数据，调用 getBytes()方法，将 s 中字符串"This is from Client A!"转换成 byte 型数组，并存放在 buf 中；通过（byte）强制类型转换将 IP 地址 127.0.0.1 中的 4 个数字转换成 byte 型数据，并存放在 byte 型数组 ip 中；调用 InetAddress 类的 getByAddress(ip)方法，创建与 ip 中数据对应的 InetAddress 类对象 address；调用 DatagramSocket 类的构造方法，创建不绑定端口的 DatagramSocket 类对象 socket，用于发送数据报；调用构造方法 DatagramPacket(buf, buf.length address 1080)，为 buf 中存放的数据创建 DatagramPacket 类数据报 packet，其中数据长度为 256 B，接收端的 IP 地址为 127.0.0.1，接收端的端口号为 1080；调用 socket 的 send(packet)方法，将数据报 packet 发送到其指定的接收端的指定接口，即 IP 地址为 127.0.0.1 的主机的 1 080 号端口；调用 Thread 类的 sleep(2000)方法等待 2 000 ms，使接收端有时间接收数据报。调用 socket 的 close()方法，将 socket 关闭。

调用 DatagramSocket 类的构造方法时，可能产生 SocketException 类异常，在程序中对其超类 Exception 类异常进行了捕获处理。

在接收端程序 UDPB.java 中，引入了 java.net 包中定义的所有类，使得程序中可以使用其中的 DatagramSocket 类和 DatagramPacket 类；定义了具有 256 个元素的 byte 型数组 buf1，用于存放接收到的数据；调用构造方法 DatagramSocket(1080)，创建绑定在 1080 号端口的

DatagramSocket 类对象 socket1，以便从该端口接收数据报；调用构造方法 DatagramPacket(buf1, buf1.length)，创建用于接收数据报的 DatagramPacket 类对象 packet1，接收到的数据将存放在 byte 型数组 buf1 中，接收数据的长度是 buf1 的元素个数，即 256 B；调用 socket1 的 receive(packet1)方法，接收发送到该主机 1080 号端口的数据报，并存放在 packet1 中；调用 packet1 的 getData()方法，获取接收到的并且已经存放在 byte 型数组 buf1 中的数据，再调用 String 类的构造方法将 byte 型数组 buf1 中的数据转换成 String 型，并存放在 s1 中；将 s1 中的数据即字符串"This is from Client A!"显示在屏幕上；调用 socket1 的 close()方法，将 socket1 关闭。

调用 DatagramSocket 类的构造方法时，可能产生 SocketException 类异常，在程序中对其超类 Exception 类异常进行了捕获处理。

> **注意**
>
> 在发送端程序 UDPA.java 中，接收端主机的 IP 地址是 127.0.0.1，即本地计算机，所以本例程序用一台计算机模拟发送端和接收端，即发送端和接收端程序是运行在同一台计算机上。只要将接收端主机地址更改为网络上其他主机 IP 地址，本例程序就可以在网络中任意两台主机之间进行 UDP 通信。

运行本例程序需要启动两个 DOS 命令行窗口，分别运行接收端程序 UDPB.exe 和发送端端程序 UDPA.exe。运行本例程序时，在接收端程序的运行窗口将显示以下信息：

```
Received data: This is from Client A!
```

【例 16-11】基于 C/S 模式的 UDP 数据报通信。

客户机程序 UDPClient.java 内容如下：

```java
import java.net.*;
import java.io.*;
public class UDPClient
{ public static void main(String args[])
  { Datagram Socket socket=null;
    DatagramPacket packet=null;
    InetAddress address=null;
    String s="Send the date,please!";
    byte buf[]=new byte[256];
    buf=s.getBytes();
    byte ip[]={(byte)127,(byte)0,(byte)0,(byte)1};
    try
    { address=InetAddress.getByAddress(ip);
      socket=new DatagramSocket();
      packet=new DatagramPacket(buf,buf.length,address,1080);
      socket.send(packet);
      Thread.sleep(2000);
      packet=new DatagramPacket(buf,buf.length);
      socket.receive(packet);
      s=new String(packet.getData());
```

```
            System.out.println("Received date:"+s);
        }
        catch(Exception e)
        {   System.out.println(e.toString());
        }
    }
    socket.close();
}
```

服务器端程序 UDPServer.java 内容如下:

```
import java.net.*;
import java.io.*;
import java.util.*;
public class UDPServer
{ public static void main(String args[])
  { DatagramSocket socket1=null;
    DatagramPacket packet1=null;
    String s1;
    byte buf1[]=new byte[256];
    InetAddress address1=null;
    int port1;
    Date date1;
    try
    {   socket1=new DatagramSocket(1080);
        packet1=new DatagramPacket(buf1,buf1.length);
        socket1.receive(packet1);
        s1=new String(packet1.getData());
        System.out.println("Received request:"+s1);
        port1=packet1.getPort();
        address1=packet1.getAddress();
        date1=new Date();
        s1=date1.toString();
        buf1=s1.getBytes();
        packet1=new DatagramPacket(buf1,buf1.length,address1,port1);
        socket1.send(packet1);
        Thread.sleep(2000);
    }
    catch(Exception e)
    {   System.out.println(e.toString());
    }
    socket1.close();
  }
}
```

【程序解析】本例是典型的基于 C/S 模式的 UDP 数据报通信程序，客户机向服务器发送数据报，请求服务器提供时间信息；服务器接收到客户机数据报后，将时间信息以数据报形式发送给客户机。

在客户机程序 UDPClient.java 中，String 型变量 s 中存放要发送给服务器的信息"Send the date, please!"；调用 getBytes()方法将 s 中存放的信息"Send the date, please!"转换成 byte 型数组，并存放在 buf 中；将服务器的 IP 地址以 byte 型数组的方式存放在 ip 中；调用 InetAddress 类的 getByAddress(ip)创建描述服务器地址的 InetAddress 类对象 address；调用不绑定端口的构造方法 DatagramSocket()，创建 DatagramSocket 类对象 socket，用于发送和接收数据报；调用构造方法 DatagramPacket(buf,buf.length, address,1080)，创建 DatagramPacket 类对象 packet,其中包含要发送的信息"Send the date, please!"、发送长度 256 B、服务器地址（127.0.0.1）和端口号 1 080；调用 socket 的 send(packet) 方法，将数据报 packet 发送给服务器；调用 Thread 类的 sleep(2000)方法，休眠 2 000 ms 等待服务器接收数据报；调用构造方法 DatagramPacket(buf, buf.length)，创建 DatagramPacket 类对象 packet，用于接收服务器发送的数据报，其中 buf 用于存放接收到的信息，buf.length 指定接收的信息长度；调用 socket 的 receive(packet)方法，接收服务器发送来的数据报，并将其存放在 packet 中；调用 packet 的 getData()方法，获取接收到的信息（返回 byte 型数组），再调用 String(packet.getData())方法将接收到的信息转换成字符串型，并存放在 s 中；将 s 中存放的信息（服务器发送来的时间）在屏幕上显示；调用 socket 的 close()方法，将其关闭。

调用 DatagramSocket 类的构造方法时，可能产生 SocketException 类异常，在程序中对其超类 Exception 类异常进行了捕获处理。

在服务器程序 UDPServer.java 中，调用构造方法 DatagramSocket(1080)，创建 DatagramSocket 类对象 socket1，用于从 1080 号端口发送和接收数据报；调用构造方法 DatagramPacket(buf1, buf1.length)，创建 DatagramPacket 类对象 packet1,用于接收数据报，接收的数据将存放在 buf1 中，接收长度为 256 B；调用 socket1 的 receive(packet1)方法，接收客户机发送来的数据报，并将其存放在 packet1 中；调用 packet1 的 getData()方法获取接收到的信息（返回 byte 型数组），再调用 String(packet.getData())方法将接收到的信息转换成字符串型，并存放在 s1 中；将 s1 中存放的信息"Send the date, please!"显示在屏幕上；调用 packet1 的 getPort()方法，获取客户机发送数据报的端口号，并存放在 port1 中；调用 packet1 的 getAddress()方法，获取客户机的地址，并存放在 address1 中；调用方法 Date()，获取服务器时间，并存放在 date1 中；调用 date1 的 toString()方法，将服务器时间转换成字符串，并存放在 s1 中；调用 s1 的 getBytes()方法，将服务器时间转换成 byte 型数组，并存放在 buf1 中；调用构造方法 DatagramPacket(buf1, buf1.length, address1, port1)，创建 DatagramPacket 类对象 packet1,其中包含要发送的服务器时间、发送长度 256 B、客户机地址和端口号；调用 socket1 的 send(packet1)方法，将数据报 packet1 发送给客户机；调用 Thread 类的 sleep(2000)方法，休眠 2 000 ms 等待客户机接收数据报；调用 socket1 的 close()方法，将其关闭。

调用 DatagramSocket 类的构造方法时，可能产生 SocketException 类异常，在程序中对其超类 Exception 类异常进行了捕获处理。

Date 类定义在 java.util 包中，需要在程序中导入该包中的类。

> **注意**
>
> 在客户机程序 UDPClient.java 中，服务器的 IP 地址是 127.0.0.1，即本地计算机。所以本例程序用一台计算机模拟客户机和服务器，即客户机和服务器程序是运行在同一台计算机上。只要将服务器主机地址更改为网络上的其他主机 IP 地址，本例程序就可以在网络中任意两台主机之间进行 UDP 通信。

运行本例程序需要启动两个 DOS 命令行窗口，分别运行服务器程序 UDPServer.exe 和客户机程序 UDPClient.exe。运行本例程序时，在服务器程序的运行窗口将显示以下信息：

`Received request: Send the date,please!`

在客户机程序的运行窗口将显示以下信息：

`Received date: Thu Dec 13 11:38:38 C`

> **说明**
>
> 窗口显示的数据依赖于运行程序的具体时间。

习 题

1. 一个完整的 URL 由哪几部分组成？
2. 简述 TCP Socket 通信机制，并说明客户机如何与服务器进行通信。
3. 简述 URL 与 Socket 通信方式的区别。
4. 利用 URL 类读取网络上的 html 文件，统计其（内容）行数，并将第 10、20、30 等行内容在屏幕上显示。文件 URL 路径通过命令行指定，请编程实现。
5. 利用 TCP Socket 编程实现：客户机请求服务器产生一个 0～100 之间的随机整数，服务器接收请求并向客户机发送所产生的随机整数。
6. 利用 UDP 数据报编程实现：客户机从键盘输入一行信息，将其发送到服务器；服务器接收到此信息后，在屏幕显示该信息并将其再发送回客户机；客户机接收到此信息后，在自己屏幕显示此信息。

第 17 章

#》》JSP 编 程

随着 Internet 的普及使用，Web 技术快速发展起来，其采用浏览器/服务器（B/S）模式，极大地方便人们对 Internet 资源的组织和访问。Web 应用系统中，JSP 技术是一种常用的动态网页开发技术，秉承 Java 语言的平台无关特性，能用于各种 Web 服务器和浏览器。

17.1　Web 程序概述

Internet 发展的历史较短，但它已经从主要显示静态信息的网络飞速发展到网上炒股、电子商务、电子政务等 Web 应用的一个基础设施。基于 Web 的应用程序称为浏览器/服务器(B/S)模式，它只需在客户端安装 Internet Explorer、Chrome 或 Mozilla Firefox 等浏览器软件，而不需要安装其他应用程序，所以也称瘦客户端。较之传统的客户机/服务器（C/S）模式，其管理和部署极其简单，要更新应用程序只需更改服务器端的程序，而不需要在客户端做任何改动。正是由于这些显著优点，基于 Web 的应用程序快速增长。

Web 应用采用 HTTP 协议在 Web 服务器和浏览器之间传递信息。Web 服务器是装载 Web 服务器软件的计算机服务器，常用的 Web 服务器软件包括 Apache、IIS 和 Tomcat。

早期的 Web 系统采用 HTML（Hyper Text Markup Language，超文本标记语言）开发的静态网页。HTML 是一种标识性的语言，由 W3C 协会（World Wide Web Consortium）制定，主要用途就是设计网页。HTML 由一些特定符号和语法组成，所以理解和掌握都十分容易。HTML 文件是纯文本文件，由 ASCII 组成，创建 HTML 文件十分简单，只需一个普通的文本编辑器即可，如 Windows 中的记事本、写字板都可以使用。HTML 文件的扩展名必须为.hml 或.html，而不是.txt。虽然采用 HTML 开发的网页文件为纯文本文件，没有图像、图片、音乐等多媒体组件，但却包含了指向这些多媒体组件的链接，所以在用浏览器打开 HTML 文件之后，便可看到琳琅满目的各式效果。

HTML 网页是静态页面，事先存放在 Web 服务器上。当用户在客户端通过浏览器向 Web 服务器请求（request）时，Web 服务器直接将 HTML 网页向客户端发送（response），客户端浏览器将 HTML 网页解析后在浏览器显示。

HTML 只能显示静态内容，而不能开发交互式的应用程序。交互式的应用程序，页面内容不是预先确定的（如网上商店中购物车、网站访问次数等），而是根据系统状态和用户请求动态生成，且常常需要从数据库中提取信息后再生成。用于开发动态网页的技术包括 JSP、CGI、ASP 和 PHP 等。

JSP 是 Java Server Page 的缩写，是 Sun 公司于 1999 年 6 月推出的技术，为创建基于动态网页的 Web 应用程序提供了简洁而快速的方法，秉承了 Java 的"编写一次，到处运行"的精神，它与硬件平台无关，也同操作系统和 Web 服务器无关。

JSP 通过在 HTML 标记的基础上添加 JSP 标记以嵌入 Java 程序。JSP 在 Web 服务器端执行，可完成包括访问服务器端数据库等 Java 程序的所有功能，并将执行的结果包括查询得到的数据库数据以 HTML 格式返回到客户端，由浏览器解析并显示在客户端，实现动态网页的功能。

JSP 执行过程如下：

① 客户端向 Web 服务器发出访问 JSP 网页的请求(request)。

② Web 服务器中的 JSP 容器将被访问的.JSP 文件 转译成 Java 源代码(.java 文件)。

③ Web 服务器中的 JSP 容器将产生的 Java 源代码（.java 文件）编译生成 Java 的类文件(.class 文件)，并加载到内存执行，执行结果生成 HTML 格式的响应(response)。

④ Web 服务器将生成的 HTML 格式的响应送给客户端，客户端浏览器解析并显示 HTML 响应。

17.2 HTML 基础

由于 JSP 网页是在 HTML 网页标记的基础上通过添加 JSP 标记而嵌入 Java 代码所形成，要学习 JSP 编程，首先要学习 HTML 编程的基本知识。

17.2.1 HTML 文件结构

HTML 文件非常规范，由若干标记组成。HTML 文件的基本结构如下：

```
<HTML>
  <HEAD>
    <TITLE>网页标题内容</TITLE>
  </HEAD>
  <BODY>
    网页正文内容
  </BODY>
</HTML>
```

说明

<HTML>和</HTML>分别是文件的开始和结束标记；<HEAD>和</HEAD> 分别是文件头开始和结束标记，其中放置网页的标题、作者、版本等头信息；<TITLE>和</TITLE>分别是网页标题的开始和结束标记，其中放置网页的标题内容，当访问网页时，标题内容将显示在浏览器的标题栏；<BODY>和</BODY>分别是网页正文的开始和结束标记，其中放置网页的正文内容。

HTML 文件的特点如下：

① HTML 标记大多都成对出现，如<HTML>和</HTML>、<HEAD>和</HEAD>。

② HTML 文件由文件头和文件体两部分组成。如果不需要，可以省略相应的标记及其中存放的内容。

③ HTML 的语句不区分大小写。

④ HTML 文件的扩展名为.html 或.htm。

17.2.2 HTML 标记

1．字体标记

字体标记用来设置显示内容的字体、字号和颜色等，字体标记格式如下：

`<FONT FACE=字体名称 SIZE=字体大小 COLOR=字体颜色> 显示内容 </FONT>`

说明

① 中文字体名称有宋体、楷体、行楷、隶书等，西文字体有 Times New Roman、Arial 等。

② 字体颜色可以用#RRGGBB 形式或 RED、GREEN 等颜色名称表示，其中 RR、GG 和 BB 分别表示字体颜色中的红色、绿色和蓝色三原色的强度，分别可取 0~255 之间的整数，用十六进制表示。

③ 字体大小用 1、2、3、4、5、6 或 7 的数字表示，数字越大，显示的文字越大。

例如：

`<FONT FACE="黑体" COLOR=BLUE SIZE=5> 中国 </FONT>`

将显示内容"中国"设置为用 5 号蓝色黑体显示。

再如：

`<FONT FACE="行楷" COLOR=#FF0000 SIZE=7> 西安交通大学 </FONT>`

将"西安交通大学"设置为用 7 号红色行楷显示。

2．段落标题标记

HTML 有 6 种段落标题标记用于设置显示内容的字体大小，其格式如下：

```
<H1>显示内容</H1>
<H2>显示内容</H2>
<H3>显示内容</H3>
<H4>显示内容</H4>
<H5>显示内容</H5>
<H6>显示内容</H6>
```

说明

H 后的数字越小，显示内容的字号越大。

例如：

`<H3>电子与信息工程学院</H3>`

将"电子与信息工程学院"按 H3 标题的字号显示。

3．换行标记

由于浏览器会忽略 HTML 文件中换行符"Enter"，因此即便是在显示内容中输入"Enter"，浏览器也会忽略换行符，而将其前后内容全部显示成同一段落。要让显示内容在某处换行，可在该处加换行标记
。

例如：

陕西省
西安市

将使"西安市"显示在"陕西省"的下一行。

4．段落标记

要使某些内容作为一段来显示，需要使用段落标记，其格式如下：

<P>显示内容</P>

> **说明**
>
> 将"显示内容"作为一个段落来显示，并且在其前和其后各留一空行。

【例17-1】HTML 文件实例。

网页文件 text.html 内容：

```
<HTML>
  <HEAD>
    <TITLE>我的网页标题</TITLE>
  </HEAD>
  <BODY>
    <P>登鹳雀楼</P>
    <P>白日依山尽，<BR>
    黄河入海流。<BR>
    欲穷千里目，<BR>
    更上一层楼。</P>
  </BODY>
</HTML>
```

【程序解析】网页标题为"我的网页标题"。第一对段落标记<P>…</P>表示"登鹳雀楼"为一段落，第二对段落标记<P>…</P>表示"白日依山尽"~"更上一层楼"为一段落。换行标记
使"黄河入海流。"显示在下一行，换行标记
使"欲穷千里目，"显示在下一行，换行标记
使"更上一层楼。"显示在下一行。

在浏览器地址栏输入网页文件名 text.html 访问该网页，显示结果如下：

登鹳雀楼

白日依山尽，
黄河入海流。
欲穷千里目，
更上一层楼。

5．居中标记

将显示内容居中显示的标记格式如下：

<CENTER> 显示内容</CENTER>

6．水平线标记

如果要显示一条水平线，可以使用 HR 标记，其格式如下：

<HR SIZE=线长度 WIDTH=线宽度 ALIGN=对齐方式 COLOR=颜色 NOSHADE>

> **说明**
>
> "线长度"和"线宽度"以像素为单位;"对齐方式"的可取值包括"LEFT"、"CENTER"和"RIGHT",分别表示居左、居中和居右;"颜色"可用"#RRGGBB"或颜色名称表示;NOSHADE表示没有阴影,可将NOSHADE省略,则表示有阴影。

7. 超链接标记

网页上除了有琳琅满目的文字、图片、音乐等,还可以有连接到其他网页的超链接,其格式如下:

`<A HREF=URL> 超链接文字</A>`

> **说明**
>
> 当单击"超链接文字"时,将显示URL所标识的网页。

例如:

`<A HREF=HTTP://www.xjtu.edu.cn> 联系我们</A>`

当单击"联系我们"时,便链接到西安交通大学Web网站的首页。

17.3 JSP开发和运行环境

1. JSP运行环境简述

当用户通过浏览器访问Web服务器的某一JSP网页时,首先由Web服务器的JSP容器将该页面转换成Servlet类文件,然后编译成Java字节码,再由Java虚拟机解释执行,并将结果以HTML网页格式送到客户端。Servlet是运行在Web服务器端的程序,称为服务器端小程序。由于Servlet是用Java语言编写的,所以具有跨平台性,只要编写一次,就可以在任何平台上使用,这样就避免了传统的服务器端编程技术所带来的平台相关、编程复杂等问题。所以要运行和开发JSP网页,除安装浏览器外,还需要安装Java运行环境、Web服务器、数据库等。

开发JSP程序的常用Web服务器有Tomcat、Resin、WebSphere和WebLogic等。Tomcat是Apache软件基金会Jakarta项目中的一个核心项目,是开源软件,可以免费用于商业应用系统,运行时占用的系统资源小,扩展性好,小巧精悍,适用于小型网站和开发者在开发时使用。Resin是Caucho公司的产品,是非常高效、全功能的轻型服务器软件,虽然属于开源软件,但商用需要付费。Weblogic是BEA公司出品的一款应用服务器软件,全面支持多种功能标准,具有出色的集群技术、极高的可扩展性和服务稳定性,是一种非开源的软件,虽然可免费试用,但主要应用目标为大型商业应用,需要高额的License费用。Websphere是IBM旗下的一款应用服务器软件,属于商业软件,性能稳定且高效,支持多种应用,但需要高额费用,适于大型商业应用。

因为Tomcat技术先进、小巧精悍、性能稳定、使用方便和开源免费,可以使用普通的文本编辑器开发程序,也可以集成到Eclipse和Jbuilder等集成开发平台使用,因而深受广大Java爱好者的喜爱,是目前非常流行的Web服务器。本章以Tomcat作为Web服务器,介绍其单独使用以及集成到Eclipse平台时的配置方法和应用开发。

2．安装和设置 Tomcat

（1）安装 Tomcat

可以到 http://tomcat.apache.org 网站下载 Tomcat 软件。Tomcat 的最新版本为 9.0，可根据所安装的操作系统、JDK 及开发平台版本，在 Download 下的列表框中单击选择要安装的 Tomcat 版本，如 Tomcat 8；在 Binary Distributions 下的列表中单击下载适用于所使用操作系统的 Tomcat 类型，如"32-bit Windows zip"。用于 Windows 操作系统的 Tomcat 下载软件是.zip 压缩文件，将其解压到指定的文件夹（如 d:\tomcat），便完成 Tomcat 的安装。

（2）Tomcat 的文件夹结构

Tomcat 的文件夹结构如图 17-1 所示，其中包含以下子文件夹。

bin：包括 startup.bat，shutdown.bat 等批处理文件。startup.bat 用于启动 Tomcat，而 shutdown.bat 用于关闭 Tomcat。

conf：包含 Tomcat 的各种配置文件。

lib：包括 Tomcat 使用的各种.jar 文件。.jar 文件是 java 的压缩格式库文件。

logs：放置 Tomcat 的各种日志文件。日志文件用于对 Tomcat 的 Web 应用系统运行情况进行记录，对于排除错误非常有用。

temp：放置 Tomcat 运行时产生的临时文件。

webapps：放置 Web 应用程序的文件夹，用户开发的 Web 应用程序如 JSP 网页和 Java 类文件放在该文件夹下。除此之外，Tomcat 还自带了一些应用实例，也放在该文件夹下。

work：用来放置编译好的 JSP 等文件。

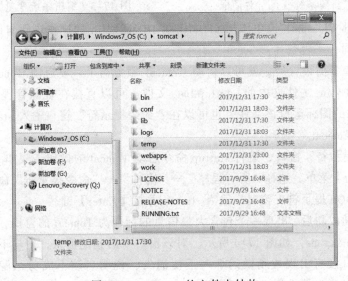

图 17-1　Tomcat 的文件夹结构

（3）设置 Tomcat

设置 Tomcat 包括：建立环境变量 TOMCAT_HOME，使其值取 Tomcat 的安装文件夹；设置环境变量 Path，给其值中增加%TOMCAT_HOME%\bin；设置环境变量 Classpath，给其值中添加%TOMCAT_HOME%\lib。

建立和设置环境变量 TOMCAT_HOME、Path 和 Classpath 的操作步骤与本书 1.3.2 节中设置环境变量的操作步骤相同。

如果使用的操作系统是 Windows7，建立和设置环境变量 TOMCAT_HOME 的具体步骤如下：

右击桌面上的计算机图标，在弹出的快捷菜单中选择"属性"命令，在弹出的"系统"对话框中单击"高级系统设置"选项，弹出"系统属性"对话框；选择"高级"选项卡，单击"环境变量"按钮，弹出"环境变量"对话框；在"系统变量"框中，单击"新建"按钮，弹出"新建系统变量"对话框，如图 17-2 所示；在"变量名"文本框中输入 TOMCAT_HOME，在"变量值"文本框中输入 Tomcat 的安装文件夹（例如 d:\tomcat），单击"确定"按钮，完成 TOMCAT_HOME 的建立操作。

如果使用的操作系统是 Windows 7，则给环境变量 Path 值中增加 %TOMCAT_HOME%\bin 的操作步骤如下：

在"环境变量"对话框的"系统变量"框中，单击选择 Path 变量，再单击"编辑"按钮，弹出"编辑系统变量"对话框，如图 17-3 所示；在"变量值"文本框中增加 %TOMCAT_HOME%\lib，单击"确定"按钮，完成 Path 变量设置。

图 17-2 "新建系统变量"对话框

图 17-3 "编辑系统变量"对话框

给环境变量 Classpath 值中添加%TOMCAT_HOME%\lib 的操作步骤与设置 Path 变量的操作步骤相同，不再赘述。

完成环境变量的设置后，就可以启动 Tomcat 服务器了。要启动 Tomcat，只需运行 TOMCAT_HOME\bin 文件夹中的 startup.bat 文件。可以直接在资源管理器窗口中双击 startup.bat 文件的图标运行该文件，也可以在"命令提示符"窗口输入 startup 命令运行该文件，启动 Tomcat。

在"命令提示符"窗口，运行 startup 命令启动 Tomcat 的操作步骤如下：

单击"开始"菜单，选择"所有程序"→"附件"→"命令提示符"命令，出现"命令提示符"（DOS 提示符）窗口，输入 startup 并按【Enter】键。

Tomcat 启动成功后，出现一个包含大量信息的标题为 Tomcat 的窗口，最后一行显示 Server startup in xxx ms，如图 17-4 所示。对该窗口中的其他信息，用户不必留意。

如果该窗口没有出现或稍微闪烁一下便消失，说明启动不成功，需要对 Path 和 Classpath 等环境变量的设置进行检查。

3．运行 JSP 文件

启动 Tomcat 之后，就可以运行 JSP 文件，即访问 JSP 网页。

JSP 网页的默认存放位置是 TOMCAT_HOME\webapps\ROOT。访问网页需要使用浏览器，如 IE、Chrome 等，在浏览器地址栏输入 JSP 网页的文件名即可。

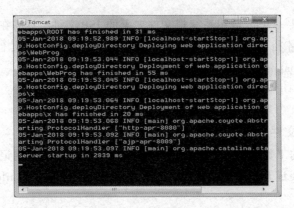

图 17-4　Tomcat 窗口

【例17-2】JSP 文件实例。

JSP 文件 first.jsp 内容如下：
```
<%@ page  contentType="text/htm; charset=UTF-8" %>
<HTML>
   <HEAD>
     <TITLE>第一个 JSP 范例</TITLE>
   </HEAD>
   <BODY>
     <%="你好，JSP！"%>
   </BODY>
</HTML>
```

【程序解析】首行的 page 指令指明本文件为文本文件，使用 UTF-8 字符集；网页标题为"第一个 JSP 范例"；通过表达式元素 <%= "你好，JSP！" %> 在网页正文区显示"你好，JSP！"。

将文件 first.jsp 存放于 d:\tomcat\webapps\ROOT 文件夹下，在 IE 的地址栏输入：

http:// localhost:8080//first.jsp

运行 first.jsp 文件，在浏览器正文区显示"你好，JSP！"，如图 17-5 所示。

图 17-5　JSP 运行结果

其中，localhost 和 8080 分别表示本计算机和使用 HTTP 协议的端口号。

如果为多个 Web 应用系统开发 JSP 程序，可以将不同应用系统的 JSP 网页存放于不同的文件夹。对于每个 Web 应用系统，在 TOMCAT_HOME\webapps 文件夹下建立一个根文件夹（例如 webProg）用来存放该应用系统的 JSP 文件；在根文件夹下建立子文件夹 WEB-INF，在 WEB-INF 子文件夹下再建立子文件夹 classes，用来存放该应用系统的 Java 类文件；在子文件夹 WEB-INF 下建立 web.xml 文件对该 Web 系统进行配置，可以直接将 TOMCAT_HOME\webapps\ROOT\WEB-INF 下的 web.xml 复制过来。

要运行存放于某一 Web 应用系统根文件夹下的 JSP 文件,只需在浏览器地址栏输入带有该根文件夹路径的 JSP 文件名即可。例如,将 JSP 文件 first.jsp 存放于 TOMCAT_HOME\webapps\webProg 文件夹下,在浏览器地址栏输入:

```
http:// localhost:8080/webProg/first.jsp
```

运行该 JSP 文件。

4. 编辑 JSP 文件

编辑 JSP 文件的工具很多,一类是文本编辑器如 Windows 中的记事本,另一类是具有很强功能的 JSP 集成开发环境如 Eclipse、VisualAge for Java、JBuilder 等。JSP 文件的扩展名为.jsp。

5. Eclipse 中设置和运行 JSP

(1)设置 Web 服务器

在 Eclipse 中要开发和运行 JSP 程序,需要设置 Web 服务器。设置 Tomcat 服务器的步骤如下:

① 选择 Window 菜单中的 Preferences 命令,弹出图 17-6 所示的 Preferences 对话框。

② 在左边窗格中,选择 Server 下拉选项表中的 Runtime Environments 选项,单击 Add 按钮,弹出图 17-7 所示的 New Server Runtime Environment 对话框。

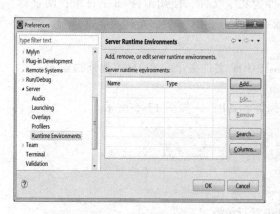
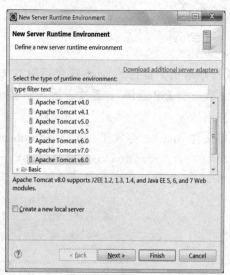

图 17-6　Preferences 对话框　　　　图 17-7　New Server Runtime Environment 对话框

③ 在 Select the type of runtime environment 下的列表框中选择所安装的 Tomcat 版本(例如 Apache Tomcat v8.0),单击 Next 按钮,弹出图 17-8 所示的 Tomcat Server 对话框。

④ 在 Name 文本框中指定 Tomcat 服务器的名称,单击 Browse 按钮选择 Tomcat 的安装文件夹,在 JRE 下拉列表框中选择 JRE 的安装目录,以上项目都可以保留默认值。单击 Finish 按钮,完成 Tomcat 服务器的设置,弹出图 17-9 所示的 Server Runtime Environments 对话框,所设置的 Tomcat 服务器名称(例如 Apache Tomcat v8.0)显示在对话框中。单击 OK 按钮,完成 Tomcat 服务器的设计,回到 Eclipse 的主窗口,如图 17-10

所示，所设置的 Tomcat 服务器名（例如 Tomcat v8.0 Server at localhost-config）显示在主窗口中，其中 localhost-config 表示设置在本地计算机上。

图 17-8　Tomcat Server 对话框

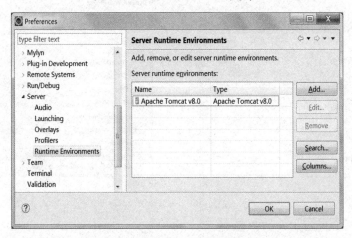

图 17-9　Server Runtime Environments 对话框

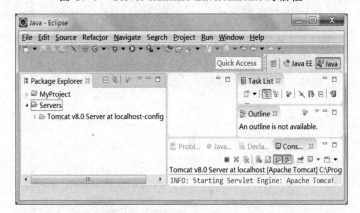

图 17-10　设置 Tomcat 服务器后的主窗口

（2）建立 Web 项目

在 Eclipse 平台开发 Web 应用程序时，首先要建立 Web 项目，其操作步骤如下：

① 选择 File 菜单中的 New 子菜单，并选择其菜单项 Project 命令，弹出图 17-11 所示的 New Project 对话框。

② 选择 Web 选项框中的 Dynamic Web Project 选项，并单击 New 按钮，弹出图 17-12 所示的 New Dynamic Web Project 对话框，让用户输入 Project 的名称。

③ 在 Project Name 文本框中输入项目名称（例如 WebPro），单击 Finish 按钮，完成项目的创建，回到 Eclipse 主窗口，所建立的项目（例如 WebPro）显示在 Project Explorer 窗格中，如图 17-13 所示。可以看到，在所建立的 WebPro 项目下，系统还自动建立了 WebContent 条目；在 WebContent 条目下，系统还自动建立了 META-INF 和 WEB-INF 子条目。在 Windows 资源管理器中可以发现：在对应工作区文件夹下，系统自动建立了子文件夹 WebPro，是该 Web 应用系统的根文件夹；在子文件夹 WebPro 下，系统自动建立了子文件夹 WebContent；在子文件夹 WebContent 下，系统自动建立了 META-INF 和 WEB-INF 两个对应子文件夹。为该项目建立的 JSP 文件将存放在子文件夹 WebContent 下。

图 17-11　New Project 对话框　　　　图 17-12　New Dynamic Web Project 对话框

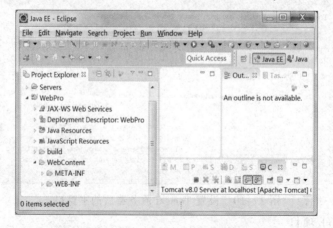

图 17-13　建立 WebPro 项目后的主窗口

(3)建立 JSP 文件

在 Eclipse 平台，建立 JSP 文件的步骤如下：

① 在 Project Explorer 窗格中，右击要在其中建立 JSP 文件的项目名称（例如 WebPro），在弹出的快捷菜单中选择 New 菜单项，在其子菜单中选择 New JSP File 命令，弹出 New JSP File 对话框，让用户输入 JSP 文件名，如图 17-14 所示。

② 在 File name 文本框中输入文件名称（例如 JSPFile.jsp），单击 Finish 按钮，完成 JSP 文件的创建，回到 Eclipse 主窗口，所建立的 JSP 文件（例如 JSPFile.jsp）显示在 Project Explorer 窗格中所属项目（如 WebPro）的 WebContent 条目之下，如图 17-15 所示。同时，在以 JSP 文件名（如 JSPFile.jsp）为标题的编辑窗口显示所建文件的框架，让用户在框架中添加文件内容。

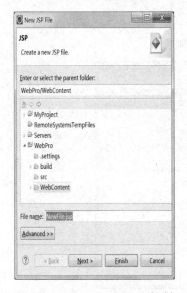
图 17-14　New JSP File 对话框

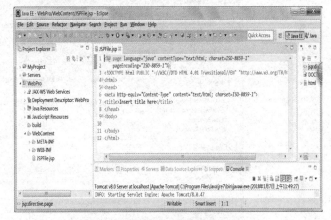
图 17-15　创建 JSP 文件后的主窗口

(4)运行 JSP 文件

在文件编辑器窗口编辑 JSP 文件内容，完毕后就可以运行 JSP 文件。运行 JSP 文件的操作步骤如下：

选择 Run 菜单的 Run As 子菜单中的 Run on Server 命令，弹出 Run On Server 对话框，让用户指定运行该 JSP 文件时所用的服务器名称（即在浏览器地址栏输入的服务器名称）、为 Eclipse 平台所设置的 Web 服务器名称及运行时环境名称，如图 17-16 所示。全部可取默认值，单击 Finish 按钮，便为该 JSP 文件建立了运行时所需的 Web 服务器设置，并运行该文件，运行结果以子窗口形式显示在 Eclipse 主窗口中。

在 Eclipse 平台运行图 17-17 中的 JSP 文件 JSPFile.jsp，结果如图 17-18 所示，可见子窗口的标题 JSP Example 就是在 JSPFile.jsp 中所指定的标题。

从图 17-18 还可以看到，在浏览器运行该 JSP 文件时在地址栏需要输入的 JSP 文件路径：http://localhost:8080/webProg/JSPFile.jsp。

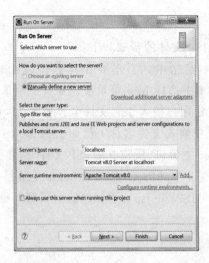

图 17-16　Run On Server 对话框

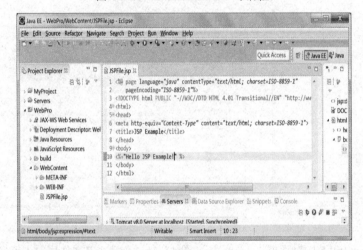

图 17-17　文件 JSPFile.jsp 内容

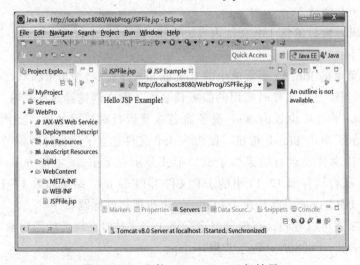

图 17-18　文件 JSPFile.jsp 运行结果

若已经为某应用系统建立了运行时的服务器名称(如图 17-16 中的 localhost),在选择 Run 菜单的 Run As 子菜单中的 Run on Server 命令,运行该应用系统中的 JSP 文件时,在图 17-16 所示的 Run On Server 对话框中,选择 Choose an existing server 单选按钮,从列表框中选择已经建立的运行时服务器,而不需再配置和建立新的运行时服务器。

17.4 JSP 语法

JSP 是一种功能强大且简单易用的 Web 程序设计语言,JSP 网页在服务器端执行。JSP 文件是在静态 HTML 元素的基础上添加 JSP 标记、嵌入 Java 程序代码而形成。

JSP 网页中的 JSP 元素按照其功能划分为脚本元素、指令元素和动作元素。

JSP 的脚本语言是 Java 语言,所以脚本元素指定 JSP 使用 Java 代码的规范。指令元素指定网页中的指令如何被执行,而动作元素连接要用到的组件,如 JavaBean 等。

17.4.1 JSP 元素语法

JSP 元素由开始标记、结束标记和元素内容三部分组成。其格式如下:

<元素名称 属性名称=属性值...>
 元素内容
/元素名称>

> **说明**
>
> ① "属性名称=属性值"为可选项,并且可以出现多个"属性名称=属性值"选项。"<元素名称 属性名称=属性值....>"称为开始标记,"/元素名称>"称为结束标记。
> ② 虽然 HTML 标记中的字符不区分大小写,但 JSP 标记中的字符严格区分大小写。
> ③ 属性值必须放在一对引号之间,可以采用单引号'和',也可以采用双引号"和"。
> ④ 如果没有元素内容,元素可以采用下列格式:
>   <元素名称 属性名称=属性值.../>
> 称为空标记。

17.4.2 JSP 脚本元素

JSP 的脚本元素根据其功能不同划分为三类:声明、表达式和脚本代码段。声明元素用来在 JSP 中声明 Java 的变量或方法,表达式元素用来计算一个 Java 表达式的值,而脚本代码段表示一段 Java 程序代码。

1. 声明元素

声明元素用来为 JSP 网页声明变量或方法。其格式为:

<%! 声明 %>

其中的声明表示一个或多个变量、方法的声明。

(1)声明变量

可以一次声明多个变量,声明变量的方法与在 Java 中相同。在声明变量时,应该指定变量的数据类型,还可以指定变量的初始值。如果同时声明多个变量,相邻的两个同类型变量之间用逗号",”隔开,但不同类型的变量之间只能使用分号";”隔开。

例如：
    <%! int j; %>
声明整型变量 j。
    再如：
    <%! float x, y=100.3;
    String name="Zhang Hua"
    %>
声明实型变量 x 和 y，同时为 y 赋初始值 100.3，声明字符串型变量 name，并为其赋初始值"Zhang Hua"。

    声明的变量可以在该网页中的任意位置使用，包括声明位置前。

（2）声明方法

    对方法的声明与在 Java 中相同。

    例如：

```
<%!
public long  area(long  x)
{
  return (x*x);
}
%>
```

声明了一个 public 型、返回值为 long 型的方法 area( )，只有一个 long 型的形式参数 x，其功能是返回形式参数 x 的平方值。

【例 17-3】 声明方法和数组。

```
<%!
private char[] vowels={'a', 'e', 'i', 'o', 'u', 'A', 'E', 'I', 'O', 'U'};
public boolean startWithVowel(String word)
{
  char first=word.charAt(0);
  for(int i=0; i<vowels.length; ++i)
  {
    if(first==vowels[i])
      return true;
  }
  return false;
}
%>
```

【程序解析】 首先声明了字符型数组 vowels，并为其赋初始值，它共有 10 个元素，分别表示 5 个元音字母的小写和大写形式；其次声明了 startWithVowel()方法，其返回值是 boolean 型，在 startWithVowel()方法中，声明了 char 型变量 first，其初始值为形式参数 word 中第 0 个元素的值；通过循环语句判断 first 的值是否等于 vowels 中某个元素的值，即判断 word 参数的第 0 个字母是否一个元音字母；如果判断结果为真值，即 word 参数的第 0 个字母是一个元音字母，startWithVowel()方法返回 true，否则返回 false。

2. 表达式元素

声明元素仅声明了在 JSP 网页中可以使用的变量和方法，并没有在浏览器中产生任何输出。要输出变量、方法或表达式的值，可以通过表达式元素。表达式元素的格式为：

<%= 表达式 %>

其功能是计算表达式的值，并将其值输出。

例如：<%= 23+2 %> 的功能是输出 25。

再如：<%= area(7) %>的功能是调用前面声明的方法 area( )，输出 area(7)的值 49。

【例17-4】利用表达式元素。

```
<HTML>
    <HEAD>
        <TITLE> Example of expression elements</TITLE>
    </HEAD>
    <BODY>
        <%="The value of 23+3 is "%>
        <%= 23+3  %>
        <p>
        <%="The value of 5*3 is "%>
        <%= 5*3  %>
    </BODY>
</HTML>
```

【程序解析】网页标题是"Example of expression elements"，正文部分分别输出字符串表达式"The value of 23+3 is "、数值表达式 23+3、字符串表达式"The value of 5*3 is "、数值表达式 5*3 的值，"<p>"是 HTML 的段落标记，其功能是将字符串表达式"The value of 5*3 is "换行输出。

访问该网页时的显示结果如下：

The value of 23+3 is 26

The value of 5*3 is 15

可见，JSP 文件与 HTML 文件结构非常相像。事实上，JSP 文件是在 HTML 文件的基础上添加 JSP 标记而形成，即 JSP 文件由 HTML 标记和 JSP 特有标记组合而成。

JSP 网页处理过程如下：

① 客户端浏览器向 Web 服务器发送一个 HTTP 请求。

② Web 服务器识别出是对 JSP 网页的请求，将该请求传递给 JSP 引擎。

③ JSP 引擎通过请求的 URL 从文件系统(磁盘)载入该 JSP 文件,将其转化为 Servlet 类文件 (.java 文件)，这种转化只是简单地将 HTML 元素转换成 out.print()方法调用，如将 HTML 的 "</BODY>" 标记转换成 out.print("</BODY>")方法调用，将 JSP 元素转化成 Java 代码。

④ JSP 引擎将 Servlet 类文件编译成.class 文件，并且将该请求传递给 Servlet 引擎。

⑤ Web 服务器调用 Servlet 引擎，载入并执行 Servlet 的.class 文件，动态生成 HTML 格式的响应。

⑥ Web 服务器以 HTML 网页的形式将 HTTP 响应返回客户端浏览器。

⑦ 客户端浏览器处理 HTTP 响应中动态生成的 HTML 网页，就好像处理静态网页一样。

3．脚本代码段

使用表达式元素只可以输出一个表达式的值，如果想使用比表达式更复杂的程序代码，可以通过脚本代码段元素来实现。其形式为：

```
<%
    程序代码
%>
```

其功能是将 Java 程序代码插入网页中，当客户端浏览网页时，便执行该程序代码。程序代码部分可以使用几乎所有的 Java 语句。

例如，如果将下列代码加入到网页中：

```
<%
    java.util.Date  date = new java.util.Date();
    out.println(date);
%>
```

当网页被访问时，该代码段自动执行。其功能是首先建立一个 Date 型变量 date，然后输出其值。

再如：

```
<%
if(x<0)
  out.println("x是负数");
else
  out.println("x是正数");
%>
```

其功能是根据变量 x 值的正、负，输出"x 是正数"或"x 是负数"。

【例 17-5】脚本代码。

```
<HTML>
   <HEAD>
      <TITLE>Script Example </TITLE>
   </HEAD>
   <BODY>
      <%
      int i;
      long sum=0;
      for(i=1; i<=100; i++)
         sum=sum+i;
      out.println("sum="+sum);
      %>
   </BODY>
</HTML>
```

【程序解析】声明 int 型变量 i 和 long 型变量 sum，利用 for 循环计算 1~100 之间整数的和并赋给变量 sum，最后输出变量 sum 的值。

访问该网页时的显示结果如下：

```
sum=5050
```

17.4.3 JSP 指令元素

指令元素用来和 JSP 引擎沟通，它并不直接产生用户看得见的信息，而是告诉 JSP 引擎如何处理 JSP 网页，如指定脚本语言、指定处理错误的页面、包含另外一个网页等。

JSP 指令元素包括 page 指令和 include 指令。

1．page 指令

page 指令用来指定网页的属性，如脚本语言、处理错误的页面等。

page 指令的格式如下：

`<%@ page 属性名=属性值 属性名=属性值... %>`

其中可以出现多对"属性名=属性值"。

page 指令中可以包含以下属性：

① language：用来指定声明、表达式和脚本代码所使用的语言。

例如：

`<%@ page language="Java" %>`

将 language 的属性值设置为 Java。将 language 设置为 Java 后，网页中的所有声明、表达式和脚本小程序必须符合 Java 语言的规范。

② contentType：指定 JSP 页面输出到客户端时所使用的 MIME（多用途互联网邮件扩展类型，设定各种扩展名文件的打开方式和字符集）类型和字符集，可以使用任何合法的 MIME 类型。默认的 MIME 类型是"text/html"，默认的字符集是"ISO-8859-1"。如果要使用简体中文、字符集要设置为"gb2312"。例如：

`<%@ page contentType="text/html; charset=GB2312" %>`

③ info：其值为任意字符串，用于对页面进行说明。

例如：`<%@ page info ="the Homepage of the Department" %>`

④ import：引入在脚本元素中使用的类名，其作用同 Java 语言中的 import 语句。例如：

`<%@ page import= "java.util.Date" %>`

其作用是引入包 java.util 中的 Date 类。引入 Date 类后，脚本中可以直接用 Date 类，而不需要指明其所在包。也可以使用"*"引入一个包中的所有类，还可以一次引入多个包中的类，此时相邻的两个包（类）名之间用逗号隔开。如：

`<%@ page import= "java.util.* " %>`

引入 java.util 包中的所有类。

`<%@ page import= "java.util.*, java.io.* " %>`

引入 java.util 包和 java.io 包中的所有类。其作用等价于：

`<%@ page import= "java.util.* " %>`
`<%@ page import= "java.io.* " %>`

⑤ session：该属性指定 JSP 页面是否参与会话管理。如果其值为 true，该页面参与会话管理，可以使用 session 内建对象；如果其值为 false，该页面不参与会话管理。其默认值为 true。例如：

`<%@ page session= "false" %>`

告诉 JSP 容器，该页面不参与会话管理，不能使用 session 内建对象。

⑥ errorPage：该属性值指定处理错误的 JSP URL。当包含 errorPage 属性的页面出现

错误时，URL 路径指定的页面将进行处理。URL 所指定页面的 isErrorPage 值为 true。

例如：

`<%@ page errorPage = "/webdev/misc/error.jsp" %>`

设置错误处理页面为/webdev/misc/error.jsp。

⑦ isErrorPage：该属性指定该页面是否是错误处理页面。如果其值为 false（默认值），表明该页不是其他页面的错误处理页面；如果其值为 true，表明该页面是其他页面的错误处理页面。可以使用内建对象 exception 处理页面的错误。

例如：

`<%@ page isErrorPage= "true" %>`

将页面设置为错误处理页面。

【例 17-6】 引入类。

```
<%@ page contentType="text/html ; charset=gb2312" %>
<%@ page import="java.util.*" %>
<HTML>
   <HEAD>
     <TITLE>Document Title</TITLE>
   </HEAD>
   <BODY>
     <CENTER><FONT COLOR=BLUE SIZE=10 FACE="隶书">
     <%
     Date today=new Date();
     int hour=today.getHours();
     if( hour>=0&&hours<12 )
     {
        out.println("早上好!");
     }
     else
     {
        out.println("下午好!");
     }
     String[] weekdays ={"日","一","二","三","四","五","六"};
     out.println("\n今天是" + (today.getYear() +1900) + "年" +
     (today.getMonth()+1) + "月" + (today.getDate()) + "日星期" +
     weekdays[today.getDay()]);
     %>
     </FONT></CENTER>
   </BODY>
</HTML>
```

【程序解析】

通过<%@ page import="java.util.*" %>引入 java.util 中的所有类。声明 Date 类对象 today，获得当天的日期；声明 int 型变量 hour，调用方法 getHours()取得当时的小时；通过 hour 的值判断是上午还是下午，输出"上午好"或"下午好"；建立 String 型数组 weekdays，并将一周中的 7 天分别赋予数组的各元素；最后输出当时的年、月、日和星期。

2. include 指令

include 指令用于将另一个网页的内容包含到当前网页,其格式为:

<%@ include file=被包含网页URL %>

URL 中可以使用绝对路径,也可以使用相对路径。绝对路径是以"/"开始的,代表网络服务器的根文件夹。在使用 tomcat 的情况下,"/"代表安装 tomcat 的文件夹,如 tomcat 安装在 c:/tomcat,则"/"代表 c:/tomcat。而相对路径不以"/"开始,是相对于当前网页所在路径。

【例 17-7】网页包含。

page1.jsp 的内容:

```
<%@ page language="java" contentType="text/html; charset=UTF-8" %>
<HTML>
   <HEAD>
      <TITLE>Hello Include</TITLE>
   </HEAD>
   <BODY>
      JSP,真棒! <BR>
      <%@ include file="page2.jsp" %>
   </BODY>
</HTML>
```

page2.jsp 的内容:

```
<%@ page language="java" contentType="text/html; charset=UTF-8" %>
<%
for (int i=1; i<=4; i++)
{
%>
   <H>认真学习 JSP! </H> <BR>
   <%
}
%>
```

【程序解析】网页 page1.jsp 显示"JSP,真棒!",同时将文件 page2.jsp 中的内容包含进来,通过循环输出 4 行"认真学习 JSP!"。

访问网页 page1.jsp 显示:

JSP,真棒!
认真学习 JSP!
认真学习 JSP!
认真学习 JSP!
认真学习 JSP!

17.4.4 JSP 动作元素

JSP 动作元素用来控制 JSP 引擎的行为,如将请求转向另一页面、动态包含另一页面内容、使用 JavaBean 组件等。

1. param 动作

param 动作为<jsp:forward>、<jsp:include>和<jsp:plugin>动作的参数提供参数值。其形式为:

```
<jsp: param name=参数名   value=参数值 />
```
在<jsp:forward>、<jsp:include>和<jsp:plugin>中，可通过调用方法 getParameter( )由"参数名"获得"参数值"。

例如：
```
<jsp: param name="user" value="张华"/>
```

2. forward 动作

forward 动作元素将请求从当前网页转向其他网页，其格式如下：
```
<jsp: forward  page = 网页 URL >
    param 动作元素
<jsp:forward>
```
其中可以包含多个 param 动作元素，也可以一个都不包含。forward 动作的功能是将请求转向"网页 URL"所指定的网页。例如：
```
<jsp:forward  page = page2.jsp>
<jsp:param name="user"  value="张华" />
<jsp:forward>
```
转向访问 page2.jsp。在网页 page2.jsp 中，调用方法 request.getParameter("user")获得的值是"张华"。

3. include 动作

include 动作插入另一个网页中的内容，其格式如下：
```
<jsp:include  page=网页 URL  flush="true" >
    param 动作元素
</ jsp:include >
```
其中可以包含多个 param 动作元素，也可以一个都不包含。include 动作的功能是插入"网页 URL"所指定的网页内容。flush="true"表示自动清除缓冲区。

例如：
```
<jsp:include  page="news/item1.jsp"  flush="true" >
</ jsp:include >
```
将网页 news/item1.jsp 中的内容插入当前网页。

虽然 include 动作元素和 include 指令元素都能将另一网页中的内容插入当前网页，但 include 指令仅在首次访问当前网页时插入另一网页中的内容，所以另一网页中的内容改变不会及时反映到当前网页；而 include 动作元素在每次访问页面时动态插入另一网页中内容，其内容改变及时反映到当前网页。

【例17-8】 动态加载文件。

page3.jsp 的内容：
```
<%@ page contentType="text/html; charset=GB2312" %>
<%@ page language="java" %>
<HTML>
    <HEAD>
        <TITLE>动态加载文件实例</TITLE>
    </HEAD>
    <BODY>
        <CENTER>
```

```
        <FONT SIZE=10 COLOR=BLUE>动态加载文件</FONT>
        </CENTER>
        <BR><HR><BR>
        <FONT SIZE=5>
        <jsp:include page="page4.jsp">
        <jsp:param name="name" value="jsp:include"/>
        <jsp:param name="file" value="page4.jsp"/>
        </jsp:include>
        </FONT>
    </BODY>
</HTML>
```

page4.jsp 的内容：

```
<HTML>
    <BODY>
        这里我们用到了
        <FONT COLOR=RED>
        <%= request.getParameter("name")%>
        </Font>
        指令<BR>
        加载了文件:
        <FONT COLOR=BLUE>
        <%= request.getParameter("file")%>
        </Font><BR>
    </BODY>
</HTML>
```

【程序解析】网页 page3.jsp 显示"动态加载文件"，通过<jsp:include page="page4.jsp">动态插入网页 page4.jsp，通过<jsp:param name="name" …>和<jsp:param name="file" …>设置两个参数 name 和 file，其值分别为"jsp:include"和"page4.jsp"。

被插入的网页 page4.jsp 通过<%= request.getParameter("name")%>获得参数 name 的值"jsp: include"，并用红色显示；通过<%= request.getParameter("file")%>获得参数 file 的值"page4.jsp"，并用蓝色显示。

访问网页文件 page3.jsp 时，显示内容如下：

动态加载文件
这里我们用到了 jsp:include 指令
加载了文件 page4.jsp

17.4.5 JSP 注释

在浏览器中访问 JSP 网页时，JSP 注释内容不显示，是供网页开发人员使用的提示信息，如提示语句功能等。在浏览器中查看网页的源代码，也看不到注释。

JSP 注释格式如下：

```
<%-- 注释内容 --%>
```

JSP 注释以"<%--"标记开始，以"--%>"标记结束，中间是注释内容。

例如：

```
<%-- 不送到客户端 --%>
```

如果在 IE 浏览器中选择"查看"菜单中的"源文件"命令，查看 JSP 网页的源文件，将看不到注释内容"不送到客户端"。

JSP 注释的主要作用是对 JSP 网页提供说明，还可用于屏蔽 JSP 代码。

HTML 也有注释标记，格式如下：

```
<!--    注释内容        -->
```

HTML 注释以"`<!--`"标记开始，以"`-->`"标记结束，中间是注释内容。

例如：

```
<!--   将此送到客户端        -->
```

如果在 IE 浏览器中选择"查看"菜单中的"源文件"命令，查看 HTML 网页的源文件，能看到注释内容"将此送到客户端"。

相比 HTML 注释，JSP 注释的主要优点在于：它不会传送到客户端，注释内容不会被客户端所查看，起到防止系统信息泄露的作用。

17.4.6 转义字符

符号"<"、"<%"、">"等被 JSP 用作特殊符号，例如，当遇到"<"时，系统自动将其后面的字符当作标记中的元素名称对待。如果想将这类符号当作普通字符处理，例如在浏览器上显示它们，可以使用转义符号。表 17-1 列出了常用的转义符号。

表 17-1 JSP 转义符号表

符 号	转 义 符 号
<%	<\%
%>	%\>
'	\'
"	\"
\	\\
<	&lt;
>	&gt;

例如，希望在浏览器中显示"JSP 脚本元素以%>结束。"，如果在 JSP 网页中用以下 3 行来实现：

```
<%
 out.println ("JSP 脚本元素以%>结束。")
%>
```

将会出现错误。因为，"`<%  Java 程序段   %>`"是 JSP 代码段元素，其以"`<%`"作为开始标记，以"`%>`"作为结束标记，标记中间的"Java 程序段"可以是任意合法的 Java 程序片段。所以，当 JSP 容器处理到"JSP 脚本元素以%>结束。"中的"%>"时，误解为 Java 程序段已经结束了，而导致语法错误。

正确的处理方法是用"%\>"代替"%>"，如下所示：

```
<%
 out.println ("JSP 脚本元素以%\>结束。")
%>
```

该 JSP 脚本代码元素执行后，将在浏览器显示：

JSP 脚本元素以%>结束。

【例17-9】使用转义符。

convert0.jsp 内容：

```
<%@ page contentType="text/html; charset=UTF-8" %>
<HTML>
    <BODY>
        <PRE>
            <%
```

```
            out.println("&lt;% 转义符举例 %&gt;");
            out.println("\' 单引号\'");
            out.println("\" 双引号\"");
            out.println("\\斜线\\");
        %>
        </PRE>
    </BODY>
</HTML>
```

【程序解析】首行的 page 指令指明本文件为文本文件，使用 UTF-8 字符集；通过 JSP 脚本元素"<% Java 程序片段 %>"功能，调用 out.println()方法在网页正文区显示 4 个字符串。第一个字符串"<% 转义符举例 %>"中，"<"显示为小于号"<"，">"显示为大于号">"，其他字符原封不动显示；第二个字符串"\' 单引号\'"中，"\'"显示为单引号"'"，其他字符原封不动显示；第三个字符串"\" 双引号\""中，"\""显示为双引号"""，其他字符原封不动显示；第四个字符串"\\斜线\\"中，"\\" 显示为斜线"\"，其他字符原封不动显示。

访问网页 convert0.jsp 时，显示结果如下：

```
<% 转义符举例 %>
' 单引号'
" 双引号"
\斜线\
```

17.5 JSP 内建对象

JSP 规范中预先声明了一些对象，称为 JSP 的内建对象或预定义对象。

1. request

request 是 javax.servlet.HttpServletResponse 类对象，代表触发一个页面的请求，封装了客户端的请求信息，包括源代码、被请求的 URL、头信息或与请求有关的参数，作用范围为一个页面。通过方法如 getParameter()等可以得到请求的参数等信息。

【例 17-10】request 对象。

```
req_use.jsp 内容
<HTML>
    <BODY>
        <%
            out.println("query string: "+request.getQueryString() + "<BR>");
            out.println("user:"+ request.getParameter("user")+"<BR>");
        %>
    </BODY>
</HTML>
```

【程序解析】request.getQueryString()方法返回查询的字符串，request.getParameter("user")方法返回参数"user"的值。如请求该页面时，在后端加上"?passWord=123456&user=zhang"，则 request.getQueryString() 方法的返回值为 " passWord=123456&user=zhang "，request.getParameter("user")的返回值为"zhang"。

在 IE 的地址栏输入：
```
http://localhost:8080/webProg/req_use.jsp?passWord=123456&user=zhang
```
访问网页 req_use.jsp 时，显示结果如下：
```
query string: passWord=123456&user=zhang
user: zhang
```

2．response

response 代表访问页面后返回客户端的结果，是 javax.servlet.HTTPServletResponse 类对象。通过 response.sendRedirect( )方法可将响应传至另一 JSP 页面。

3．out

out 是 javax.servlet.jsp.JSPWriter 对象，具有缓存功能，其作用范围为页面。out 对象的主要方法有 print( )和 println( )，其功能是将结果输出到客户端。

4．session

session 对象代表用户和服务器的会话，反映用户和服务器的交互，包括用户的所有请求系列。在一定时间内，只要服务器能接收到用户的请求，这个 session 就一直存在；如果用户没有再发出新的请求，该 session 也就结束了。

session 对象存储关于会话的信息，其主要用途之一就是存储和检索参数的值，以便在各页面之间传递用户的信息。session 是 javax.servlet.http.HttpSession 的对象，作用范围是用户的会话期。

【例17-11】记录用户在一个 session 内访问网页的次数。

JSP 文件 sess_use.jsp 内容：
```
<%@ page contentType="text/html; charset=UTF-8"%>
<%@ page language="java" %>
<HTML>
  <HEAD>
    <TITLE>存取 session 数据实例</TITLE>
  </HEAD>
  <BODY>
    <CENTER>
    <FONT SIZE=5 COLOR=Blue>存取 session 数据</FONT>
    </CENTER>
    <%
    int num=0;
    Object obj=session.getAttribute("Num");
    if(obj==null)
    {
       session.setAttribute("Num", String.valueOf(num));
    }
    else
    {
       num=Integer.parseInt(obj.toString());
       num+=1;
       session.setAttribute("Num", String.valueOf(num));
    }
    %>
```

```
        <Center>
        <Font SIZE=4>session 中的 Num 的值为:</Font>
        <Font COLOR=red><%= num %></Font>
        </Center>
    </BODY>
</HTML>
```

【程序解析】利用 Object obj=session.getAttribute("Num")获取 session 中参数 Num 的值，放入对象 Object 类对象 obj 中。在一个 session 中，首次访问该网页时，参数 Num 不存在，obj 为 null，通过 session.setAttribute("Num",String.valueOf(num))创建参数 Num，其值为变量 num 的初始值 0；当再次访问该页面时，参数 Num 已存在，obj 的值不再是 null，通过 num=Integer.parseInt(obj.toString( ))取出 obj 的值，并赋给整型变量 num，将 num 的值加 1，通过 session.setAttribute("Num",String.valueOf(num))将参数 Num 的值加 1。

5. application

application 对象代表 JSP 页面所属的应用，是 javax.servlet.ServletContex 类的对象，在服务器启动时产生，直到服务器关闭而消失，所以其生命周期开始于服务器的启动，结束于服务器的关闭。application 用来存放全局参数，可实现用户之间的数据共享。所有用户每次连接服务器时，使用的是同一个 application。后续用户访问 application 参数所取得的值是前一用户对该参数的操作结果。

【例 17-12】网站访问次数计数器。

app_use.jsp 内容：

```
<%@ page contentType="text/html; charset=UTF-8" %>
<%@ page language="java" %>
<HTML>
    <HEAD>
        <TITLE>存取 application 数据实例</TITLE>
    </HEAD>
    <BODY>
        <CENTER>
        <FONT SIZE=5 COLOR=blue>存取 application 数据</FONT>
        </CENTER>
        <%
        Object obj=null;
        String strData=(String)application.getAttribute("Data");
        int data=1;
        if(strData!=null)
            data=Integer.parseInt(strData)+1;
        application.setAttribute("Data", String.valueOf(data));
        %>
        <CENTER>
        当前您的访问次数是:
        <FONT COLOR=red><%= data %></Font>
        </CENTER>
    </BODY>
</HTML>
```

【程序解析】当服务器启动后，当某用户首次访问页面时，application 对象中的 Data 参数尚不存在，通过 String　strData=(String)application.getAttribute("Data")获得的 strData 为 null，调用方法 application.setAttribute("Data",String.valueOf(data))建立参数 Data，值为变量 data 的初始值 1，通过<%= data %>显示 1，表明是对该网页的首次访问；当有用户再访问该页面时，通过 String strData=(String) application.getAttribute("Data")获得的 strData 为非 null，应用 data=Integer.parseInt(strData) + 1 首先取得 Data 的现有值，再将其现有值加 1 赋给变量 data，然后应用 application.setAttribute ("Data",String.valueOf(data))使参数 Data 的值增加 1，通过<%= data %>显示 data 的值，即参数 Data 的最新值，也是对该网页的访问次数。所以，每当用户访问该网页一次，Data 的值就加 1。

通常，将该程序段放于网站主页，只要有用户访问网站（主页），Data 的值就增加 1，实现统计并显示网站访问次数的功能。

17.6　JavaBean

1. 声明 JavaBean 类

JavaBean 是一种 Java 类，其特点是获取属性值的方法名是 getXXX()，设置属性值的方法名是 setXXX()，其中 XXX 表示属性名。

【例17-13】声明 JavaBean。

```
JavaBean 文件 Login.java
public class Login{
   private String sname = "";
   private String passWord = "";
   public Login(){      }
   public void setSname(String name1)
   { sname=name1; }
   public void setPassWord(String pwd)
   { passWord=pwd; }
   public String getSname()
   { return sname; }
   public String getPassWord()
   { return passWord; }
}
```

【程序解析】类中声明了两个 String 型成员变量 sname 和 passWord，并赋初值空串；声明了空的构造器 public Login()，声明了设置 sname 和 passWord 属性值的方法 setSname(String name1)和 setPassWord(String pwd)，并声明了获取 sname 和 passWord 成员变量值的方法 getSname()和 getPassWord()。

2. useBean 动作

通过 useBean 动作使 JSP 网页能够使用 JavaBean，从而充分应用 Java 的强大功能。useBean 动作的语法如下：

```
<jsp: useBean id=JavaBean 名称
class=JavaBean 类名
scope=JavaBean 的有效范围 />
```

其中,"JavaBean 名称"为 JavaBean 在网页中的名称;"JavaBean 类名"是它的 Java 类名,类名中可以包含其所在的包名;"JavaBean 的有效范围"的值可以是 page、request、session 或 application,默认值是 page,表示 JavaBean 只在该网页内有效。

例如,要使用例 17-13 中声明的 JavaBean Login,可在网页中加入如下语句:

```
<jsp:useBean id="login" class="Login" scope="session" />
```

在 useBean 动作中也可以设置属性值或进行其他操作,称为实体。带有实体的 useBean 动作的语法如下:

```
<jsp: useBean id=JavaBean 名称 class=JavaBean 类名 scope=JavaBean 的有效范围>
    实体
</jsp: useBean>
```

3. setProperty 动作

setProperty 用来为 JavaBean 成员变量设置值,其语法如下:

```
<jsp:setProperty name=JavaBean 名称 property=成员变量名 value=值 \>
```

其中的"成员变量名"表示要设置值的 JavaBean 成员变量名,"值"是为该成员变量设置的具体值。"value=值"也可以用"param=参数名"代替,此时,成员变量的值通过"参数名"所指定的参数来传递。

例如,要为例 17-13 中 sname 成员变量设置值"zhang",可以在网页中加入如下语句:

```
<jsp:useBean id="login" scope="session" class="Login"/>
<jsp:setProperty name="login" property="sname" value="zhang" \>
```

如果要继续为 passWord 设置值"1234",只需加入如下语句:

```
<jsp:setProperty name="login" property="passWord" value="1234" \>
```

4. getProperty 动作

通过 getProperty 动作可以得到 JavaBean 成员变量的值,并转换成字符串输出。getProperty 动作的语法如下:

```
<jsp:getProperty name=JavaBean 名称 property=成员变量名 \>
```

其中的"成员变量名"表示要取其值的 JavaBean 类成员变量名。例如,要使用例 17-13 中 sname 成员变量值,可以在网页中加入如下语句:

```
<jsp: getProperty name="login" property="sname" \>
```

如果已经为 sname 成员变量设置了值"zhang",那么网页将显示"zhang"。

【例 17-14】JavaBean 实例。

JavaBean 类文件 SimpleBean.java 内容:

```
public class SimpleBean{
  private String message = "no message ";
  public String getMessage(){
    return(message);
  }
  public void setMessage(String message){
      this.message = message;
  }
}
```

网页文件 simpleBean.jsp 内容：

```
<%@ page contentType="text/html; charset=UTF-8" %>
<HTML>
  <HEAD>
    <TITLE> 使用 JavaBean</TITLE>
  </HEAD>
  <BODY>
    <jsp:useBean id="test" class="SimpleBean" />
    <jsp:setProperty name="test" property="message" value="你好,JSP!" />
    Message:
    <jsp:getProperty name="test" property="message" />
  </BODY>
</HTML>
```

【程序解析】类文件 SimpleBean.java 定义 SimpleBean 类，声明了成员变量 message、获取 message 值的方法 getMessage()和设置 message 值的方法 setMessage(String message)。

在网页文件 simpleBean.jsp 中，使用 SimpleBean，为其指定的 id 为 test，为成员变量 message 设置值 "你好，JSP! "，获取成员变量 message 的值 "你好，JSP！"并将其显示。

访问网页文件 simpleBean.jsp 时，显示内容如下：
Message: 你好，JSP!

17.7 应用数据库

在编写动态 JSP 网页时，通常要使用数据库，连接数据库采用 JDBC 技术。Java 数据库编程知识已在第 15 章中介绍。在 JSP 中应用数据库时，只需将 Java 数据库编程语句嵌入 JSP 即可。

【例 17-15】该实例利用 JDBC-ODBC 桥驱动程序访问 Access 数据库 myDB.mdb。假定对数据库 myDB.mdb 已经建立了数据源 myDB，myDB.mdb 中有一个表 employee，其中的数据类型和所包含的记录分别如表 15-2 和表 15-1 所示。要求：显示 employee 表中所有职员的 no（编号）、sname（姓名）、sex（性别）和 salary（工资）。

文件 query.jsp

```
<%@page contentType="text/html; charset=UTF-8" %>
<HTML>
  <HEAD>
    <TITLE>数据库查询</TITLE>
  </HEAD>
  <BODY>
    <%@page import="java.sql.*" %>
    <%
    Connection con=null;
    try{
      Class.forName("sun.jdbc.odbc.JdbcOdbcDriver");
      con=DriverManager.getConnection ("jdbc:odbc:myDB","li","1234");
      Statement stmt=con.createStatement();
      ResultSet rs =stmt.executeQuery ("SELECT * from employee");
      out.print("编号    ");
```

```jsp
    out.print("姓名    ");
    out.print("性别    ");
    out.print("工资    ");%>
<BR>
<%
while(rs.next()){
    out.print(rs.getString("no")+ "    ");
    out.print(rs.getString("sname")+ "    ");
    out.print(rs.getString("sex")+ "    ");
    out.print(rs.getFloat("salary"));
%>
    <BR>
<%
}
    rs.close();
    stmt.close();
    con.close();
}
catch(ClassNotFoundException e)
{
    out.println(e.getMessage());
}
catch(SQLException e)
{
    out.println(e.getMessage());
}
%>
    </BODY>
</HTML>
```

【程序解析】引入包 java.sql 中的所有类使得 JSP 能找到对应的 SQL 方法；接着加载 JDBC-ODBC 桥驱动程序，再连接数据源 myDB，其中"li"和"1234"分别为数据源 myDB 的用户名和密码；查询 employee 表中所有记录，查询结果存放于 ResultSet 对象 rs 中；显示"编号"、"姓名"、"性别"和"工资"；通过 while 循环，可以将 ResultSet 类对象 rs（查询结果集）中的每行数据显示。

在取 ResultSet 类对象中各列的值时，使用方法 getXXX(列名)。XXX 的确切值取决于当前列的数据类型，如 getString()取字符串型值、getInt()取整型值、getFloat()取浮点型值等。

最后分别关闭 ReseltSet 类对象 rs、Statement 类对象 stmt 和 Connection 类对象 con。

可以看到，大部分程序代码都是放置在 try/catch 块内捕捉两类异常。一类是 ClassNotFoundException，它是当 Class.forName()无法载入 JDBC 驱动程序时触发；另一类是 SQLException，它当 JDBC 在执行过程中发生问题时产生，如所执行的 SQL 语句有错误等。

将文件 query.jsp 存放在 TOMCAT_HOME\webapps\webProg 中。在 IE 的地址栏输入
http://localhost:8080/webProg/query.jsp
访问网页文件 query.jsp，显示：

编号	姓名	性别	工资
1001	张强	男	675.20
1004	李香	女	842.20
1007	王大山	男	765.00
1010	赵玉花	女	690.00

【例17-16】 利用 JDBC-ODBC 桥驱动程序访问 Access 数据库 myDB.mdb。假定对数据库 myDB.mdb 已经建立了数据源 myDB，myDB.mdb 中有一个表 employee。在表中插入两条记录，其数据分别为：2001,邢雪花,女,650 和 2020,翟建设,男,750。

文件 insert.jsp：

```jsp
<%@page contentType="text/html; charset=UTF-8" %>
<HTML>
   <HEAD>
      <TITLE>插入记录</TITLE>
   </HEAD>
   <BODY>
<CENTER>
使用 executeUpdate 插入记录代码
</CENTER>
<%@page import="java.sql.*" %>
<%
Connection con=null;
try{
   Class.forName("sun.jdbc.odbc.JdbcOdbcDriver");
   con=DriverManager.getConnection("jdbc:odbc:myDB","li","1234");
   Statement stmt=con.createStatement();
   String sqlstr="insert into employee values('2001','邢雪花','女',650)";
   stmt.executeUpdate(sqlstr);
   stmt.executeUpdate("insert into employee values('2020','翟建设','男',750)");
%>
<CENTER>
成功插入两条记录
</CENTER>
<%stmt.close();
   con.close();
}
catch(ClassNotFoundException e){
   out.println(e.getMessage());
}
catch(SQLException e){
   out.println(e.getMessage());
}
%>
   </BODY>
</HTML>
```

【程序解析】 通过 String sqlstr = "insert into employee values('2001', '邢雪花','女',650)" 声明 String 型变量 sqlstr，并给其赋值为要执行的 SQL 语句；通过 stmt.executeUpdate(sqlstr)

执行 sqlstr 所代表的 SQL 语句，给表中插入第一条记录；通过 stmt.executeUpdate("insert into employee values('2020', '翟建设', '男', 750)")，给表中插入第二条记录。

可以看到，执行 SQL INSERT 语句时使用的是 Statement 类的 executeUpdate( )方法，而不是 executeQuery( )方法。

将文件 insert.jsp 存放在 TOMCAT_HOME\webapps\webProg 中。在 IE 的地址栏输入
`http://localhost:8080/webProg/insert.jsp`
为 employee 表插入所指定的两条记录。

【例17-17】网站注册。为了记录访问网站的用户信息，通常网站设置注册功能，让用户在注册网页输入自己的用户名和密码等信息，当用户提交注册信息后，系统将用户的注册信息保存到数据库中。假定数据库 jspDB.mdb 中的表 jspTab 用来存储注册用户的信息，其中包含 id、email、password 和 addr 列，分别存储注册的用户名、E-mail 地址、密码和地址信息，已为数据库 jspDB.mdb 建立了数据源 jspDB。要求：编写 JSP 网页，实现网站注册功能。

文件 register1.jsp：

```
<%@ page language="java" contentType="text/html; charset=UTF-8" %>
<HTML>
   <HEAD>
      <TITLE>新成员注册</TITLE>
   </HEAD>
   <BODY>
     <CENTER>
     <H2>新成员注册</H2>
     </CENTER>
     <FORM ACTION="register2.jsp" METHOD="post">
     <PRE>
用 户 名：<INPUT TYPE="TEXT" NAME="id" SIZE=20> <BR>
电子邮件：<INPUT TYPE="TEXT" NAME="email" SIZE=20> <BR>
密    码：<INPUT TYPE="PASSWORD" NAME="password" SIZE=8><BR>
住    址：<INPUT TYPE="TEXT" NAME="addr" SIZE=40><BR>
     </PRE>
     <INPUT TYPE="SUBMIT" NAME="submit"  VALUE="提交">
     <INPUT TYPE="RESET"  NAME="reset"  VALUE="清除">
     </FORM>
   </BODY>
</HTML>
```

文件 register2.jsp：

```
<%@ page language="java" contentType="text/html; charset=UTF-8" %>
<%@ page import="java.sql.*" %>
<HTML>
   <HEAD>
      <title>JSP 注册</title>
   </HEAD>
   <BODY>
     <CENTER>
```

```
<H3>正在进行注册操作,请稍等!</H3>
</CENTER>
<%
String id=request.getParameter ("id");
String email=request.getParameter("email");
String password=request.getParameter("password");
String addr=request.getParameter("addr");
String sql=null;
try
{
   Connection con=null;
   Class.forName ("sun.jdbc.odbc.JdbcOdbcDriver");
   con=DriverManager.getConnection("jdbc:odbc:jspDB","li","1234");
   sql="insert into jspTab values("+id+","+email+","+password+",
   "+addr+")";
   Statement statement=con.createStatement();
   statement.executeUpdate(sql);
   statement.close();
   con.close();
}
catch (Exception e)
{  out.println(e.getMessage()); }
%>
</P>
<CENTER>
<H3>注册完成</H3>
</CENTER>
</BODY>
</HTML>
```

【程序解析】网页 register1.jsp 提供让用户输入注册信息的网页，其中用到了 HTML 的 FORM（表单）标记。FORM 标记用来提供图形用户界面的文本框、单选按钮、复选框、命令按钮、密码框等元素，其格式如下：

```
<FORM ACTION=网页文件名 METHOD="POST">
   元素表列
</FORM>
```

其中，"网页文件名"表示选择了元素列表中的 SUBMIT 型按钮时要访问的网页，"元素表列"中的主要元素是 INPUT 元素，包括文本框、单选按钮、复选框、命令按钮、密码框等。

（1）文本框元素

文本框元素供用户输入文本信息，其格式如下：

```
<INPUT TYPE=TEXT NAME=元素名 SIZE=文本框列数>
```

（2）密码框元素

密码框元素供用户输入密码，其格式如下：

```
<INPUT TYPE=PASSWORD NAME=元素名 SIZE=密码框列数>
```

（3）SUBMIT 按钮元素

当用户单击 SUBMIT 按钮时，访问"网页文件名"指定的网页，其格式如下：

```
<INPUT TYPE="SUBMIT" NAME=元素名　VALUE=按钮标签>
```
当用户单击 SUBMIT 按钮标签时，访问"网页文件名"指定的网页，在该网页可通过 getParameter(元素名)获取"元素名"所指定元素中输入或选择的内容。

（4）RESET 按钮元素

当用户单击 RESET 按钮时，清除在表单各元素所输入或选择的内容，其格式如下：
```
<INPUT TYPE="RESET" NAME=元素名　VALUE=按钮标签>
```
`<PRE>` 文本 `</PRE>`标记定义预格式化的文本，使"文本"中的空格和换行符保留。

网页 register2.jsp 中，通过 getParameter("id")、getParameter("email")、getParameter("addr") 和 getParameter("password")分别获取在网页 register1.jsp 中的 id、email、addr 和 password 文本框或密码框中输入的内容，并分别放入 String 变量 id、email、addr 和 password 中；通过 executeUpdate(sql)将变量 id、email、addr 和 password 中的内容即用户在网页 register1.jsp 中所输入的用户名、电子邮件、住址和密码信息添加到表文件 jspTab 中。

当访问网页 register1.jsp，屏幕显示如图 17-19 所示。

图 17-19　注册页面

当用户在"用户名"、"电子邮件"、"住址"和"密码"等文本框或密码框中输入信息并单击"提交"按钮，系统将访问网页 register2.jsp，将用户输入的用户名、电子邮件、住址和密码信息添加到表文件 jspTab 中，屏幕显示如图 17-20 所示。

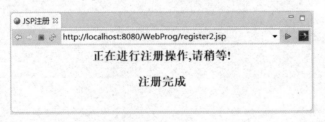

图 17-20　注册完成页面

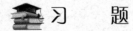

习　题

1. 编写 JSP 网页，产生并显示由 0~9 之间的数字组成的 5 位随机密码。

2. 定义包含属性 name 和 passWord 的 JavaBean，编写 JSP 网页为属性 name 和 passWord 分别赋值并显示所赋之值。

3. 定义包含成员变量 age 和 name 的 JavaBean，编写 JSP 网页提供为 age 和 name 输入值的文本框，并在用户输入 age 和 name 值后显示所输入的值。

4. 实现网站登录功能。假定数据库 jspDB.mdb 中的表 jspTab 用来存储注册用户的信息，其中包含 id、email、password 和 addr 列，分别存储注册的用户名、email 地址、密码和地址信息，已为数据库 jspDB.mdb 建立了数据源 jspDB。要求：编写 JSP 网页，实现登录界面，提供输入用户名和密码的文本框或密码框；当用户输入的用户名和密码与表 jspTab 中存储的账户信息匹配时，显示"您已成功注册"，否则返回登录界面让用户继续输入用户名和密码。

参 考 文 献

[1] 霍尔顿. Java 2 编程指南[M]. 马树奇, 孙坦, 译. 北京: 电子工业出版社, 2001.
[2] 徐迎晓. Java 语法及网络应用设计[M]. 北京: 清华大学出版社, 2002.
[3] 卡琳. 面向对象程序设计: Java 语言描述[M]. 孙艳春, 译. 北京: 机械工业出版社, 2002.
[4] 印旻. Java 与面向对象程序设计教程[M]. 北京: 高等教育出版社, 1999.
[5] 汪志达. Java 程序设计实训教程[M]. 北京: 科学出版社, 2003.
[6] 向传杰. Java 编程案例教程[M]. 北京: 电子工业出版社, 2004.
[7] 周晓聪, 李文军, 李师闲. 面向对象程序设计与 Java 语言[M]. 北京: 机械工业出版社, 2004.
[8] 叶核亚. Java 2 程序设计实用教程[M]. 2 版. 北京: 电子工业出版社, 2007.
[9] 朱福喜, 唐晓军. Java 程序设计技巧与开发实例[M]. 北京: 人民邮电出版社, 2004.
[10] 林邦杰. Java 程序设计入门教程[M]. 北京: 中国青年出版社, 2001.
[11] 王保罗. Java 面向对象程序设计[M]. 杜一民, 赵小燕, 译. 北京: 清华大学出版社, 2003.
[12] 耿祥义, 张跃平. Java 2 实用教程[M]. 2 版. 北京: 清华大学出版社, 2006.
[13] 洪维恩, 何嘉. Java 面向对象程序设计[M]. 北京: 中国铁道出版社, 2005.
[14] 吴艳, 刘丽华. Java Web 开发基础与案例教程[M]. 北京: 机械工业出版社, 2016.
[15] 耿祥义, 张跃平. JSP 基础教程[M]. 2 版. 北京: 清华大学出版社, 2008.
[16] 李尊朝. JSP 交互网站开发技术 20 天速成[M]. 西安: 西安交通大学出版社, 2005.